Veröffentlichungen des Königlich Preußischen Meteorologischen Instituts

Herausgegeben durch dessen Direktor

G. Hellmann

—————— **Nr. 276** ——————

Abhandlungen Bd. IV. Nr. 12.

Die magnetische Vermessung I. Ordnung des Königreichs Preußen 1898 bis 1903

nach den Beobachtungen von M. Eschenhagen und J. Edler

bearbeitet von

Adolf Schmidt

Mit sieben Karten

Springer-Verlag Berlin Heidelberg

Additional material to this book can be downloaded from http://extras.springer.com

ISBN 978-3-662-24052-6   ISBN 978-3-662-26164-4 (eBook)
DOI 10.1007/978-3-662-26164-4

Einleitung.

Die Ergebnisse der grundlegenden magnetischen Landesaufnahme 1. Ordnung des Königreichs Preußen und der von diesem eingeschlossenen Gebiete einiger anderen norddeutschen Staaten, die in der Zeit von 1898 bis 1903 von dem Magnetischen Observatorium des Preußischen Meteorologischen Instituts durchgeführt worden ist, sind bereits vor mehreren Jahren veröffentlicht worden [1]. Dabei wurde, um das Erscheinen der damaligen Publikation, die vor allem praktischen Zwecken dienen sollte, nicht übermäßig zu verzögern, von eingehenderen Angaben über die Messungen selbst abgesehen und nur deren Schlußergebnis in tabellarischer wie kartographischer Form mitgeteilt.

Die danach für die fachwissenschaftliche Beurteilung der ganzen Arbeit und ihrer Resultate unerläßliche Ergänzung wird nunmehr in der vorliegenden, abschließenden Darstellung gegeben. Mit Bedauern muß freilich sogleich gesagt werden, daß diese nicht in jeder Hinsicht den Ansprüchen voll zu genügen vermag, die man an eine solche zu stellen hat; sie leidet an dem ungünstigen Umstande, daß ihr Verfasser nicht selbst an den Arbeiten der Vermessung beteiligt gewesen ist. Statt der dazu Berufenen, die ein vorzeitiger Tod dahingerafft hatte, vor die Aufgabe gestellt, den Ertrag ihrer mühevollen, hingebenden Tätigkeit festzustellen und zusammenfassend zu gestalten, mußte er sich dabei fast ausschließlich auf das von ihnen hinterlassene schriftliche Material stützen. Die Aufgabe wurde wesentlich dadurch erschwert, daß in diesem, zum weitaus größten Teile von J. Edler herrührenden Materiale nahezu jede erläuternde Bemerkung fehlt. Besonders bei den vorgenommenen Ausgleichungen macht sich dieser Umstand schwerwiegend geltend, da die dabei angestellten Erwägungen, die sich dem Beobachter aus der genauen persönlichen Kenntnis seines Instruments, seiner Arbeitsmethode und zahlreicher Nebenumstände aller Art ergeben, unbekannt bleiben.

Der sachliche Wert der Ergebnisse wird dadurch zum Glück kaum berührt. Edler, der schon während der Vermessungsjahre einen wesentlichen Teil seiner dienstlichen Tätigkeit

---

[1] Ad. Schmidt, Magnetische Karten von Norddeutschland für 1909. Veröffentl. d. Kgl. Pr. Met. Inst. Nr. 217, Abhandl. Bd. III, Nr. 4, Berlin 1910. Im Folgenden wird auf diese Arbeit unter der Bezeichnung N-D. verwiesen. — Vgl. ferner K. Haussmann, Die magnetischen Landesaufnahmen im Deutschen Reich und magnetische Übersichtskarten von Deutschland für 1912. Petermanns Mitteilungen, 59. Jahrgang, 1913, I. Halbband. Die hier gegebene kartographische Darstellung beruht im Gebiet der preußischen Vermessung in der Hauptsache auf deren Ergebnissen, berücksichtigt aber daneben auch die älteren Beobachtungen von Eschenhagen, Schaper, Schück u. a., so daß ihr (auch abgesehen von der Reduktion auf eine andere Epoche und von wesentlichen formalen Verschiedenheiten) neben derjenigen in N-D. selbständige sachliche Bedeutung zukommt.

der Bearbeitung seiner Beobachtungen widmete und der vom April 1904 an ausschließlich damit beschäftigt war, hat diese Bearbeitung in ungemein gründlicher Weise und bis zur Ableitung von Schlußwerten der gemessenen Elemente für jede Station durchgeführt. Freilich hat er selbst alle diese Werte nur als vorläufige bezeichnet; vielfach gehen auch mehrere Ausgleichungen nebeneinander her, von denen sich nicht immer entscheiden läßt, ob eine davon und welche ihm selber als die beste gegolten hat. Aber bei den Differenzen, die dabei auftreten, wie bei den weiteren Verbesserungen, die er etwa noch hätte anbringen können, handelt es sich — das hat die Nachprüfung des ganzen Materials unzweifelhaft ergeben — nur um Beträge, die im allgemeinen gegenüber der tatsächlichen Genauigkeit der Ergebnisse ohne Bedeutung sind. Die vorhandenen Differenzen und Unstimmigkeiten würden kaum in die Erscheinung treten, hätte nicht Edler, darin dem Vorbilde Eschenhagens folgend, ja in mancher Beziehung noch darüber hinausgehend, sämtliche Beobachtungen und Berechnungen mit einer außerordentlich weit getriebenen formellen Schärfe durchgeführt.

Bei dieser Sachlage habe ich mich schließlich dahin entscheiden können, die von Edler abgeleiteten Werte (mit einigen Ausnahmen bei der Inklination und dort, wo mehrere Reduktionen vorlagen, natürlich unter Entscheidung für eine von ihnen) als endgültig anzunehmen. Ich habe nur in einer Hinsicht daran eine durchgehende Änderung vorgenommen und zwar zur Berücksichtigung des Unterschiedes der täglichen Variation an der Station und am Observatorium (vergl. über die Berechnung dieser Korrektion N-D. S. 15). Hiervon abgesehen rührt also in den Tabellen A, B, C nur die äußere Form der Darstellung und die Auswahl des Mitgeteilten von mir her. Was diese betrifft, so habe ich mich um der Kürze und Übersichtlichkeit willen auf die wichtigsten Angaben beschränkt, so daß es möglich wurde, für jede einzelne, selbständige Messung mit einer Zeile auszukommen. Das bleibt allerdings nicht nur weit hinter der von Eschenhagen geplanten Darstellung zurück — dieser wollte, wie in seiner früheren Veröffentlichung über die Vermessung von Nordwestdeutschland, das ganze Beobachtungstagebuch abdrucken — es erreicht auch nicht die sachlich wohl zweckmäßigste Ausführlichkeit, die Haussmann in der Publikation über seine Aufnahme von Württemberg gewählt hat. Eine ins einzelne gehende Kontrolle der Rechnung ist daher ebensowenig möglich, wie eine Prüfung der Einzelheiten der Beobachtung; dagegen reicht das Mitgeteilte zur Beurteilung des Verhaltens der Instrumente und damit zur Abschätzung der sachlichen Zuverlässigkeit und Genauigkeit der Messungen aus. Daß ich die zu dieser nicht im richtigen Verhältnis stehende Angabe aller Winkelgrößen auf Hundertel-Minuten beibehalten und nur die Schlußwerte der Deklination und Inklination etwas abgerundet habe, rechtfertigt sich durch den begreiflichen Wunsch, an der vorgefundenen Bearbeitung möglichst wenig zu ändern.

Wie die erwähnten drei Tabellen, so habe ich auch den zugehörigen, erläuternden Text so kurz wie möglich gehalten und auf das Wichtigste beschränkt. Es bedarf dies nach dem zuvor Gesagten und im Hinblick darauf, daß die Vermessung schon über ein Jahrzehnt zurückliegt, wohl kaum der Rechtfertigung. Auch ist manches, was hier am Platze gewesen wäre, so z. B. eine Untersuchung über die Genauigkeit der Ergebnisse, bereits in der früheren Publikation wenigstens berührt worden. Sollten übrigens im einzelnen Falle — beispielsweise zum Anschluß der Spezialvermessung eines kleineren Gebiets an eine oder mehrere der Stationen dieser Aufnahme — nähere Angaben über die Lage dieser Stationen oder die dort angestellten Messungen erwünscht sein, so würden sie jederzeit durch eine Anfrage beim Observatorium zu erhalten sein.

Die als endgültig angenommenen Ergebnisse der Beobachtungen an den einzelnen Stationen sind, was ausdrücklich hervorgehoben sei, mit denen identisch, die bereits in der Schlußtabelle der vorläufigen Publikation (N-D. S. 37—40) mitgeteilt worden sind. Die vorkommenden Differenzen (in I bei Station 89, in H bei Station 17, 34, 51, 54, 72, 88, 90, 133, 170, 195, 196, 265) sind Korrekturen, in der Mehrzahl solche infolge geänderter Abrundung, die eine nochmalige eingehende Nachprüfung der Berechnungen ergeben hat. Von sachlicher Bedeutung ist nur die Verbesserung bei Station 88, in geringerem Maße auch diejenige bei 17, 51, 90. (Bei dieser Gelegenheit sei auch der einzige in der früheren Schlußtabelle aufgefundene Druckfehler berichtigt. Bei Station 206 ist H für 1909.0 nicht gleich 0.1990, sondern 0.1890, was übrigens schon aus dem für 1901.0 richtig angegebenen Werte 0.18876 und auch aus der Karte hervorgeht.)

Die frühere Publikation enthielt außer einer Übersicht der Stationen Karten der Elemente D, I, H für die Epoche 1909.0. Diese sind auch der vorliegenden Arbeit noch einmal beigegeben; dazu treten Karten der Komponenten X, Y, Z für die Epoche 1901.0. Im Gegensatz zu dem über die tabellarische Wiedergabe der Schlußergebnisse Gesagten besteht hier ein gewisser sachlicher Unterschied der beiden Darstellungen, auch abgesehen von dem durch die Verschiedenheit der Epoche bedingten. Bei den neuen Karten, die rein theoretisches Interesse haben — was sich sowohl in der Benutzung der Komponenten statt der vektoriellen Bestimmungsstücke, wie auch in der Wahl des weit zurückliegenden mittleren Zeitpunkts der Vermessung als Epoche ausspricht — ist bei der Zeichnung der Linien gleicher Werte eine stärkere Ausgleichung vorgenommen worden, als bei den alten, auch für praktische Anwendungen bestimmten Karten. Infolgedessen sind bei jenen die für die Stationen geltenden Korrektionen der Kartenwerte durchschnittlich etwas größer, als bei diesen. Zieht man diese Korrektionen und den Einfluß der Säkularänderung von 1901 bis 1909 mit in Betracht, dann definieren beide Darstellungen denselben Zustand.

Im Anschluß daran möge hier eine Bemerkung über die erwähnte Änderung Platz finden, da weiterhin ausschließlich die für die Hauptepoche 1901.0 geltenden Werte betrachtet werden. Die Reduktion von 1901 auf 1909 mußte seinerzeit (vgl. N-D. S. 29) auf extrapolierte Werte der Elemente für den Anfang des Jahres 1909 gestützt werden, weil von den meisten Observatorien erst die Beobachtungen bis 1907 vorlagen. Inzwischen sind nun von allen die Jahresmittel bis 1909 veröffentlicht worden, so daß jetzt die Reduktion endgültig durchgeführt werden kann. Die Verbesserungen, die sich dabei gegenüber der früheren Rechnung ergeben haben, sind so gering, daß sie außer acht bleiben dürfen. Will man sie dennoch berücksichtigen, so gelten für das ganze Vermessungsgebiet die seinerzeit (a. a. O. S. 30) für Potsdam angegebenen Beträge, d. i. in der den Tabellenwerten entsprechenden Abrundung + 1' bei der westlichen Deklination, — 1' bei der Inklination, 0 bei der Horizontalintensität, welch letztere also auf jeden Fall ungeändert bleibt.

Wesentlich anders gestaltet sich allerdings das Endergebnis, wenn die Beobachtungen aus Pawlowsk hinzugezogen werden, die bei der früheren Reduktion noch nicht weit genug publiziert waren, um auch nur bei der extrapolatorischen Abschätzung berücksichtigt zu werden. Es zeigt sich dann, daß für das gesamte, von allen Observatorien eingenommene Gebiet ein linearer Ausdruck nicht mehr zur Darstellung genügt. Für das hier allein interessierende Vermessungsgebiet reicht ein solcher natürlich aus, aber seine Koeffizienten ergeben sich nun merklich anders, als seinerzeit aus den übrigen Stationen allein ohne Pawlowsk. Außer der bereits erwähnten kleinen Verbesserung, die für alle Punkte gleichmäßig gilt, sind danach noch die folgenden, vom Orte abhängigen Korrektionen anzubringen: bei der westlichen Deklination $+ 1'.4 \Delta\varphi + 0'.8 \Delta\lambda$, bei der Inklination $— 0'.5 \Delta\varphi — 0'.1 \Delta\lambda$, bei der Horizontalintensität $+ 0.3 \Delta\varphi — 0.1 \Delta\lambda$ der für die Karten geltenden Einheit 10γ. Dabei ist φ und λ in Graden auszudrücken und $\Delta\varphi = \varphi — 52.5$, $\Delta\lambda = \lambda — 13.5$.

Die Schlußergebnisse der Beobachtungen an den einzelnen Stationen sind mit deren geographischen Koordinaten in den ersten Spalten der Übersichtstabelle D zusammengestellt. Die dort gewählte Abrundung auf Zehntelminuten entspricht im Hinblick auf die allgemeine funktionelle Abhängigkeit der magnetischen Elemente vom Orte der Angabe der Intensitätsgrößen auf 1γ und der Winkelgrößen auf $0'.1$. (Auf eine Änderung von φ um $0'.1$ entfällt durchschnittlich eine solche von rund 0.7γ bei H und $0'.07$ bei I, auf eine Änderung von λ um $0'.1$ kommt bei D eine solche um ungefähr $0'.05$.) Zur genauen Wiederauffindung des Beobachtungspunktes, wie sie in magnetisch gestörten Gebieten nötig ist, reicht die Zehntelminute natürlich nicht aus; die dazu nötigen schärferen Angaben findet man in der Schlußtabelle der früheren Publikation und im Folgenden im Abschnitt über die Deklinationsbeobachtungen.

Als zusammenfassendes Schlußergebnis der ganzen Aufnahme ist, wie üblich, die ausgeglichene Verteilung der magnetischen Kräfte in dem vermessenen Gebiet nebst den Abweichungen der beobachteten Stationswerte von den hiernach als normal anzusehenden berechnet worden. Diese im wesentlichen aus Lokalstörungen entspringenden Abweichungen, die in Tabelle D zusammengestellt sind, geben freilich bei den großen Entfernungen der Stationen von einander nur ein unvollkommenes Bild des wahren Störungsfeldes oder magnetischen Geländes, wie ich es anderwärts genannt habe. Dieses festzustellen ist ja auch nicht die Aufgabe einer Vermessung erster Ordnung, die vielmehr vor allem die allgemeine normale Verteilung bestimmen und die Grundlage für die eingehendere Erforschung der aufgefundenen Störungsgebiete schaffen soll.

Bei der Berechnung der normalen Verteilung bin ich insofern von dem üblichen Verfahren abgewichen, als ich von vornherein die Existenz eines Potentials in der Erdoberfläche angenommen habe. Diese Annahme darf innerhalb der Grenzen der Beobachtungsgenauigkeit mit großer Wahrscheinlichkeit als bereits allgemein erwiesen gelten. Sie wäre aber auch ohnedies formell zulässig, weil sie nur bedeutet, daß etwaige nicht auf ein Potential zurückzuführende Horizontalkräfte den Anomalien zugerechnet werden sollen. Die zum Schlusse durchgeführte Untersuchung dieser letzteren gestattet demnach, die gemachte Annahme zu prüfen und liefert damit einen neuen Beitrag zur Entscheidung der Frage nach ihrer allgemeinen Gültigkeit.

Die Beobachtungen an den einzelnen Stationen.

Deklination.

Die magnetische Vermessung von Norddeutschland ist mit einem nach Eschenhagens Entwurf von dem Mechaniker Hechelmann in Hamburg gebauten Reisetheodoliten und Nadelinklinatorium ausgeführt worden. Einige Angaben über diese Instrumente findet man in der früheren Veröffentlichung (N-D. S. 12) sowie in dem Bericht von Nippoldt über die Aufnahme von Südwestdeutschland[1]). Eine sehr eingehende, durch mehrere Photogramme erläuterte Beschreibung verdankt man O. Göllnitz, der mit demselben, nur in einigen Einzelheiten etwas abgeänderten Instrument das Königreich Sachsen vermessen hat[2]). Es sollen deshalb hier nur die wichtigsten Angaben zusammengestellt werden, die für die Beurteilung der Beobachtungen und der dabei zu erzielenden Genauigkeit von Wert sind.

Der Horizontalkreis des Theodoliten hat 13 cm Durchmesser und ist von 20′ zu 20′ geteilt. Durch zwei Mikroskope mit 10-teiliger Skala erhält man Angaben auf 0′.2, deren Summe eine Ablesung auf 0′.1 ergibt. Die Kreisteilung läuft von N über E, also im Sinne der üblichen Azimutzählung. Als Magnet wurden nacheinander zwei ganz ähnlich gebaute Nadeln benutzt, die eine von 1898 bis 1901, die andere 1902 und 1903. Jede besteht aus 4 durch eine Magnaliumfassung zusammengehaltenen Lamellen und einer mitten hindurchgehenden vertikalen Hülse mit einem verschiebbaren Doppelhütchen; die erstere hat einen Spiegel am Südende, die letztere trägt an beiden Enden Spiegel. Das Gewicht jeder Nadel ist rund 8 g, bleibt also noch etwas hinter dem Höchstwerte von etwa 10 g zurück, der sich bis dahin bei stählernen Pinnen als zulässig erwiesen hatte. Die bei der vorliegenden Vermessung unter Verwendung von Nähnadelspitzen gemachten Erfahrungen haben diese Regel durchaus bestätigt. Das Gewicht von 8 g wurde im allgemeinen noch gut, ohne zu schnelle Abnutzung der Spitze und ohne daß sich die Reibung bei der Einstellung zu stark bemerkbar machte, ertragen. Pinnen, die sich nicht von Anfang an als unbrauchbar erwiesen, konnten meistens bei einer größeren Anzahl von Messungen verwendet werden. Andererseits haben vielfache Erfahrungen an anderen Instrumenten im Observatorium gezeigt, daß die Schwierigkeit der Beobachtung, die Unsicherheit der Einstellung und die Abnutzung der Pinne sehr schnell zunehmen, wenn das Gewicht des Magnets selbst nur wenig größer gewählt wird. Auch wenn dieses innerhalb der zulässigen Grenze bleibt, hängt die Einstellungsschärfe und damit die Beobachtungsgenauigkeit noch von einem zweiten Umstande ab, von dem magnetischen Moment der Nadel, das natürlich möglichst groß sein soll. In dieser Beziehung können beide Nadeln als recht gut bezeichnet werden. Die ältere hatte 1898 im Mai das Moment 249 Γ cm³, im Dezember 229 Γ cm³. Gegenwärtig, im April 1914, beträgt es noch 181 Γ cm³. Über die neue Nadel, die im August 1902 angefertigt wurde, liegt

---

[1]) A. Nippoldt, Magnetische Karten von Südwestdeutschland für 1909. Veröffentl. d. Kgl. Preuß. Meteorol. Instituts Nr. 224, Abhandl. Bd. III, Nr. 7, Berlin 1910, S. 11—14. Im Folgenden wird darauf unter der Bezeichnung SW-D. verwiesen.

[2]) Göllnitz, Die magnetische Vermessung des Gebietes des Königreichs Sachsen. Jahrbuch f. d. Berg- und Hüttenwesen im Königreich Sachsen auf das Jahr 1908. S. A 70—72, Tafel V—VIII.

aus damaliger Zeit keine Bestimmung vor; jetzt besitzt sie ein Moment von 242 Γ cm³, also bei einem Stahlgewicht von etwa 6 g einen spezifischen Magnetismus von rund 40 Einheiten. Wesentlich höher kann er auch im Anfang nicht gewesen sein; beträgt doch das bei sehr langen, dünnen Drähten erreichbare Maximum nur gegen 100 Einheiten. Es hat daher diese Nadel, die jedenfalls nach dem Verfahren von Strouhal und Barus magnetisiert worden ist, ihr Moment 12 Jahre lang vorzüglich bewahrt, und dies trotz vielfacher intensiver Benutzung, bei der sie durchaus nicht immer vor Erschütterungen (besonders auf dem Transport) und stärkeren magnetischen Einwirkungen geschützt werden konnte. Die ältere Nadel, bei der jenes Verfahren vermutlich nicht in Anwendung gekommen ist, hat von ihrer im Anfang ungefähr ebenso starken Magnetisierung in 16 Jahren rund ein Viertel verloren. Die vorstehenden Angaben ermöglichen einen Schluß auf die Größe der Reibung zwischen Pinne und Hütchen. Bei einem mittleren magnetischen Moment der Nadel von 200 Γ cm³ und einer Horizontalintensität von 0.19 Γ ergibt sich das auf die Nadel ausgeübte magnetische Drehungsmoment zu $38 \sin \alpha$ g cm² sec^{-2}, d. i. $38 \sin \alpha$ dyn cm, wenn α ihren Winkel mit der Kraftrichtung bezeichnet. Nun ist die Sicherheit der Einstellung nach den hier gemachten Erfahrungen von der Größenordnung von 1'; das einem Ablenkungswinkel von dieser Größe entsprechende Drehungsmoment ·von rund 0.01 dyn cm ist somit dem Moment der Reibung gleichzusetzen, während der zugehörige Druck rund 8000 dyn beträgt.

Über die Ausführung der Messungen und das Beobachtungs- und Rechenschema vergleiche man die Angaben in SW-D. S. 16 und 60, die in allen wesentlichen Punkten, insbesondere auch in der Zahl der Einzeleinstellungen, dem von Eschenhagen aufgestellten Programm und dem von ihm und Edler eingehaltenen Verfahren entsprechen.

Die wesentlichen Zahlen einer jeden in dieser Weise durchgeführten, in sich abgeschlossenen vollständigen Messung sind in je eine Zeile der Tabelle A zusammengedrängt, zu deren Erläuterung Folgendes bemerkt sei. In Spalte 5 und 6 findet sich das unmittelbare Ergebnis der Feldbeobachtung; die der astronomischen Nordrichtung entsprechende, aus den Mireneinstellungen abgeleitete Kreisablesung und die zum magnetischen Meridian gehörige, die aus der Einstellung des Fernrohrs auf den einen Spiegel der in beiden Lagen beobachteten Nadel folgt. Die Differenz beider Zahlen gibt die mittlere, während der Beobachtung tatsächlich an der Station herrschende Deklination an, vorausgesetzt, daß das Instrument fehlerfreie Angaben liefert. Man findet diese und daneben die aus den Variometeraufzeichnungen abgeleitete Deklination in Potsdam für dieselbe Zeit in Spalte 7 und 8, ihre Differenz in Spalte 9. An diese sind dann noch zwei Verbesserungen, die sogenannte Instrumentalkorrektion in 10 und die Korrektion wegen Verschiedenheit der täglichen Schwankung an beiden Orten in 11 (vgl. N-D. S. 15) angebracht, wodurch die in Spalte 12 angegebene verbesserte Differenz zwischen Station und Observatorium erhalten wird. (Logisch richtiger wäre es, die Instrumentalverbesserung an den Wert in Spalte 7 anzubringen; in der hier gewählten Form ist die Rechnung ein wenig bequemer und übersichtlicher für den Benutzer der Tabellen.)

Die korrigierte Differenz zwischen Station und Observatorium, bei mehreren vollständigen Messungen ihr Mittelwert, ist als das eigentliche Schlußergebnis der Beobachtung anzusehen, weil sie für längere Zeit als nahezu konstant gelten darf. Indem man sie dem Normalwerte der Deklination am Observatorium, der für 1901.0 zu $9^0 54'.2$ W bestimmt wurde, hinzufügt, erhält man den in der letzten Spalte angegebenen Normalwert an der Station für dieselbe Epoche. Hier ist nur der Mittelwert aller Beobachtungen mitgeteilt; auch den Mittelwert der vorausgehenden Differenzen für jede Station anzugeben, war aus Mangel an Raum nicht möglich. Aus demselben Grunde ist (zur Vermeidung des Minuszeichens in drei Spalten) mit westlicher Deklination gerechnet worden. In Tabelle D, auf die die Schlußwerte übertragen sind, erscheinen diese dagegen sämtlich in der Form östlicher Deklination mit dem negativen Zeichen.

Zwei Umstände, die exzentrische Lage mancher Stationen und die Instrumentalkorrektion, bedürfen noch der Erörterung. Als Beobachtungsort sind nach Lamonts Vorgange durchgängig trigonometrische Punkte gewählt worden. (Vgl. N-D. S. 7.) Aus verschiedenen Gründen konnte indessen die Aufstellung des Instruments nicht immer genau auf diesen über dem Steine geschehen. Manchmal zwang bei Punkten höherer Ordnung das noch stehende eisenhaltige Gerüst zur Wahl eines andern benachbarten Platzes; oft mußte ein solcher aufgesucht werden, weil die Miren verwachsen und vom Stein aus nicht zu sehen waren; am häufigsten machten ungünstige Witterungsverhältnisse, besonders heftiger Wind, manchmal auch störender Verkehr auf einer nahe vorüberführenden Straße eine Verlegung des Beobachtungspunktes an eine besser geschützte Stelle nötig. In manchen Fällen konnte wenigstens ein Teil der Messung am trigonometrischen Punkte erfolgen, in andern wiederum mußte der Platz sogar mehrmals gewechselt werden, so daß sich also die für die einzelnen Elemente erhaltenen Werte nicht genau auf denselben Ort beziehen. Alle Stationen, an denen das eine oder andere der Fall war, an denen also, sei es auch nur teilweise, exzentrisch beobachtet wurde, sind in der Tabelle A durch ein Sternchen bei der Stationsnummer gekennzeichnet. Die genaue Lage der Beobachtungspunkte ist in den Originalaufzeichnungen meistens durch topographische Angaben und Skizzen festgelegt worden, durch Polarkoordinaten (Entfernung und Azimut) vom trigonometrischen Punkte aus nur zum Zwecke der Azimutübertragung, also dann, wenn in der seitlichen Aufstellung die Deklination gemessen wurde. Diese letzteren zahlenmäßig ausgedrückten Angaben stelle ich hier zusammen; die übrigen sind, wie schon in der Einleitung bemerkt wurde, jederzeit durch eine Anfrage beim Potsdamer Observatorium zu erfahren, wenn ihre Kenntnis für einen wissenschaftlichen Zweck erwünscht ist. Es bezeichnet Nr. die laufende Stationsnummer, e die in Metern gemessene Entfernung des Beobachtungspunktes vom trigonometrischen Punkte, α das von der astronomischen Nordrichtung aus positiv über Osten gezählte Azimut des ersteren vom letzteren aus (s. folgende Seite).

Eine Reduktion der beobachteten Werte vom Orte der Aufstellung auf den trigonometrischen Punkt, dem die in der Tabelle D angegebenen Koordinaten zugehören, ist nicht erfolgt. In gestörten Gebieten, wo sie allein von Bedeutung sein kann, ist sie aus dem vorliegenden Material nicht zu ermitteln, weil dazu die Beobachtung am trigonometrischen Punkte selbst unerläßlich ist; im ungestörten Gebiet andererseits, wo sie sich aus dem allgemeinen Verlauf der magnetischen Kräfte berechnen läßt, ergibt sie sich überall außer in drei oder vier Fällen so klein, daß sie innerhalb der Abrundungsfehler der Schlußwerte bleibt. Eine Verlegung des Beobachtungspunktes um rund 240 m nach Osten oder Westen ändert die normale Deklination erst um $0'.1$, eine solche um fast 300 m nach Norden oder Süden die Inklination um ebensoviel und die Horizontalintensität um $1\,\gamma$.

Nr.	Station	e	α	Nr.	Station	e	α	Nr.	Station	e	α
		m	°			m	°			m	°
2	Goy	17	61	139	Eissendorf	28	7	216	Mittel Stiepel	1130	264.8
		87	112.7	142	Engelsdorf	12	226	217	Opmünden	15	289
8	Promoisel	20	325			9	322	218	Ober Alme	12	124
17	Sparow	125	77.2	143	Wehrshausen	10	352	223	Enkeberg	12	200
18	Salem	117	337.3	150	Altona	3049	315.7	224	Frauenberg	10	197
19	Hohenfelde	204	354.4	152	Hanerau I	6	327	225	Reichensachsen I	8	312
27	Neu Rhäse	323	353.2	153	Tating I	13	80	226	Gr. Werther I	10	94
28	Himmelpforter W.F.1	402	254.3	154	Hohlacker	57	190.4	227	Seebach	11	350
38	Lange Berg	149	145.8	157	Jürgensgaarde	134	256.9	228	Wandersleben I	17	129
40	Dragebruch	121	289.8	158	Miang I	62	52.8	229	Kölleda	30	285
44	Adamowo	29	299	160	Seggelund	56	351.3	238	Niemberg	10	338
49	Grunow II	55	299.3	161	Raabede II	348	238.2	239	Aylsdorf	54	227.9
53	Willenberg I	32	250.8	164	Amrum I	17	98	240	Gefell II	14	32
		21	9	166	Cuxhaven	1343	231.3	241	Gräfendorf	9	138
		254	308.0	168	Boitwarden	245	244.0	242	Bertelsdorf	9	107
54	Kickelhof	38	248.2	169	Ahlhorn I	88	204.6	243	Schleusingen	11	313
56	Zinten I	234	171.5	170	Apen I	9	265	244	Barchfeld	21	100
58	Friedland	1994	244.5	171	Wangeroog	472	137.1	245	Treysa II	9	292
63	Algeberg	21	284	172	Norderney	2490	273.7	246	Dorf Itter	9	60
65	Ober Eissuln	15	144			933	93.9	247	Kornberg	8	188
67	Berninglauken	3	19	179	Westerberg	214	309.8	248	Offheim II	16	182
73	Groudischken	19	238			47	298.1	249	Adenau I	16	349
82	Bohnsack	9	349	180	Sankt Hülfe	392	336.5	251	Bitburg	14	22
95	Adlig Bütow	230	131.4	181	Kirchweyhe	36	246.1	252	Löberg	28	53
97	Stolpmünde II	66	39.1	193	Marwedel	229	71.8	254	Hofkopf	15	189
98	Schurow	150	148.5	202	Nichtern I	135	171.9	255	Nannhausen I	11	62
102	Czersk II	24	23	203	Hüthum I	13	209	256	Rauenthal I	16	93
105	Vandsburg I	13	268	207	Eupen III	119	185.5	257	Wehrheim	53	39.2
109	Podgorzyn	23	354	212	Dörscheid	14	182	258	Hailer	12	206
128	Annaberg	101	312.4	214	Maumke	11	23	259	Neuenberg	10	226
133	Wolfshain I	6	115	215	Obernfeld	20	309	261	Königsberg i. Fr.	9	24

Im einzelnen ist noch folgendes zu bemerken. Bei Station 150, Altona-Diebsteich (in Tabelle A, B, C 150ᵃ genannt zum Unterschiede von 150ᵇ, Hamburg-Seewarte, die wegen starker künstlicher Störungen, hauptsächlich solcher durch elektrische Straßenbahnen, nicht in die Schlußtabelle D aufgenommen worden ist) beziehen sich die mitgeteilten Polarkoordinaten auf den trigonometrischen Punkt II. Ordnung, Bd. XVIII, Nr. 2700, Hamburg-Michaeliskirche, als Ursprung. (Hinsichtlich der Bezeichnung verhält es sich ebenso bei 148ᵃ Kiel-Heidberg und 148ᵇ Kiel-Sternwarte, welch letztere gleichfalls wegen starker künstlicher Störungen in D unberücksichtigt bleiben mußte, während dort für 148ᵃ einfach 148 steht.) Bei Helgoland sind die zwei Aufstellungen (Oberland und Düne) in A, B, C als 167ᵃ und 167ᵇ unterschieden; in D erscheint der Durchschnitt beider unter der Bezeichnung 167. Es fehlt deshalb dort die Angabe der Seehöhe.

Die in der 10. Spalte der Tabelle A mitgeteilte Instrumentalkorrektion beruht auf den in jedem Jahre vor und nach der Vermessungsreise am Potsdamer Observatorium ausgeführten Vergleichsbeobachtungen, durch die die Angaben des Reiseinstruments an diejenigen des Haupttheodoliten Wanschaff angeschlossen wurden. Für die zwischen den beiden Anschlüssen liegende Reisezeit wurde im allgemeinen eine gleichmäßig fortschreitende Änderung der Korrektion angenommen, so daß sich diese für die einzelnen Beobachtungstage durch lineare Interpolation ergibt.

Mit Rücksicht auf die in der Einleitung erwähnten Umstände sehe ich davon ab, die Anschlußmessungen im einzelnen mitzuteilen, wie es bei den Reisebeobachtungen geschehen ist. Es läßt sich dies auch sachlich rechtfertigen. Bei den letzteren hat die Angabe der Einzelheiten der Messung den Zweck, eine Kritik der Beobachtungen an den verschiedenen Stationen, die alle von einander unabhängig sind, zu ermöglichen. Bei den unter den viel günstigeren, gleichmäßigeren Bedingungen des Observatoriums ausgeführten Anschlußbeobachtungen, die sich gegenseitig kontrollieren und deren mittleres Schlußergebnis allein zur Verwendung kommt, kann dieses im Vergleich zu den Feldbeobachtungen als nahezu fehlerfrei angesehen werden.

Im Jahre 1898 wurden 10 vollständige, meistens aus zwei Sätzen bestehende Deklinationsmessungen mit dem Reiseinstrument im Observatorium vor der Beobachtungsreise Eschenhagens, die die Stationen 1—8 umfaßte, ausgeführt. Von diesen sind jedoch nur die 5 letzten, die in der ersten Hälfte des Juli stattfanden, zur Ableitung der zu $+ 1'.88$ für Juli 10 angenommenen Instrumentalkorrektion verwendet worden. Zwei weitere, unter sich übereinstimmende Messungen am 22. August nach Abschluß dieser ersten Reise lieferten die Korrektion $+ 1'.07$. Für die Reisetage vom 18. Juli bis 15. August sind hieraus durch lineare Einschaltung die in Tabelle A, Spalte 10 einzeln angegebenen Instrumentalverbesserungen abgeleitet worden. Für die anschließende Reise Edlers, der auf Station 9—52 und wiederholungsweise auf 7 beobachtete, wurden zwei Anschlußmessungen am 23. und 25. August, 1 am 20. September und 7 in der Zeit vom 19. Oktober bis 23. November gemacht, jede wiederum 2 bis 4 selbständige Sätze umfassend. Nach ihren Ergebnissen nahm Edler für den ersten Abschnitt der Reise eine konstante Korrektion von $+ 1'.34$, für den zweiten eine von diesem Betrage allmählich auf $+ 1'.96$ steigende an.

Im Jahre 1899 führte zuerst Edler eine vom 13. Juli bis zum 30. August dauernde Reise aus, auf der er die Stationen 53—85, darunter 53 viermal, besuchte; daran schloß sich eine kürzere Reise Eschenhagens, der in der Zeit vom 4.—17. September auf den Punkten 86 bis 89 beobachtete. Aus den vor und nach jeder der beiden Expeditionen in Potsdam gemachten Anschlußmessungen bestimmte sich für die erste eine von $+ 0'.61$ auf $+ 0'.14$ abnehmende, für die zweite eine von $+ 0'.18$ bis $+ 0'.44$ steigende Instrumentalkorrektion.

In den folgenden Jahren, in denen Edler allein beobachtete, begnügte er sich, was nach den früheren Erfahrungen vollkommen ausreichte, damit, je vor und nach der ganzen Beobachtungsreise an zwei oder drei Tagen etwa 6 Deklinationssätze am Observatorium durchzuführen. Die von ihm daraus abgeleiteten Korrektionen waren:

1900: vom 12. Juli bis 28. September an den Stationen 90—143 sowie 2 und 53 abnehmend von $+ 0.'81$ bis $+ 0'.28$;

1901: vom 6. August bis 21. September an den Stationen 144—182 nebst 88 und 89 abnehmend von $+ 0'.56$ bis $+ 0'.13$;

1902: vom 12. August bis 1. Oktober an den Stationen 183—230 und 142 mit neuem Magnet (s. S. 7) abnehmend von $+ 1'.09$ auf $+ 1'.00$ bei Einstellung des Fernrohrs auf den Südspiegel und konstant $+ 1'.42$ bei Einstellung auf den Nordspiegel;

1903: vom 21. Juli bis 9. September an den Stationen 231—265 und 143 konstant $+ 0'.76$ für den Südspiegel, $+ 0'.62$ für den Nordspiegel.

2*

Im Durchschnitt betrug somit die Korrektion in den einzelnen Jahren bei der alten Nadel $+ 1'.49$, $+ 0'.36$, $+ 0'.54$, $+ 0'.34$, also im Mittel $+ 0'.68$ oder mit Ausschluß des ersten Wertes $+ 0'.41$, bei der neuen Nadel $+ 1'.04$, $+ 0'.82$ für den Südspiegel, $+ 1.42$, $+ 0.62$ für den Nordspiegel, also im Mittel $+ 0'.98$.

Wenn man von der Zahl für das erste Jahr absieht, in dem vielleicht die Beobachter mit dem Instrument noch nicht vollkommen vertraut waren, so darf man die Unterschiede der Werte, wenigstens wenn jede der beiden Nadeln für sich betrachtet wird, als innerhalb der Beobachtungssicherheit gelegen ansehen. Auch die verhältnismäßig große Differenz bei dem Nordspiegel der neuen Nadel widerspricht dem nicht, da sie auf ganz wenigen Einzelwerten der Korrektion beruht. Es scheint übrigens der Beobachter selbst schließlich zu dieser Meinung gekommen zu sein, da er ja sämtliche Anschlußmessungen vor und nach der Reise im letzten Jahre (bei dem Nordspiegel auch schon im Jahre vorher trotz einer Differenz von fast $0'.6$) in einen Durchschnittswert zusammengefaßt hat.

Die bei den späteren Anschlußmessungen mit demselben Instrument für dieses ermittelten Korrektionen stehen mit den vorhergehenden Resultaten in gutem Einklang. 1906 fand Nippoldt $+ 0'.74$ (vgl. SW-D. S. 20), im Jahre darauf Göllnitz[1] $+ 0'.66$, endlich 1911 Nippoldt[2] wieder $+ 0'.74$. Die mittlere Abweichung der einzelnen Messung vom Durchschnitt war dabei von der Größenordnung von etwa $\pm 0'.5$.

Der Fehler des Instruments, dessen Ursache wohl in einer gewissen magnetischen Einwirkung des Nadelkastens zu suchen ist, darf als befriedigend klein bezeichnet werden; er ist nach den Ergebnissen der bekannten Vergleichungen zwischen den Normaltheodoliten zahlreicher Observatorien nicht größer, als der durchschnittlich auch bei diesen vorkommende konstante Fehler[3].

Im Anschluß hieran sei auf die bereits in der vorläufigen Veröffentlichung (N-D., besonders S. 21) gemachten Angaben über die Messungsgenauigkeit hingewiesen, wie sich diese aus der Vergleichung der auf dieselbe Station bezüglichen Einzelwerte (in der vorletzten Spalte von Tabelle A) ergibt. Besonders die Ergebnisse an den wiederholt besuchten Stationen 2, 7, 53, 88, 89, 90, 142, 143, deren Durchschnitt für jeden einzelnen Besuch besonders gebildet (und in Spalte 13 angegeben) ist, ermöglichen ein durch etwaige systematische Fehler nicht beeinflußtes Urteil. Tabelle D enthält, nebenbei gesagt, bei diesen Stationen das Mittel dieser Durchschnittswerte, nicht dasjenige der Einzelmessungen, was allerdings in den meisten Fällen keinen Unterschied ausmacht. Die letzten Bemerkungen gelten übrigens auch für die beiden anderen Elemente.

Inklination.

Das zum Theodoliten gehörige, auf seinen Unterbau an Stelle des Magnetkastens für die horizontale Nadel aufsetzbare Inklinatorium ist von der üblichen Einrichtung. Es besitzt zwei

---

[1] Göllnitz, Die magnetische Vermessung des Gebietes des Königreichs Sachsen. II. Mitteilung. Jahrbuch für das Berg- und Hüttenwesen im Königreich Sachsen auf das Jahr 1909, S. A 79.

[2] A. Nippoldt, Ergebnisse der Messungen in den Jahren 1911 und 1912 an Säkularstationen der magnetischen Landesaufnahme. Bericht über die Tätigkeit des Kgl. Preuß. Meteorol. Instituts im Jahre 1912. Anhang S. (160).

[3] Vgl. z. B. die Zusammenstellung in dem Aufsatz von J. A. Fleming, Comparisons of Magnetic Observatory Standards by the Carnegie Institution of Washington. No. II. Terr. Magn. and. Atm. El. XVI. Bd. 1911, S. 160.

Nadeln, I und II, deren beide Enden je durch A und B bezeichnet sind. Sein Kreis von 11 cm Durchmesser trägt eine Teilung in ganze Grade, die in jedem Quadranten von 0 in der Horizontalen bis 90 in der Vertikalen beziffert ist. Wenn man, wie es bei den vorliegenden Beobachtungen durchgängig geschehen ist, die Lage beider Spitzen auf der Teilung auf Zehntelgrade abliest und drei Einstellungen (unter jedesmaligem Abheben der Nadel) zusammenfaßt, so bekommt man die Neigung der die Spitzen verbindenden Geraden auf ganze Minuten, indem man einfach die sechs erhaltenen Zehntelgradziffern addiert. Wegen weiterer Einzelheiten sei auf die Angaben in SW-D. S. 13 und 17 verwiesen; das von dem üblichen nicht wesentlich abweichende Beobachtungs- und Rechenschema findet man bei Eschenhagen, Ergebnisse der Magnetischen Beobachtungen in Potsdam in den Jahren 1890 und 1891, S. XXIX.

Tabelle B enthält die wesentlichen Ergebnisse der einzelnen Messungen. Die ersten 4 Spalten sind ohne weiteres verständlich. Dann folgen für beide Nadeln die zwei Inklinationswerte für Spitze A unten und Spitze B unten, zu deren Gewinnung in bekannter Weise die Nadeln umzumagnetisieren sind. Jeder der vier hier angegebenen Werte ist selbst bereits das Mittel aus vier Neigungsbestimmungen, die den vier möglichen Lagen: Kreis Ost und West, bezeichnete Fläche der Nadel außen und innen, entsprechen. Es folgt dann sogleich der Durchschnitt der vier vorhergehenden Werte, d. h. das Mittel der Inklination nach beiden Nadeln. Aus Mangel an Raum mußte die Angabe des Mittels für jede einzelne Nadel wegbleiben.

Die folgenden Spalten, die genau denen in der Deklinationstabelle A entsprechen, bedürfen keiner Erläuterung; ausdrücklich bemerkt sei nur, daß auch hier bei den mehrmals besuchten Stationen der Schlußwert nicht als Durchschnitt der Einzelwerte der vorletzten Spalte, sondern als Durchschnitt der (nicht wie bei der Deklination besonders angegebenen) Mittelwerte für die einzelnen Besuche gebildet worden ist. Für Potsdam 1901.0 ist 66° 24'.5 angenommen.

Das Urteil über das Instrument kann leider nicht so günstig lauten, wie bei dem Deklinatorium, auch wenn man die normalerweise zu erwartende geringere Schärfe jeder Messung mit dem Nadelinklinatorium berücksichtigt. Die Differenzen der Werte für die beiden Lagen A und B schwanken bei jeder einzelnen Nadel sehr stark von Tag zu Tag und kaum weniger die Unterschiede zwischen den im Hauptmittel vereinigten Ergebnissen der beiden Nadeln. Demgegenüber erscheint der mittlere Fehler von etwa $\pm$ 1'.5 für jede vollständige Messung, wie er sich aus der Vergleichung der mehrfachen am gleichen Orte angestellten Beobachtungen ergibt, noch verhältnismäßig befriedigend. Er dürfte auch in der Tat noch etwas größer sein, da in der Mehrzahl der Fälle die verglichenen Werte aus Messungen an einem Tage stammen und nicht als ganz unabhängig von einander gelten können.

Das Instrument besitzt auch eine sehr starke und zwar negative Korrektion, die abgesehen von der ersten Zeit als annähernd konstant im Verhältnis zur Sicherheit seiner Ergebnisse bezeichnet und im Mittel zu rund — 7' angenommen werden kann. Ihre Bestimmung am Observatorium beruht von 1901 an auf den Vergleichen mit dem seitdem als Normalinstrument angenommenen Rotationsinduktor Schulze 1, vorher auf Vergleichen mit dem Nadelinklinatorium Bamberg oder dem Induktor von Leonhard Weber. Dabei habe ich die für diese beiden Instrumente bestimmten Korrektionen (vgl. Erg. 1901, S. XXXIV) berücksichtigt, durch die ihre Angaben auf diejenigen des Schulzeschen Induktors reduziert werden. Auf letzteren, der den absoluten Betrag der Inklination auf wenige Zehntelminuten sicher angibt, beziehen sich also mittelbar oder unmittelbar alle folgenden Werte der Instrumentalkorrektion des Reiseinklinatoriums.

Im Jahre 1898 ergaben die Beobachtungen von Eschenhagen vor der Reise die Verbesserung — 13'.69, diejenigen von Edler nach der Reise — 7'.86. Nicht ganz so stark, aber in gleichem Sinne gelegen, war der Unterschied zwischen den Ergebnissen der zwei Beobachter im Jahre darauf. Eine Aufklärung dieser beträchtlichen Verschiedenheit ist aus dem vorhandenen Material nicht zu gewinnen; sie kann auch den Beobachtern selbst, die doch sicher gründlich danach gesucht haben, nicht gelungen sein, da die von Edler in seinen Berechnungen wenn auch nur als provisorisch eingetragenen Korrektionen keine vollkommene Ausgleichung des Widerspruchs erstreben. Er nimmt offenbar eine für jeden Beobachter besondere Korrektion, also einen konstanten persönlichen Fehler an. In einer Zusammenstellung von Messungen findet sich ein mittlerer Betrag der Differenz (Eschenhagen—Edler) von + 2'.0 (für die Differenz der Korrektionen also — 2'.0) abgeleitet, und in befriedigendem Einklang damit steht es, daß er die beiden oben angegebenen Werte unter genäherter Festhaltung ihres Durchschnitts in — 12'.2 und — 9'.9 ändert. Ich habe statt dessen, indem ich den Beobachtungen Edlers ein etwas größeres Gewicht gab, die Werte — 11'.3 und — 9'.1 gewählt. Die veränderte Gewichtsfestsetzung, die sich durch die größere Zahl der Edlerschen Beobachtungen rechtfertigt, gewinnt eine weitere Stütze dadurch, daß sich auf einem andern Wege gerade die Korrektion — 11'.3 für die Eschenhagenschen Feldmessungen im Jahre 1898 ergab. Die 8 Stationen, an denen diese stattfanden und die zu Säkularstationen ausersehen waren, liegen über das ganze Vermessungsgebiet zerstreut. Einen genäherten Wert für die an ihnen herrschende Inklination und damit für die gesuchte Korrektion kann man interpolatorisch aus den einer jeden benachbarten Stationen ableiten, und da die Messungen an diesen in verschiedenen Jahren stattfanden, so darf das Mittel aller 8 so erhaltenen Korrektionswerte als verhältnismäßig zuverlässig gelten. Um auch die Edlersche Korrektion in ähnlicher Weise zu prüfen, habe ich eine Karte der Isoklinen aus den Beobachtungen der übrigen Jahre 1899—1903 entworfen und für das Gebiet der Stationen von 1898 interpolatorisch ergänzt. Dabei ergab sich für diese rund — 5' als mittlere Verbesserung. Bei der Unsicherheit des Verfahrens kommt diesem Werte keine große Bedeutung zu; immerhin spricht auch er dafür, daß die Veränderung der Korrektion — 9'.9 in — 9'.1 im richtigen Sinne erfolgt ist. Das beste wäre es wohl gewesen, an dem Ergebnis der Anschlußmessungen (d. i. — 7'.86) festzuhalten; aber ich wollte von Edlers eigener Festsetzung möglichst wenig abweichen.

Im folgenden Jahre hat jeder der beiden Beobachter sowohl vor wie nach seiner Reise Anschlußmessungen in Potsdam ausgeführt. Die im Verlauf jeder Reise eingetretene Änderung ist so gering, daß ihr keine sachliche Bedeutung zukommt; ich habe deshalb statt der von Edler angesetzten mit der Zeit proportionalen Änderung der Korrektion ihre Konstanz angenommen. Für Edlers Messungen ergab sich so eine durchgängige Verbesserung um — 8'.40, für diejenigen von Eschenhagen eine solche um — 11'.80. Der Unterschied beider Werte liegt, wie schon bemerkt wurde, in derselben Richtung wie in dem Jahre zuvor. Nach den 1901 von Edler an den beiden Stationen 88 und 89 vorgenommenen Wiederholungsmessungen war aber zu schließen, daß der absolute Betrag der zweiten Korrektion wesentlich zu groß sei, während sich unter Anwendung der ersten auch auf Eschenhagens Bestimmungen eine befriedigende Übereinstimmung ergab. Mit Rücksicht darauf ist schließlich bei sämtlichen Beobachtungen des Jahres seinerzeit die einheitliche Verbesserung von — 8'.40 benutzt worden. Spätere Messungen mit dem Erdinduktor an beiden Orten (1910 in 88, Wilhelmshaven, durch Venske und 1911 in 89, Twedt, durch Nippoldt) haben indessen ergeben, daß hier gerade Eschenhagens Werte der Wahrheit viel näher gekommen waren; sie zeigen nämlich, daß die unter Anbringung von — 8'.4 berechneten Schlußwerte beide um 4' bis 5' zu hoch sind. Ich habe davon Abstand genommen, diese Verbesserung, die auch bei den Stationen 86 und 87 zutreffen wird, noch nachträglich anzubringen, um die grundsätzlich durchgeführte sachliche Übereinstimmung der hier mitgeteilten Schlußergebnisse mit denen der früheren Publikation nicht zu durchbrechen.

In den folgenden Jahren, in denen ausschließlich Edler beobachtet hat, habe ich durchaus an den von ihm selbst aus seinen Anschlußmessungen abgeleiteten provisorischen Korrektionen festgehalten. Es sind die folgenden, die sich auf dieselben Stationen und dieselbe Zeit beziehen, wie bei der Deklination (s. S. 11):

1900: von — 5'.09 bis — 6'.58 gleichmäßig abnehmend, im Mittel — 5'.84;

1901: von — 8'.43 bis — 7'.04 gleichmäßig zunehmend, im Mittel — 7'.74;

1902: konstant gleich — 5'.78;

1903: konstant gleich — 5'.50.

Die späteren Beobachtungen von Nippoldt (SW-D. S. 21) und Göllnitz (a. a. O. S. A 85) ergaben für 1906 den Mittelwert — 8'.15 und für 1907 sehr nahe damit übereinstimmend — 8'.64. Zusammenfassend wird man hiernach sagen dürfen, daß die verhältnismäßig starken Schwankungen, mit denen die Messungsergebnisse des Inklinatoriums behaftet erscheinen, ganz vorwiegend den Charakter zufälliger Fehler tragen, und daß der systematische Fehler im Laufe von 10 Jahren eine recht befriedigende Konstanz bewahrt hat. Wenn daher auch die Inklinationswerte einzelner Stationen etwas weniger sicher sind, als zu wünschen wäre, so ist doch die ermittelte Gesamtheit dieser Werte, wie sie sich insbesondere in der Karte und auch in der weiterhin abgeleiteten analytischen Darstellung ausdrückt, unzweifelhaft innerhalb der mit dem Nadelinklinatorium überhaupt erreichbaren Genauigkeit korrekt.

Horizontalintensität.

Die zur Ableitung der horizontalen Kraftverteilung benutzten Messungen bestehen durchweg in Ablenkungsbeobachtungen, die mit dem Theodoliten Hechelmann unter Verwendung derselben Nadel gewonnen wurden, die auch zu den Deklinationsbestimmungen diente. Die Messungen sind daher durchaus relativer Art; ihre Auswertung stützt sich auf die durch die Erfahrung hinreichend bewährte und durch die Verwendung mehrerer Magnete nach Möglichkeit gesicherte Annahme, daß sich deren Momente im allgemeinen nur langsam und während längerer Zeit annähernd gleichmäßig ändern.

Es sind allerdings auch Schwingungsbeobachtungen angestellt worden; aber nur an wenigen Punkten. Eschenhagen hat solche an allen von ihm besuchten Punkten (1—8 und

86—89) gemacht, Edler dagegen nur an den folgenden: 2, 56, 60, 63, 72, 88, 90, 111, 123, 133, 138, 139, 140, 141, 142, 143, 150a, 150b, 160, 194, 199, 214, 222, 242, 253, 261. Nach mündlichen Äußerungen des letzteren erwiesen sich die im Freien angestellten Schwingungsbeobachtungen infolge der dabei unvermeidlichen Störungen (Erschütterung des Instruments durch den Wind, Übertönung der Uhrschläge durch Geräusch u. a. m.) als so minderwertig gegenüber den Ablenkungsbestimmungen, daß ihre Mitberücksichtigung meistens größere Fehler im Erdwert verursacht hätte, als die geringe Unsicherheit ausmacht, die ohne sie über den Gang des Moments der Ablenkungsmagnete bestehen bleibt. Da Edler von Anfang an, und gerade im ersten Jahre sogar ausnahmslos, von Schwingungsbeobachtungen abgesehen hat, so kann diese Auffassung nicht auf die erst von ihm gemachten Erfahrungen zurückgehen, sondern gibt unzweifelhaft die von Eschenhagen aus seinen früheren umfangreichen Messungen im Felde gezogenen Folgerungen wieder[1]). Wenn dieser trotzdem an den Punkten, die er selbst aufnahm, überall Schwingungsbeobachtungen anstellte, so geschah es jedenfalls, weil diese als Säkularstationen in Aussicht genommen waren. Die Bestimmungen an ihnen sollten deshalb besonders sorgfältig ausgeführt werden, und andererseits fielen hier wegen des mehrtägigen Aufenthalts, in dessen Verlauf der Beobachter die für Schwingungen geeignetste Zeit auswählen konnte, die erwähnten Schwierigkeiten weniger ins Gewicht. Ausgewertet worden sind allerdings schließlich die Schwingungsbeobachtungen auch an diesen Punkten nicht; aus dem in der Einleitung betonten Grunde habe ich davon Abstand genommen, dies noch nachträglich zu tun, um so mehr als daraus wegen der einseitigen Lage der Eschenhagenschen Stationen (1898 sämtlich am Anfang, 1899 sämtlich am Schlusse der ganzen Vermessungszeit) für die übrigen doch keine Verbesserung abzuleiten gewesen wäre.

Zum Theodolit gehören zwei hohlzylindrische Magnete — weiterhin und in den Tabellen als H I und H II bezeichnet — von 6 cm Länge, 1.45 cm äußerem und 1.05 cm innerem Durchmesser, die auf der einen Seite ein Häkchen zur Aufhängung am Faden des Schwingungsapparates, auf der entgegengesetzten einen kurzen konischen Zapfen tragen, der genau in entsprechende Bohrungen der Ablenkungsschienen paßt. Die dadurch ein für allemal gegebenen Entfernungen von Magnet und Nadel betragen rund 18 cm und 24 cm. Benutzt wurde davon im Felde ausschließlich die kleinere, und es wurde bei der Reduktion die stillschweigende Voraussetzung gemacht, daß der von der Verteilung des Magnetismus im Stab und in der Nadel abhängige Ablenkungsfaktor k (nach Lamonts Bezeichnung) unveränderlich sei. Diese Voraussetzung darf in der Tat nach allen vorliegenden Erfahrungen wenigstens für die Dauer einer Vermessungsreise als berechtigt gelten[2]), um so mehr, als selbst eine geringe Änderung, wenn sie

<hr>

[1]) Auch bei diesen hat er sich (nach Lamonts Vorbild) bereits darauf beschränkt, nur an einzelnen Stationen Schwingungsbeobachtungen zu machen. Vgl. Eschenhagen, Bestimmung der erdmagnetischen Elemente an 40 Stationen im nordwestlichen Deutschland. Berlin 1890, S. 7. — Die Zweckmäßigkeit dieses Verfahrens wird durch die inzwischen von Göllnitz und Nippoldt gemachten Erfahrungen durchaus bestätigt.

[2]) Die beiden Hauptmagnete des Observatoriums in Potsdam haben sogar im Laufe von 18 Jahren in k keine merkliche Änderung erlitten, was um so bemerkenswerter ist, als ihr Moment gleichzeitig stark abgenommen hat. Vgl. Ergebnisse der Magnetischen Beobachtungen in Potsdam und Seddin im Jahre 1911, S. 14. Daß ähnliches auch von Magneten gilt, die unter selbst ungünstigen Verhältnissen zu umfangreichen Beobachtungsreihen im Felde dienen, bestätigen die von dem Department of Terrestrial Magnetism, Carnegie Institution, gemachten umfassenden Erfahrungen. — Vgl. darüber die Bemerkung von L. A. Bauer, Terr. Magn. and Atm. El. XIX. Bd. 1914. S. 6, 7.

nur der Zeit proportional verläuft, durch das benutzte Verfahren der relativen Konstanten-
bestimmung eliminiert und unschädlich gemacht wird. Die vielfach zur Verschärfung der
Messung angewandte Methode, stets aus zwei Entfernungen abzulenken und durch Kombination
der so an jeder Station erhaltenen Einzelwerte k zu eliminieren, ist tatsächlich weniger zweckmäßig und genau, als die Annahme eines konstanten (bei Relativbeobachtungen in die Theo-
dolitkonstante eingehenden) Faktors k zur Reduktion der ausschließlich aus der kleineren Entfernung bewirkten Ablenkung. Nicht nur ist die Ablenkung aus der größeren Entfernung an
sich weniger genau, sondern es ist vor allem die Elimination formell ungünstig, insofern sie die
Fehler der Einzelwerte mit beträchtlichen Koeffizienten in den Schlußfehler des Ergebnisses
eingehen läßt.

Außer den beiden Magneten H I und H II, die Eschenhagen auf seinen Stationen ausschließlich benutzt hat, besitzt der Theodolit noch zwei sogenannte Deflektoren (d. h. mit ihren
Trägern fest verbundene Magnete) D I und D II, die von Edler stets neben jenen verwendet
wurden. Offenbar sollte dadurch eine wegen des Wegfalls der Schwingungsbeobachtungen
erwünschte Kontrolle für die Messungen mit den Hauptmagneten gewonnen werden. Ein weiterer
bei der Anwendung von Deflektoren zu relativen Messungen möglicher Vorteil, die zuverlässige
Sicherung gegen Änderungen der Entfernung von Nadel und Ablenkungsstab, blieb allerdings
unausgenützt, weil die Deflektoren D nicht ein starr verbundenes, symmetrisch zur Nadel auf-
setzbares System bilden, sondern einzeln abwechselnd im Osten und Westen der Nadel angebracht werden, und zwar in gleicher Weise wie die für die Magnete bestimmten Schienen.

Vom Jahre 1900 an traten noch zwei weitere Magnete E I und E II, die ursprünglich
zu dem seit 1893 nicht mehr benutzten Haupttheodoliten Edelmann des Observatoriums gehört
hatten, in Verwendung. Trotz etwas geringeren Volumens (Länge 7 cm, äußerer Durchmesser
1.45 cm, innerer Durchmesser 1.17 cm) besaßen sie stärkeres Moment als H I und H II, weshalb
für sie durch eine dritte Bohrung in der Schiene eine Entfernung von rund 21 cm gegen 18 cm
bei jenen festgelegt wurde. Auf dem Transport von Station zu Station wurden sie in Hülsen
aus weichem Eisen verpackt gehalten, um vor etwaigen induzierenden Einflüssen starker mag-
netischer Felder, in die sie geraten könnten, geschützt zu sein. Dieses von Edler zunächst nur
versuchsweise und deshalb nur an einem Magnetpaar eingeführte Verfahren ist sicherlich geeignet, gelegentliche unkontrollierbare Momentänderungen zu verhüten; andererseits unterliegt
es aber denselben Bedenken, die sich gegen die früher am Observatorium übliche Aufbewahrung
der Magnete in gebundener Lage geltend machen lassen (vgl. Erg. d. magn. Beob. in Potsdam
und Seddin i. J. 1911, S. 9). Der Stab befindet sich innerhalb der schirmenden Hülse unter
ganz anderen magnetischen Bedingungen, als während der Messungen, und der Übergang der
den beiden Fällen entsprechenden stationären Zustände ineinander erfolgt zwar zum weitaus
größten Teil fast augenblicklich, wenn der Stab aus der Hülse genommen oder wieder hinein-
gelegt wird, aber doch nicht vollständig, sondern unter asymptotischer Annäherung. Das
Moment des Stabes bei der Messung hängt somit ein wenig von der seit der Herausnahme aus
der Eisenhülse verstrichenen Zeit ab, und spätere Erfahrungen und speziell darauf gerichtete
Messungen[1]) haben gezeigt, daß es sich dabei keineswegs stets um zu vernachlässigende Diffe-

---

[1]) W. Kühl, Magnetische Nachwirkung bei gebunden aufbewahrten Messungsmagneten. Bericht über die Tätigkeit des Kgl. Preuß. Meteorol. Instituts im Jahre 1912. Anhang S. (147).

renzen handelt. Da indessen die in Betracht kommenden Bedingungen wohl definiert und konstant oder, wie die allmählich entstehende Magnetisierung der Hülse, nur langsam veränderlich sind, so wird man stets imstande sein, den besprochenen Einfluß mit hinreichender Sicherheit durch eine entsprechende Korrektion zu berücksichtigen. Die nötigen Grundlagen dafür wird man am besten vor und nach jeder Vermessungsreise durch eine besondere Bestimmung des zeitlichen Momentabfalls in Verbindung mit den Anschlußmessungen erhalten.

Näheres über die Einzelheiten des Beobachtungsverfahrens findet man in den schon wiederholt angeführten Publikationen von Göllnitz und Nippoldt (vgl. insbesondere wegen des Rechenschemas SW-D, S. 61). Da die Messungen relative im strengsten Sinne waren, so gilt für die Berechnung der Horizontal-Intensität H aus der beobachteten und korrigierten Ablenkung φ_0 die einfache Formel

$$H = C : \sin \varphi_0,$$

worin C eine aus den Anschlußmessungen am Observatorium abgeleitete annähernd konstante Größe ist. Die 9. und 10. Spalte der Tabelle C gibt für jede einzelne Messung den $\log \sin \varphi_0$ und den für $\log C$ angenommenen Wert an; das daraus nach vorstehender Formel berechnete H, noch verbessert um die in Spalte 11 zu findende Korrektion wegen Variationsdifferenz, steht in Spalte 12. Die darauf folgenden weiteren Angaben entsprechen wieder denen in den Tabellen A und B und sind ebenso wie diejenigen in den ersten 5 Spalten aus sich selbst verständlich. Hervorzuheben ist nur, daß bei der Berechnung der Schlußwerte für 1901.0, denen als Wert in Potsdam 0.18852 zugrunde liegt, soweit nicht das Gegenteil besonders bemerkt ist, alle Einzelwerte der vorletzten Spalte gleiches Gewicht erhalten haben, auch diejenigen der Deflektoren, bei denen die Polvertauschung wegfällt und deshalb eine etwas geringere Wertung gerechtfertigt erscheinen könnte[1]. Indessen hat Edler bei den Stationen des Jahres 1900 die von E I und E II gelieferten Werte und bei denen des folgenden Jahres die von E II herrührenden nicht berücksichtigt; offenbar ist ihm die Bestimmung der Konstanten $\log C$ nicht genügend zuverlässig erschienen.

Der Wert von φ_0 und damit der für $\log \sin \varphi_0$ angegebene Betrag folgt aus den in Spalte 6, 7, 8 mitgeteilten Zahlen. Von diesen bezeichnet φ den rohen Ablenkungswinkel, der sich in bekannter Weise aus den Theodoliteneinstellungen v_1, v_2, v_3, v_4 bei den 4 möglichen Lagen des freien Magnets (östlich oder westlich der Nadel je mit Nordpol im Osten oder Westen) ergibt. $\Delta\delta - A\Delta\varphi^2$ ist die wegen der Schwankung des magnetischen Meridians während der Messung und wegen der Verschiedenheit der Ablenkung in den 4 Fällen additiv anzubringende Korrektion. Das Gesagte gilt speziell für Messungen mit den freien Magneten H und E. Bei den Beobachtungen mit den Deflektoren D treten natürlich nur 2 Theodoliteinstellungen (Deflektor östlich oder westlich der Nadel) auf, deren halbe Differenz φ ist, und die anzubringende Korrektion beschränkt sich auf $\Delta\delta$. Übrigens wurde hier ebenso wie bei den Magneten jede Einstellung mehrmals, gewöhnlich viermal, ausgeführt und der Durchschnitt sämtlicher Ablesungen gebildet.

---

[1] Bei Station 8 unterscheiden sich die an den beiden Beobachtungstagen erhaltenen Werte auffallend von einander. Es liegt dies daran, daß der Standpunkt am zweiten Tage beträchtlich von dem am ersten Tage verschieden war. Der Schlußwert ist auch hier als einfaches Mittel gebildet und dem mittleren Ort zugerechnet worden.

Von größter Bedeutung ist die durch die Veränderlichkeit der Temperatur bedingte Korrektion. Die äußersten Grenzen, zwischen denen die Magnettemperatur t, die durch ein in den Hohlmagnet eingeführtes, bei jeder Messung mehrmals abgelesenes Thermometer bestimmt wurde, während sämtlicher Reisen geschwankt hat, liegen um fast 30° auseinander; sie waren, wie die Angaben in Spalte 8 lehren, rund 2° und 32°. Mit Rücksicht auf diesen vorauszusehenden Umstand sind die Temperaturkoeffizienten, und zwar sogleich die praktisch allein gebrauchten für die gesamte Beobachtungsanordnung, nicht für das magnetische Moment an sich, mit großer Sorgfalt und für ein möglichst großes Temperaturintervall bestimmt worden. Es geschah dies für die Magnete H I, H II und die Deflektoren D I, D II in den Tagen vom 10. bis 14. Januar 1899, für die Magnete E I und E II während des Oktobers 1900. Die Temperatur wurde dabei von etwa 8° bis 35° variiert; die Anzahl der mit jedem Stab ausgeführten einzelnen Bestimmungen von φ und T betrug etwa 12. Mit Hilfe der Methode der kleinsten Quadrate wurden daraus Reduktionsformeln sowohl für Ablenkungs- wie für Schwingungsbeobachtungen abgeleitet. Die ersteren, die hier allein in Betracht kommen, haben die Form

$$\log \sin \varphi_0 = \log \sin \varphi + \alpha\,(t - 15) + \beta\,(t - 15)^2.$$

Die Koeffizienten α und β lauten in Einheiten der 5. Dezimale ausgedrückt für

	H I	H II	E I	E II	D I	D II
$\alpha \cdot 10^5$:	34.79	37.57	15.98	11.10	30.26	37.18
$\beta \cdot 10^5$:	0.081	0.061	0.060	0.110	0.059	0.064.

Eine Temperaturdifferenz von 30°, wie sie den erwähnten während der ganzen Vermessung vorgekommenen Extremen entspricht, verursacht hiernach eine Schwankung der unkorrigierten Winkelwerte, für die $\log \sin \varphi$ um rund 300 (bei E II) bis 1100 (bei H II und D II) Einheiten der 5. Dezimale variiert. Da 2.2 bis 2.4 dieser Einheiten $1\,\gamma$ in H ausmachen, so entspricht dem ein Intervall von rund 130 bis fast 500 γ in der Horizontalintensität oder, anders ausgedrückt, eine Verschiebung der Isodynamen um 20' bis mehr als 1° im Sinne der geographischen Breite.

Eine Wiederholung der Bestimmung der Temperaturkoeffizienten nach Abschluß der Vermessung hat nicht stattgefunden. Nach sonstigen Erfahrungen darf man annehmen, daß sie sich nicht merklich geändert haben werden. Diese Annahme wird durch die Ergebnisse späterer Anschlußmessungen gestützt, bei denen stets die vorstehend angegebenen Koeffizienten zur Reduktion benutzt wurden und die bei verschiedenen Temperaturen hinreichend genügend übereinstimmten. Vor allem aber zeigen die Differenzen der an den einzelnen Stationen durch die verschiedenen Magnete erhaltenen Schlußwerte, wie ich mich durch eingehende Vergleichungen überzeugt habe, keine Andeutung einer mit der Zeit entstehenden Abhängigkeit von der Temperatur. Es mag genügen, ein Beispiel als Beleg hierfür anzuführen. Die Differenzen der durch H II und E I gewonnenen Werte der Horizontalintensität, die sich unmittelbar aus den Werten in Spalte 14 ergeben, schwanken bei den 35 Stationen, die im letzten Jahre 1903 besucht wurden, von $-12\,\gamma$ bis $+9\,\gamma$. Das Mittel ist $(-0.4 \pm 0.7)\,\gamma$, also nicht nachweisbar von 0 verschieden. Beide Magnete stimmen also in ihren Angaben vorzüglich überein (was allerdings z. T. auf Rechnung der vorgenommenen Ausgleichung der Konstanten C für beide

Magnete kommt); der quadratische Mittelwert der Differenzen ist $\pm$ 4.8 γ, was einem mittleren Fehler der einzelnen Messung von nur $\pm$ 3.1 γ entspricht. Ordnet man nun sämtliche Differenzen nach der Temperatur, die von 13⁰ bis 29⁰ schwankte, so zeigt sich keinerlei Abhängigkeit von dieser. Die Messungen an den 18 Stationen, an denen die Temperatur der Magnete unter 20⁰ lag, ergeben als Unterschied — 0.1 γ bei einer Mitteltemperatur von 16⁰.9, die übrigen liefern — 0.7 γ bei durchschnittlich 22⁰.1; die Differenz ist $(0.6 \pm 1.5)\gamma$, also nicht nachweisbar und auf jeden Fall gering. Wollte man den Wert 0.6 γ als reell annehmen, so würde dem in log sin φ eine Änderung um 1.4 Einheiten der 5. Dezimale bei einer Temperaturdifferenz von 5⁰.2, d. h. eine Änderung der Differenz der Temperaturkoeffizienten α um weniger als 0.3 entsprechen. Da diese Differenz bei den beiden Magneten H II und E I den Betrag 21.6 erreicht, so kann man sagen, daß sie sich während der ganzen Vermessungszeit bis auf etwa 1 % konstant gehalten hat.

Es wäre nun sicherlich seltsam, wenn beide Magnete, deren Temperaturkoeffizienten so ungemein verschieden sind, sich beträchtlich, jedoch gerade genau gleich stark geändert haben sollten. Ganz unwahrscheinlich wird aber eine derartige Annahme dadurch, daß sich die Differenzen zwischen den Ergebnissen aller 6 Magnete ganz ähnlich verhalten. Man darf daher mit voller Sicherheit schließen, daß der Temperaturkoeffizient jedes einzelnen Magnets höchstens Änderungen von derselben Größenordnung erfahren haben kann, wie sie sich für die Differenzen zwischen je zweien ergaben. Diese aber sind für die Resultate der Messungen, zumal im Hinblick auf die Zusammenfassung der Ergebnisse aller Magnete an jeder Station zu einem Mittelwert, vollkommen bedeutungslos. Selbst an Stationen, an denen ungewöhnlich hohe oder niedrige Temperaturen bei der Beobachtung herrschten, würden dadurch schwerlich Fehler auch nur von 1 γ entstehen können.

Eine Korrektion wegen der Induktion des erdmagnetischen Feldes auf den Ablenkungsstab ist nicht angebracht worden. Das ist durchaus berechtigt; denn der Induktionseinfluß ist bei den Ablenkungsbeobachtungen proportional mit H sin φ, und diese Größe ist so nahe konstant, daß jene Korrektion innerhalb der Genauigkeit der Feldmessungen als vom Beobachtungsorte unabhängig angesehen und in die Konstante C aufgenommen werden kann. Anders verhält es sich bei den Schwingungsbeobachtungen, auf die einzugehen hier nicht nötig ist. Doch mögen die Induktionskoeffizienten angeführt werden. Für H I und H II gilt übereinstimmend $k' = 0.0143$; für E I und E II waren bereits früher die wesentlich kleineren Werte 0.0076 und 0.0080 gefunden worden. Die auf 15⁰ bezogenen Momente der 4 Magnete, die im Laufe der Jahre nur unbedeutende Veränderungen durchgemacht haben, sind rund 380, 380, 580, 530 Γ cm³. Hieraus und aus den vorhergehenden Beträgen der Induktionskoeffizienten berechnen sich ihre induktiven Kapazitäten zu rund 5.5, 5.5, 4.4, 4.2 cm³.

Die gleich dem Winkel φ_0 auf die Normaltemperatur von 15⁰ bezogene Konstante log C wurde für jede Vermessungsreise aus den vor und nachher am Observatorium angestellten Anschlußbeobachtungen abgeleitet. Es ist $C = 2M\,f(e)$, worin $f(e)$ eine nur wenig von e^{-3} verschiedene Funktion des Abstandes von Magnet und Nadel bezeichnet. Solange also der Theodolit keine Veränderung erfährt, variiert C nur mit dem magnetischen Moment M des

Ablenkungsstabes; umgekehrt kann auf die Änderungen des letzteren aus denen von C geschlossen werden. Die Gesamtheit der Anschlußmessungen hat nun gezeigt, daß bei allen 6 Magneten während der ganzen Zeit nur recht geringfügige Schwankungen — in $\log C$ um einige Einheiten der 3. Dezimale, in C um weniger als $1\,^0/_0$ seines Betrages — vorgekommen sind. In den einzelnen Jahren sind die Änderungen noch wesentlich geringer. Danach haben sämtliche Magnete ihr Moment sehr gut bewahrt; man wird deshalb mit großer Sicherheit annehmen dürfen, daß die darin vorgekommenen kleinen Variationen im allgemeinen langsam und stetig erfolgt sind und daß etwaige sprunghafte Änderungen nur selten und vereinzelt gewesen sein können. Unter dieser Annahme ergibt sich ohne weiteres, in welcher Weise der Gang des Moments und damit derjenige von $\log C$ der einzelnen Stäbe für die Zeit der Vermessungsreisen anzusetzen ist. Man wird zunächst einen linearen, der Zeit proportionalen Verlauf annehmen, mit diesem für jede Station die Werte von H nach den Beobachtungen mit den verschiedenen Stäben einzeln berechnen und deren Durchschnitt als vorläufigen wahren Wert der Horizontalintensität ansehen. Aus diesem wird man dann rückwärts den ihm entsprechenden Betrag von $\log C$ bei den einzelnen Magneten berechnen und nun die Gesamtheit der so für jeden Magnet erhaltenen Werte dieser Größe untersuchen. Zeigt sie einen innerhalb der Fehlergrenzen stetigen Verlauf, so wird man sie noch in sich ausgleichen; läßt sie aber an einer Stelle eine Unstetigkeit erkennen oder vermuten, so wird man die Rechnung für die nächstvorhergehenden und nachfolgenden Stationen unter Ausscheidung des betreffenden Magnets wiederholen und darauf gestützt für diesen den Betrag des Sprunges ermitteln. Im wesentlichen in dieser Weise hat Edler die Ausgleichung durchgeführt. Natürlich war dabei im einzelnen eine gewisse Willkür nicht zu vermeiden; indessen beeinflußt diese die Schlußwerte der Horizontalintensität an jeder Station, wie man leicht einsieht, nur in beschränktem Maße. Übrigens kann das geschilderte Verfahren offenbar nur Anwendung finden, wenn mindestens 3 Magnete neben einander benutzt werden; es kommt daher insbesondere für die Eschenhagenschen Stationen nicht in Betracht.

		H I	H II	E I	E II	D I	D II
1898	Juli 18 bis Aug. 17	9.11675	9.10584	—	—	—	—
	Aug. 27	11650	10571	—	—	9.15157	9.15957
	Okt. 18	11647	10594	—	—	15113	15929
1899	Juli 13 bis Aug. 27	9.12066	9.11148	—	—	9.15067	9.15888
	Sept. 5—12	12066	11140	—	—	—	—
1900	Juli 12	9.11864	9.11086	—	—	9.15017	9.15859
	Sept. 28, 24	11874	11103	—	—	15004	15837
1901	Aug. 6	9.11859	9.11094	9.10001	—	9.14944	9.15817
	Sept. 21	11859	11108	09991	—	14924	15777
1902	Aug. 12	9.11921	9.11179	9.10014	9.05694	9.14984	9.15872
	Okt. 1	11873	11117	09973	05699	14979	15866
1903	Juli 21	9.11867	9.11119	9.09921	9.05584	9.14982	9.15880
	Sept. 9	11850	11103	09856	05527	14950	15854
1898	im Mittel	9.1166	9.1058	—	—	9.1514	9.1594
1899	»	1207	1114	—	—	1507	1589
1900	»	1187	1109	—	—	1501	1585
1901	»	1186	1110	9.1000	—	1493	1580
1902	»	1190	1115	0999	9.0570	1498	1587
1903	»	1186	1111	0989	0556	1497	1587
Gesamtmittel		9.1187	9.1103	9.0996	9.0563	9.1502	9.1587

Die tatsächlich zur Reduktion der Messungen benutzten Beträge von log C sind für jeden Tag in der Tabelle C angegeben. (Die kursiv gedruckten für E I und E II im Jahre 1900 und für E II im Jahre 1901 haben keine selbständige Bedeutung; sie sind rückwärts aus den gleichfalls kursiv gedruckten Werten von H gebildet worden, die zu der aus den übrigen 4 oder 5 Magneten abgeleiteten mittleren Differenz Station—Potsdam gehören.)

Die umstehende Übersicht zeigt, welches im großen Ganzen der Gang der Werte von log C bei den 6 Ablenkungsstäben gewesen ist; dabei ist aber nicht außer acht zu lassen, daß aus den darin für den Anfang und das Ende jeder Vermessungsreise angegebenen Zahlen nicht einfach für die Zwischenzeit linear zu interpolieren ist. Indessen sind die Abweichungen der tatsächlich angenommenen Zwischenwerte vom linearen Verlauf, wie die Durchsicht der Tabelle C zeigt, so gering, daß es für einen allgemeinen Überblick genügt, die hier hinzugefügten Jahresmittel einfach als Durchschnitt der Anfangs- und Endwerte zu bilden

Man gewinnt aus diesen Zahlen — und dies mag ihre ausführliche Mitteilung rechtfertigen — ein Urteil darüber, welchen Grad von Konstanz man bei gut magnetisierten und sorgfältig behandelten Magneten beim Gebrauch im Felde erwarten darf, und welche Zuverlässigkeit demgemäß relative Ablenkungsbeobachtungen zur Bestimmung der Horizontalintensität besitzen können.

Zusammenfassende Bearbeitung der Ergebnisse.

Kartographische Darstellung.

Den bereits in der Einleitung über die Karten gemachten Angaben ist nur weniges hinzuzufügen. Die Zeichnung ist in derselben Weise, nur eben, wie dort bemerkt, unter etwas stärkerer Ausgleichung, vorgenommen worden, wie seinerzeit bei den Karten der Elemente für die Epoche 1909. Das darüber in der früheren Publikation (vgl. N-D. S. 31 ff.) Gesagte gilt also unverändert auch hier. Dargestellt sind die um eine Dezimale abgerundeten Werte der Komponenten, die sich aus den beobachteten Werten der Elemente ergeben, und die man mit diesen in der Schlußtabelle D zusammengestellt findet. Sie werden innerhalb der Schärfe der Ablesung (d. h. bis auf eine Einheit der vierten Stelle) an den Stationspunkten genau wiedergegeben, wenn man die zu diesen gehörigen Korrektionen den Werten hinzufügt, die für dieselben Punkte aus der durch das Liniensystem definierten Funktion hervorgehen. Daß diese Korrektionen vielfach an einer Anzahl von benachbarten Stationen gleiches Vorzeichen besitzen und somit ein in der Karte nicht zum Ausdruck kommendes Störungsgebiet verraten, ist eine unmittelbare Folge der stärkeren Ausgleichung, die erst innerhalb größerer Gebiete eine annähernde Kompensation der Einzelabweichungen ergibt. Jeder Benutzer der Karten kann indessen leicht nach seiner individuellen Auffassung das Liniensystem irgend welchen Gesichtspunkten gemäß umgestalten, wenn er nur gleichzeitig die Stationskorrektionen im entgegengesetzten Sinne entsprechend ändert. Es darf aber wohl behauptet werden, daß es sich für rein wissenschaftliche Zwecke nicht empfehlen würde, bei einer Umgestaltung, die sich den beobachteten Einzelwerten besser anschließen soll, darin weiter zu gehen, als es bei den Karten der Elemente geschehen ist. Einerseits würde man bei gar zu engem Anschluß den Fehlern der Beobachtung einen nicht mehr zu vernachlässigenden Einfluß verschaffen; andrerseits ist zu beachten, daß bei der Auswahl der Stationen so weit wie möglich die Vermeidung lokaler Störungen angestrebt worden ist, weshalb es von vornherein verfehlt wäre, sich von diesen auf Grund des hier vorliegenden Materials ein Bild machen zu wollen. Die in dieser Hinsicht etwas verschiedene Ausführung der Karten für die Elemente und für die Komponenten erklärt sich aus ihrer schon in der Einleitung erwähnten Zweckbestimmung, die auch für die strenge Beschränkung der neuen Karten auf das Gebiet der preußischen Aufnahme maßgebend war, während bei den älteren die Ergebnisse der sächsischen Vermessung ergänzend benutzt worden sind.

Analytische Darstellung.

Man pflegt die normale Verteilung der erdmagnetischen Kraft in Gebieten von der Größenordnung des hier betrachteten durch quadratische Funktionen des Breiten- und Längenabstandes von einem mittleren Punkte auszudrücken. Dieses Verfahren ist durchaus sachgemäß. Für die meisten Zwecke würden selbst lineare Formeln noch hinreichen; die dabei auftretenden systematischen Abweichungen sind aber doch schon merklich genug, um den Koeffizienten der Glieder 2. Grades eine sachliche Bedeutung zu sichern, während andererseits die formell vorzuziehende, aber weniger bequeme trigonometrische Darstellung (die am besten in der Form von Kugelfunktionen erfolgt) erst nötig wird, wenn es sich um sehr viel ausgedehntere Teile der Erdoberfläche handelt.

Ich habe mich deshalb auch hier derselben Form bedient, jedoch abweichend von dem üblichen Verfahren unter der Annahme, daß die horizontale Kraft in der Erdoberfläche ein Potential besitzt. Dieser Annahme kommt nach allen Erfahrungen und nach physikalischen Erwägungen ein so hoher Grad von Wahrscheinlichkeit zu, daß man die etwaigen Widersprüche der Beobachtungen dagegen unbedenklich deren Fehlern zuschreiben darf. Um indessen von Anfang an ein unmittelbares Urteil darüber zu gewinnen, wie weit solche Widersprüche vorhanden sind, habe ich die horizontalen Komponenten zunächst getrennt entwickelt und die Potentialbedingung erst nachträglich eingeführt. Übrigens wäre jene Annahme auch dann noch formell zulässig, wenn ihre sachliche Berechtigung weniger sicher erschiene; denn da die Zerlegung des Gesamtfeldes in einen normalen und einen gestörten Teil zunächst nur rein formal möglich ist, so dürfen die etwaigen Abweichungen vom wirbelfreien Zustande ohne weiteres dem zweiten Teile zugewiesen werden.

Bezeichnet man unter der Annahme einer kugelförmigen Erde vom Radius R das Potential in der Erdoberfläche durch V, so gilt:

$$X = -\frac{1}{R}\frac{\partial V}{\partial \varphi} \quad \text{und} \quad Y = -\frac{1}{R\cos\varphi}\frac{\partial V}{\partial \lambda} \quad \text{oder} \quad Y\cos\varphi = -\frac{1}{R}\frac{\partial V}{\partial \lambda}$$

Wird also $(V : R)$ gleich einer ganzen Funktion 3. Grades von $\Delta\varphi = \varphi - \varphi_0$ und $\Delta\lambda = \lambda - \lambda_0$ gesetzt, so erhält man für X und $Y\cos\varphi$ Funktionen 2. Grades

$$X = a' + b'\,\Delta\varphi + c'\,\Delta\lambda + d'\,\Delta\varphi^2 + e'\,\Delta\varphi\,\Delta\lambda + f'\,\Delta\lambda^2$$

$$Y\cos\varphi = a'' + b''\Delta\varphi + c''\Delta\lambda + d''\Delta\varphi^2 + e''\,\Delta\varphi\Delta\lambda + f''\,\Delta\lambda^2$$

mit $\qquad\qquad b'' = c' \qquad\qquad 2\,d'' = e' \qquad\qquad e'' = 2\,f'$

wozu noch ein entsprechender Ausdruck $a''' + b''' \Delta\varphi + c''' \Delta\lambda + \dots$ für die vertikale Komponente Z tritt. Die Berücksichtigung der Potentialbedingung erfordert also die Entwickelung von Y cos φ, das deshalb auch in Tabelle D, die die Grundlagen der weiteren Rechnung enthält, mit aufgenommen ist. Natürlich läßt sich auch Y selbst, dem üblichen Verfahren entsprechend, in derselben Form darstellen; die erwähnte Bedingung ist dabei aber nicht so einfach und wenn die Reihen für X und Y beide gleichzeitig endlich begrenzt sein sollen, überhaupt nicht exakt zu erfüllen[1]).

Normal-Station	Stationen					N. Br. φ	E. Lg. λ	X	δ_1	δ_2	Y cos φ	δ_1	δ_2	Z	δ_1	δ_2
1	89	159	160	161	162	55 7.92	8 57.88	17218.2	77.1	24.8	-2150.4	-21.6	-38.2	44719.2	- 53.8	17.9
2	153	154	163	164	167	54 30.56	8 29.06	17391.2	45.3	9.4	-2208.8	21.4	- 1.0	44387.4	- 85.4	- 28.1
3	148	155	156	157	158	54 38.72	9 49.42	17382.4	- 26.2	- 67.3	-2067.8	18.9	13.3	44391.6	-123.1	- 66.5
4	88	171	172	173	174	53 35.56	7 26.00	17589.2	- 28.3	- 37.0	-2389.0	24.4	- 7.5	44018.0	- 19.6	- 3.7
5	149	151	152	165	166	53 52.24	9 19.72	17684.0	11.7	- 13.5	-2155.4	47.3	37.8	44025.4	-114.0	- 72.1
6	14	19	145	146	147	54 4.80	11 13.40	17719.4	- 34.8	- 65.4	-2019.0	-21.0	-13.6	44178.6	- 28.3	16.3
7	8	20	21	22	23	54 23.94	13 12.20	17841.0	40.8	14.2	-1767.2	8.3	27.7	44415.4	88.0	109.6
8	168	169	170	175	195	53 5.34	8 12.22	17860.6	- 23.4	- 28.6	-2363.4	18.1	0.3	43673.8	- 98.8	- 91.8
9	139	144	150	192	194	53 22.70	10 18.50	17994.6	42.1	21.3	-2133.4	15.8	16.6	43835.0	- 41.0	- 1.9
10	11	13	16	138	193	53 15.90	11 32.58	18144.2	39.4	17.9	-2041.2	- 3.6	5.3	43752.4	- 43.5	0.3
11	12	28	29	31	264	53 2.50	13 3.94	18337.4	11.7	- 7.2	-1941.0	-33.9	-20.8	43682.2	26.5	74.2
12	15	17	18	24	27	53 43.46	12 49.36	18031.4	- 2.9	- 25.6	-1901.8	-30.2	-15.6	43951.6	- 47.9	- 10.1
13	25	26	32	33	34	53 45.12	14 37.16	18252.0	72.4	59.8	-1678.6	13.9	30.8	43953.8	- 25.0	- 5.8
14	6	35	36	37	93	53 53.38	15 55.18	18355.0	116.8	116.2	-1527.2	25.3	40.7	43960.0	- 62.2	- 69.9
15	94	96	97	98	99	54 29.04	17 3.34	18244.2	142.6	157.1	-1478.8	-89.8	-71.0	44571.4	275.8	206.9
16	5	81	82	100	101	54 33.92	18 32.04	18123.4	- 74.7	- 34.9	-1330.2	-93.8	-82.5	44502.2	194.4	70.5
17	83	92	95	102	104	53 52.00	17 31.90	18468.6	81.1	100.7	-1393.8	2.1	9.1	44181.6	201.7	159.2
18	53	54	55	84	85	53 58.36	19 13.60	18284.6	-208.4	-160.2	-1225.2	- 5.3	-11.3	44104.0	104.1	5.1
19	56	57	58	59	77	54 30.42	20 28.46	18225.6	-164.4	- 85.5	-1050.4	0.2	- 8.4	44068.6	-172.9	-367.3
20	60	61	62	63	66	55 19.16	21 14.02	17718.0	-416.3	-311.1	- 854.6	50.6	52.9	44859.4	229.0	- 87.5
21	64	65	67	68	73	54 42.42	22 14.36	18380.2	- 84.1	40.9	- 878.8	-19.3	-46.9	44412.4	105.5	-193.1
22	7	38	39	50	51	52 57.74	15 2.86	18539.0	9.4	- 1.0	-1720.0	- 1.0	9.4	43460.2	-118.1	- 74.4
23	40	41	90	91	110	52 56.58	16 27.04	18717.0	57.7	58.3	-1717.0	7.2	10.7	43451.8	- 90.0	58.8
24	4	103	105	106	107	53 18.56	18 7.36	18784.4	124.7	148.2	-1346.2	40.0	34.5	43708.0	16.4	- 1.3
25	72	76	78	79	80	53 30.70	20 11.28	18624.2	-135.1	- 75.0	-1175.0	- 9.6	-35.1	43828.2	75.7	- 12.7
26	69	70	71	74	75	53 54.00	21 59.24	18782.2	20.2	125.6	- 851.4	103.1	59.0	44480.4	569.6	376.0
27	141	176	177	178	179	52 26.40	7 30.08	18059.4	- 20.5	- 8.6	-2485.2	21.8	2.2	43529.6	65.9	31.3
28	180	181	196	197	198	52 30.98	8 47.68	18143.2	- 18.9	- 21.1	-2353.8	19.3	12.4	43489.2	12.5	12.0
29	182	186	187	188	191	52 36.84	10 18.44	18267.8	12.7	- 0.3	-2224.4	- 8.6	- 4.8	43473.4	- 22.8	5.5
30	9	10	190	233	263	52 22.34	12 4.36	18492.8	- 11.6	- 29.7	-2072.8	- 9.8	1.7	43306.6	- 35.7	13.5
31	30	52	231	232	265	52 25.82	13 36.22	18585.4	- 29.2	- 47.0	-1914.8	- 7.4	4.4	43206.8	-134.9	- 74.6
32	48	49	135	136	137	51 58.20	14 29.16	18856.6	- 17.1	- 35.6	-1865.2	- 4.6	3.7	42953.8	-142.3	- 65.8
33	43	44	45	46	47	52 1.18	15 50.48	18956.8	- 15.1	- 28.0	-1733.0	-10.1	- 9.4	42993.6	-101.1	- 21.2
34	42	108	109	111	112	52 32.84	17 40.34	18962.8	40.5	48.9	-1483.2	13.6	2.9	43141.0	-180.7	-139.1
35	3	113	114	115	131	51 49.28	17 15.56	19151.2	- 22.7	- 29.2	-1596.4	4.2	- 9.1	42841.6	-127.3	- 37.9
36	201	202	203	204	216	51 42.16	6 44.04	18265.0	- 40.1	- 7.9	-2627.6	19.1	0.2	43214.4	102.3	6.6
37	199	200	217	218	219	51 42.16	8 20.04	18441.0	- 3.3	7.3	-2484.2	5.0	2.2	43193.0	111.6	70.8
38	87	140	220	221	222	51 48.16	9 45.28	18516.8	- 11.5	- 15.8	-2338.8	1.9	8.0	43130.2	26.4	28.8
39	183	184	185	189	237	52 1.30	11 15.28	18550.8	- 21.3	- 36.0	-2176.4	- 2.4	8.4	43113.2	- 70.6	- 33.1
40	142	205	206	209	215	51 3.08	6 44.20	18523.4	- 39.9	- 0.6	-2711.2	- 8.2	-16.6	42964.6	176.1	44.1
41	143	213	214	246	247	50 54.82	8 18.62	18720.0	- 34.7	19.1	-2571.8	-11.6	- 4.4	42799.2	109.4	37.8
42	223	224	225	244	245	51 3.94	9 44.18	18803.6	- 15.0	- 17.3	-2402.8	3.8	16.8	42785.0	47.0	31.8
43	86	226	227	229	230	51 16.34	11 8.34	18852.2	- 6.6	- 20.9	-2253.2	- 2.6	12.4	42853.0	39.3	68.9
44	234	235	236	238	239	51 29.78	12 39.66	18887.0	- 15.8	- 36.9	-2091.8	-10.9	2.8	42900.8	5.1	68.6
45	1	129	132	133	134	51 14.24	15 31.20	19249.4	- 4.3	- 29.1	-1832.8	-10.2	-10.1	42554.0	-158.2	- 47.7
46	116	117	118	119	120	51 2.84	17 55.82	19505.0	- 33.7	- 50.5	-1578.6	23.4	- 4.0	42462.2	-109.3	28.4
47	207	208	210	249	250	50 30.60	6 38.18	18732.8	- 36.1	9.2	-2782.8	-22.8	-22.5	42728.6	207.1	39.8
48	251	252	253	254	255	49 44.38	6 56.02	19122.2	22.4	64.6	-2812.2	-14.5	3.5	42252.0	118.9	- 77.7
49	211	212	248	256	257	50 15.48	8 0.32	18992.6	4.8	26.7	-2662.0	-14.7	0.8	42471.4	101.4	- 12.5
50	258	259	260	261	262	50 11.04	9 54.64	19204.8	21.5	15.3	-2478.6	-12.9	10.8	42301.8	5.3	- 24.0
51	228	240	241	242	243	50 34.00	11 11.30	19168.6	26.1	8.2	-2330.6	-23.4	- 2.9	42383.0	- 79.2	- 54.2
52	2	126	127	128	130	50 37.24	16 49.00	19655.8	45.1	12.6	-1716.2	32.4	17.5	42222.2	-158.8	- 5.2
53	121	122	123	124	125	50 14.54	18 26.74	19939.2	36.9	2.5	-1599.8	21.5	-18.9	42044.8	-116.9	77.8

[1]) Um für Y einen der Potentialbedingung genügenden Ausdruck zu erhalten, multipliziert man am besten den für Y cos φ abgeleiteten mit (1 : cos φ), d. i.

$$(1 : \cos\varphi_0)\,(1 + \operatorname{tg}\varphi_0\,\Delta\varphi + \tfrac{1}{2}(1 + 2\operatorname{tg}\varphi_0^2)\,\Delta\varphi^2 + \tfrac{1}{6}\operatorname{tg}\varphi_0\,(5 + 6\operatorname{tg}\varphi_0^2)\,\Delta\varphi^3 + \dots)$$

Für die hier gewählte Mittelbreite $\varphi_0 = 52° 30'$ gibt dies mit $\Delta'\varphi$ und $\Delta'\lambda$ in Minuten den Faktor

$$[0.21555]\,(1 + [0.57875-4]\,\Delta'\varphi + [0.2696-7]\,\Delta'\varphi^2 + [0.910-10]\,\Delta'\varphi^3 + \dots)$$

Aus den, wie schon erwähnt, der Tabelle D entnommenen Werten von X, Y$\cos\varphi$, Z, die den endgültig als Resultat der Vermessung angenommenen und im Folgenden untersuchten Zustand definieren, wurden zunächst durch Zusammenziehung von je 5 benachbarten Stationen in einen Durchschnitt die Daten für 53 Normalstationen [1] abgeleitet. Die Berechnung dieser Daten — der geographischen Koordinaten sowohl wie der magnetischen Bestimmungsstücke — als einfacher arithmetischer Mittelwerte setzt die lineare Abhängigkeit des normalen Feldes vom Orte voraus, die innerhalb so kleiner Gebiete, wie sie 5 Stationen einnehmen, sicher gilt. Die vorstehende Übersicht gibt diese Mittelwerte; sie enthält ferner unter der Bezeichnung δ_1 und δ_2 die gegenüber einer ersten linearen und der endgültigen quadratischen Ausgleichung verbleibenden Abweichungen.

Als Koordinatenursprung wurde der Punkt

$$\varphi_0 = 52^0\ 30' \qquad \lambda_0 = 13^0\ 0'$$

gewählt, der nicht nur der mittleren Lage der Normalstationen und damit auch derjenigen aller Beobachtungspunkte ($\varphi_m = 52^0\ 39'$, $\lambda_m = 13^0\ 9'$ bei gleichem Gewicht, $\varphi_m = 52^0\ 33'$, $\lambda_m = 12^0\ 42'$ bei der tatsächlich zum Schluß benutzten Gewichtsfestsetzung) sehr nahe kommt, sondern zugleich auch dicht bei Potsdam liegt.

Die auf das abnorm gestörte Gebiet im Nordosten entfallenden Normalstationen 18, 19, 20, 21, 25, 26 wurden bei der endgültigen Ausgleichung mit halbem Gewicht eingeführt. Sie umfassen sämtliche Stationen östlich der Weichsel mit Ausnahme von Punkt 107 und außerdem die Station 84.

Die im Gegensatz hierzu ohne Gewichtsunterscheidung durchgeführte lineare Ausgleichung ergab, unter $\Delta'\varphi$ und $\Delta'\lambda$ wieder die in Minuten gemessenen Abweichungen verstanden,

$$X_1 = 18525.1 - 6.597\ \Delta'\varphi + 1.421\ \Delta'\lambda \qquad Y_1 = -3207.0 + 1.165\ \Delta'\varphi + 2.723\ \Delta'\lambda$$

$$Z_1 = 43396.5 + 8.283\ \Delta'\varphi - 0.325\ \Delta'\lambda \qquad Y_1\cos\varphi = -1959.8 + 1.472\ \Delta'\varphi + 1.643\ \Delta'\lambda$$

Leitet man in der zuvor angedeuteten Weise Y_1 aus dem Werte von $Y_1\cos\varphi$ ab, so erhält man

$$Y_1 = -3219.3 + 1.197\,\Delta'\varphi + 2.699\,\Delta'\lambda + 0.00032\,\Delta'\varphi^2 + 0.00099\,\Delta'\varphi\,\Delta'\lambda + 0.00000019\,\Delta'\varphi^3$$
$$+ 0.00000050\,\Delta'\varphi^2\,\Delta'\lambda$$

also einen Ausdruck, der sich von dem oben angebenen, durch direkte lineare Ausgleichung für Y_1 gewonnenen deutlich unterscheidet.

Die Koeffizienten $c' = 1.421$ und $b'' = 1.472$ sind annähernd, aber nicht wie es die Voraussetzung eines Potentials verlangt, genau gleich. Um dieser zu genügen, setze ich für beide ihren Durchschnitt. Im Zusammenhang damit sind (da die Mittel sämtlicher $\Delta'\varphi$ und $\Delta'\lambda$ nicht vollkommen verschwinden) auch die Anfangsglieder der Ausdrücke etwas zu ändern. Mit Rücksicht auf das Folgende lege ich dabei außerdem noch nachträglich die endgültig angenommenen Gewichte zugrunde. Damit ergeben sich bei sachgemäßer Abrundung die Formeln:

$$X_1 = 18534.5 - 6.60\ \Delta'\varphi + 1.45\ \Delta'\lambda = 18534.5 - 396.0\ \Delta\varphi + 87.0\ \Delta\lambda$$
$$Y_1\cos\varphi = -1960.7 + 1.45\ \Delta'\varphi + 1.64\ \Delta'\lambda = -1960.7 + 87.0\ \Delta\varphi + 98.4\ \Delta\lambda$$
$$Z_1 = 43387.9 + 8.28\ \Delta'\varphi - 0.32\ \Delta'\lambda = 43387.9 + 496.8\ \Delta\varphi - 19.2\ \Delta\lambda$$

---

[1] Der Ausdruck ist in dem Sinne zu verstehen, in dem man in der theorischen Astronomie von Normalörtern spricht.

Die Größen $\Delta\varphi$ und $\Delta\lambda$ sind hierin als in Graden gemessen angenommen. Die Differenzen $X-X_1$, $Y\cos\varphi-Y_1\cos\varphi$, $Z-Z_1$ der beobachteten gegen die hiernach berechneten Werte finden sich unter der gemeinsamen Bezeichnung δ_1 in der vorhergehenden Zusammenstellung.

Zur Durchführung der endgültigen Ausgleichung, die die Werte X_2, $Y_2\cos\varphi$, Z_2 liefert, sind nun diese Differenzen δ_1 durch quadratische Funktionen der Koordinaten auszudrücken und die damit berechneten Werte X_2-X_1 usw. den vorstehenden X_1 usw. hinzuzufügen. Bei der Aufstellung und Lösung der dazu dienenden Normalgleichungen wurden die Hilfsvariablen $x=\Delta'\varphi:100$, $y=\Delta'\lambda:300$ und die daraus folgenden $u=x^2$, $v=xy$, $w=y^2$, sämtlich in Abrundung auf zwei Dezimalen, eingeführt. Im sachlichen Einklang damit genügte es, die δ_1 auf ganze γ abgerundet zu verwenden. Die weitere Berechnung der Koeffizienten (x), ... (ww) und der Absolutglieder (δ_1), ... $(\delta_1 w)$ der Normalgleichungen erfolgte scharf; erst die Summen wurden wieder abgerundet. Das so erhaltene Schema aller dieser Größen lautet:

	Koeffizienten					X	$Y\cos\varphi$	Z
50.00	1.56	— 3.22	37.50	10.52	35.32	— 1.0	— 1.5	— 1.0
	37.50	10.54	1.02	— 2.77	2.92	— 52.7	— 7.1	357.7
		35.36	— 2.78	2.91	3.50	— 218.5	12.5	— 244.4
			54.58	15.97	35.31	— 247.8	— 197.3	1207.8
				35.34	22.06	— 996.2	— 301.8	3487.2
					47.58	— 1020.9	198.7	2216.1

Die Auflösung ergibt:

$$
\begin{aligned}
X_2-X_1 &= 24.61 & - 1.39x & + 2.22y & + 8.32x^2 & - 15.30xy & - 38.89y^2 \\
&\pm 14.93 & 10.84 & 11.34 & 13.20 & 13.11 & 16.54 \\
(Y_2-Y_1)\cos\varphi &= - 6.07 & - 2.53x & - 1.25y & - 10.32x^2 & - 17.63xy & + 24.76y^2 \\
&\pm 5.73 & 4.16 & 4.35 & 5.07 & 5.03 & 6.35 \\
Z_2-Z_1 &= - 55.21 & + 23.59x & - 30.55y & + 3.02x^2 & + 90.59xy & + 44.11y^2 \\
&\pm 20.52 & 14.91 & 15.59 & 18.15 & 18.02 & 22.74
\end{aligned}
$$

Unter den Koeffizienten sind ihre mittleren Fehler angeschrieben. Ihrer Bedeutung nach sind diese natürlich nur zum kleinsten Teile als Fehler im gewöhnlichen Sinne anzusehen; sie bringen vielmehr vorwiegend die Unzulänglichkeit der gewählten einfachen Darstellung zur Wiedergabe des wirklichen Zustandes zum Ausdruck und entspringen der Hauptsache nach aus den lokalen Anomalien. Soweit diese indessen in ihrer Verteilung den formalen Voraussetzungen der üblichen Fehlertheorie entsprechen — und das ist im wesentlichen der Fall; man würde sie sonst nicht als lokal betrachten können —, darf diese ohne weiteres auf die vorliegende Aufgabe angewendet werden. Das gilt sehr nahe auch noch von Störungen, die einzelne nicht gar zu große Teile des Vermessungsgebiets gleichmäßig betreffen. Nur solche Störungen, die in bezug auf das ganze Gebiet systematischer Natur sind, müssen ausgeschlossen werden; diese können aber, soweit überhaupt eine exakte Scheidung zwischen normaler und gestörter Verteilung möglich ist, erst dann ermittelt werden, wenn sich hinreichende Beobachtungen aus Nachbargebieten zum Vergleich heranziehen lassen. Hier gehen sie in die ausgeglichene Darstellung mit ein. Es mag deshalb, so lange nicht die Frage nach der sachlichen Bedeutung der Abweichungen zur Erörterung steht, auch weiterhin von Fehlern gesprochen werden.

Wie man sieht, ist die Unsicherheit der meisten Koeffizienten so groß, daß von einer wesentlichen Verbesserung der Darstellung durch die Hinzunahme der Glieder 2. Ordnung kaum die Rede sein kann. Der mittlere Fehler der Gewichtseinheit, d. h. des Mittels von 5 Stationen, abgesehen von denen östlich der Weichsel, ist bei den dargestellten Größen ± 62.7, ± 24.1, $\pm 86.2\gamma$, bei Y also näherungsweise $\pm 24.1 : \cos\varphi_0 = \pm 39.1\gamma$. Für die mit halbem Gewicht eingeführten Stationen im Osten ist er demgemäß bei X, Y, Z gleich ± 89, ± 55, $\pm 122\gamma$. Wenn die Abweichungen an den je 5 in einer Normalstation vereinigten Punkten als unabhängig von einander gelten dürften, so wären die entsprechenden Zahlen für die einzelne Station ± 140, ± 87, $\pm 192\gamma$, im östlichen Störungsgebiet ± 198, ± 123, $\pm 272\gamma$. Tatsächlich sind sie merklich kleiner zu erwarten, weil vielfach größere Gebiete gleichartig gestört erscheinen.

Nunmehr ist die Voraussetzung des Potentials einzuführen[1]). Diese drückt sich, wenn die bei der Entwickelung nach x, y auftretenden Koeffizienten A, B ... F heißen, dem Früheren zufolge durch die Bedingungen aus:

$$3\ B'' = C' \qquad\qquad 6\ D'' = E' \qquad\qquad 3\ E'' = 2\ F'$$

Gleicht man die für B''.... F' gefundenen Werte hiernach ihren Gewichten gemäß aus, so findet man

$$B'' = -0.76 \quad C' = -2.28 \quad D'' = -3.76 \quad E' = -22.56 \quad E'' = -19.04 \quad F' = -28.56$$

Die damit an die Beobachtungswerte angebrachten Korrektionen

$$+1.77 \qquad -4.50 \qquad +6.56 \qquad -7.26 \qquad -1.41 \qquad +10.33$$

sind bei D'' nur wenig größer, sonst überall merklich kleiner, als der mittlere Fehler des Koeffizienten. Die Annahme eines Potentials trifft also für das vermessene Gebiet — dieses als Ganzes betrachtet — innerhalb der Genauigkeit der Messungen zu. Mit der dieser Genauigkeit entsprechenden Abrundung lautet nunmehr das Ergebnis:

$$
\begin{aligned}
X_2 - X_1 &= 18.5 - x - 3y + 8x^2 - 24xy - 27y^2 \\
(Y_2 - Y_1)\cos\varphi &= -12.3 - x - 4x^2 - 18xy + 27y^2 \\
Z_2 - Z_1 &= -55.9 + 24x - 30y + 3x^2 + 90xy + 45y^2.
\end{aligned}
$$

Die konstanten Glieder sind so bestimmt worden, daß sie in X_2, $Y_2\cos\varphi$, Z_2 nur ganze γ enthalten, und daß die Summe der Abweichungen dabei möglichst nahe gleich Null, d. h. daß die erste Normalgleichung möglichst genau erfüllt ist.

Die Abweichungen $X - X_2 = \delta_1 - (X_2 - X_1)$ usw. finden sich unter der Bezeichnung δ_2 in der vorhergehenden Tabelle für die Normalstationen und, auf ganze γ abgerundet, unter der Überschrift ΔX usw. in der Schlußtabelle D. Dort sind auch die zugehörigen, aus $\Delta Y \cos\varphi$ durch Division mit $\cos\varphi$ berechneten Werte von ΔY hinzugefügt.

Für das ausgeglichene Gesamtfeld, das nunmehr einfach durch X, Y, Z (statt durch X_2, Y_2, Z_2) bezeichnet werden möge, gelten die durch Addition der beiden vorausgehenden

---

[1]) Es wäre formell strenger gewesen, X und $Y\cos\varphi$ gemeinsam unter Berücksichtigung der drei Bedingungsgleichungen auszugleichen. Sachlich wäre indessen dadurch nichts gewonnen worden, was irgendwie den größeren Aufwand an Rechenarbeit gelohnt hätte. Vor allem aber läßt die getrennte Entwicklung anschaulicher erkennen, ob und wie weit die Potentialannahme zutrifft.

4*

Entwickelungen entspringenden Formeln, in denen wieder die ursprünglichen Variabeln
benutzt sind:

$$X \;=\; 18553 - 6.61\Delta'\varphi + 1.44\Delta'\lambda + 0.0008\Delta'\varphi^2 - 0.0008\Delta'\varphi\Delta'\lambda - 0.0003\Delta'\lambda^2$$
$$Y\cos\varphi \;=\; -\;1973 + 1.44\Delta'\varphi + 1.64\Delta'\lambda - 0.0004\Delta'\varphi^2 - 0.0006\Delta'\varphi\Delta'\lambda + 0.0003\Delta'\lambda^2$$
$$Z \;=\; 43332 + 8.52\Delta'\varphi - 0.42\Delta'\lambda + 0.0003\Delta'\varphi^2 + 0.0030\Delta'\varphi\Delta'\lambda + 0.0005\Delta'\lambda^2$$

oder

$$X \;=\; 18553 - 396.6\Delta\varphi + 86.4\Delta\lambda + 2.88\Delta\varphi^2 - 2.88\Delta\varphi\Delta\lambda - 1.08\Delta\lambda^2$$
$$Y\cos\varphi \;=\; -\;1973 + 86.4\Delta\varphi + 98.4\Delta\lambda - 1.44\Delta\varphi^2 - 2.16\Delta\varphi\Delta\lambda + 1.08\Delta\lambda^2$$
$$Z \;=\; 43332 + 511.2\Delta\varphi - 25.2\Delta\lambda + 1.08\Delta\varphi^2 + 10.80\Delta\varphi\Delta\lambda + 1.80\Delta\lambda^2$$

Es ist — besonders vom praktischen Gesichtspunkte aus — von Interesse, auch für die
übrigen Elemente entsprechende Formeln abzuleiten. Natürlich können diese, wenn sie gleichfalls auf die Glieder der zwei ersten Ordnungen beschränkt sein sollen, nicht scharf denselben
Zustand definieren wie die vorstehenden, wie dies schon früher in bezug auf Y auseinander-
gesetzt worden ist; die dabei auftretenden systematischen Unterschiede sind aber praktisch ohne
Bedeutung. Um diese Formeln abzuleiten, habe ich zunächst für 9 nach Länge und Breite
gleichmäßig verteilte Punkte — nämlich für die zu den Kombinationen der Werte — 1, 0, + 1
von x und y gehörigen — aus den für X, $Y\cos\varphi$, Z geltenden Ausdrücken diese Größen und
dann der Reihe nach die zugehörigen Werte von Y, D, H, I, F berechnet. Es ergab sich so
bei Abrundung auf ganze γ und Zehntelminuten:

φ	$55^0\,0'$	$55^0\,0'$	$55^0\,0'$	$52^0\,30'$	$52^0\,30'$	$52^0\,30'$	$50^0\,0'$	$50^0\,0'$	$50^0\,0'$
λ	$6^0\,20'$	$13^0\,0'$	$19^0\,40'$	$6^0\,20'$	$13^0\,0'$	$19^0\,40'$	$6^0\,20'$	$13^0\,0'$	$19^0\,40'$
X	17003	17579	18059	17929	18553	19081	18891	19563	20139
$Y\cos\varphi$	-2338	-1766	-1098	-2581	-1973	-1269	-2842	-2198	-1458
Z	44685	44617	44709	43580	43332	43244	42489	42061	41793
Y	-4076	-3079	-1914	-4240	-3241	-2085	-4421	-3419	-2268
F	47984	48053	48256	47316	47249	47313	46709	46513	46447
H	17485	17847	18160	18424	18834	19195	19401	19860	20267
D	$-13^028'.9$	$-9^056'.1$	$-6^03'.0$	$-13^018'.3$	$-9^054'.5$	$-6^014'.1$	$-13^010'.4$	$-9^054'.9$	$-6^025'.6$
I	$68^037'.8$	$68^011'.9$	$67^053'.6$	$67^05'.0$	$66^030'.5$	$66^03'.9$	$65^027'.5$	$64^043'.5$	$64^07'.8$

Durch Ausgleichung nach der Meth. d. kl. Qu. folgen hieraus die Formeln[1]):

$$Y \;=\; -3241 + 69.3\Delta\varphi + 161.8\Delta\lambda - 1.20\Delta\varphi^2 + 0.14\Delta\varphi\Delta\lambda + 1.78\Delta\lambda^2$$
$$F \;=\; 47249 + 308.3\Delta\varphi + 0.2\Delta\lambda + 5.44\Delta\varphi^2 + 8.00\Delta\varphi\Delta\lambda + 1.47\Delta\lambda^2$$
$$H \;=\; 18834 - 402.4\Delta\varphi + 57.8\Delta\lambda + 3.04\Delta\varphi^2 - 2.86\Delta\varphi\Delta\lambda - 0.56\Delta\lambda^2$$
$$D \;=\; -9^054'.6 + 0'.19\Delta\varphi + 31'.87\Delta\lambda - 0'.136\Delta\varphi^2 + 0'.616\Delta\varphi\Delta\lambda + 0'.190\Delta\lambda^2$$
$$I \;=\; 66^030'.5 + 41'.63\Delta\varphi - 4'.62\Delta\lambda - 0'.448\Delta\varphi^2 + 0'.532\Delta\varphi\Delta\lambda + 0'.089\Delta\lambda^2$$

Die drei letzten Formeln will ich noch auf den Zeitpunkt 1909.0 reduzieren, um sie
mit den bereits früher (N-D., S. 35) angegebenen zu vergleichen, die auf den hier benutzten

---

[1]) Berechnet man Y mit Hilfe der auf S. 24 Anm. angegebenen Formel, so findet man den von dem obigen
kaum verschiedenen Ausdruck:

$$Y = -3241 + 68.4\Delta\varphi + 161.4\Delta\lambda - 1.30\Delta\varphi^2 + 0.11\Delta\varphi\Delta\lambda + 1.76\Delta\lambda^2 + \ldots$$

Koordinatenursprung umgerechnet unter Umkehrung des Vorzeichens bei D — a. a. O. ist westliche Deklination positiv gezählt — so lauten:

$$H = 18819 - 402\Delta\varphi + 54\Delta\lambda$$
$$D = -9^0 11' + 32'.2\Delta\lambda + 0'.9\Delta\varphi\Delta\lambda$$
$$I = 66^0 27' + 40'.8\Delta\varphi - 4'.8\Delta\lambda.$$

Die gesamte Variation von 1901.0 bis 1909.0 beträgt nach der Angabe auf S. 30 der erwähnten früheren Publikation

$$\Delta H = - 9 - 2.2\Delta\varphi - 5.4\Delta\lambda \qquad \Delta D = 40'.5 - 0'.08\Delta\varphi + 0'.42\Delta\lambda$$
$$\Delta I = - 4'.0 + 1'.16\Delta\varphi + 0'.30\Delta\lambda$$

worin wiederum bereits die Reduktion auf den hier eingeführten Anfangspunkt berücksichtigt ist. Bringt man diese Änderungen an die oben für H, D, I zur Epoche 1901.0 gefundenen Werte an, so erhält man für die Epoche 1909.0

$$H = 18825 - 404.6\Delta\varphi + 52.4\Delta\lambda + 3.04\Delta\varphi^2 - 2.86\Delta\varphi\Delta\lambda - 0.56\Delta\lambda^2$$
$$D = -9^0 14'.1 + 0'.11\Delta\varphi + 32'.29\Delta\lambda - 0'.136\Delta\varphi^2 + 0'.616\Delta\varphi\Delta\lambda + 0'.190\Delta\lambda^2$$
$$I = 66^0 26'.5 + 42'.79\Delta\varphi - 4'.32\Delta\lambda - 0'.448\Delta\varphi^2 + 0'.532\Delta\varphi\Delta\lambda + 0'.089\Delta\lambda_2$$

Die Übereinstimmung mit den vorher angegebenen dreigliedrigen Ausdrücken ist sehr befriedigend; die Differenzen zwischen den beiden Darstellungen sind so klein, daß sie schon durch die formelle Verschiedenheit der Ansätze zwanglos erklärt werden könnten. Diese Feststellung ist von sachlichem Wert, weil bei der früheren Ausgleichung alle Stationen dasselbe Gewicht erhalten hatten, während bei der jetzigen das Störungsgebiet im Nordosten nur mit halbem Gewicht berücksichtigt worden ist. Da das Schlußergebnis trotzdem in beiden Fällen so gut wie identisch ist, so folgt, daß die starken Störungen in jenem Gebiet sich nahezu vollkommen in sich ausgleichen und die Gesamtdarstellung nicht merklich beeinflussen. Die normale Verteilung würde sich deshalb auch nicht wesentlich anders als hier ergeben haben, wenn bei ihrer Ableitung die Stationen östlich der Weichsel ganz außer acht gelassen worden wären.

Vergleichung mit den Aufnahmen benachbarter Gebiete.

Die analytische Darstellung bildet die knappste und präziseste Zusammenfassung der Ergebnisse einer Vermessung und damit die beste Grundlage für die Vergleichung verschiedener Aufnahmen, sei es solcher desselben Gebietes zu verschiedenen Zeiten, sei es annähernd gleichzeitiger, also hinreichend sicher auf die gleiche Epoche reduzierbarer aus Nachbargebieten. Hier kommt fast ausschließlich das letztere in Betracht, da eine frühere magnetische Gesamtaufnahme von Norddeutschland nicht stattgefunden hat.

Ich beschränke die Betrachtung auf solche Vermessungen, deren Ergebnisse in einer analytischen Darstellung der üblichen Form veröffentlicht vorliegen. Es sind dies diejenigen von Frankreich, Österreich-Ungarn, Holland, Südschweden, Württemberg, Dänemark und Sachsen. Die Publikation der magnetischen Aufnahme von Großbritannien und Irland enthält zwar auch formelmäßige Darstellungen, die aber keine unmittelbare Vergleichung mit der hier gegebenen gestatten, weil sie vorwiegend nicht als explizite Funktionen der geographischen Länge und Breite erscheinen.

Die magnetische Vermessung von **Frankreich** (1884—1896) ist kürzlich von **Angot** einer sehr sorgfältigen, kritischen Neubearbeitung unterzogen und dabei auf die Epoche 1901.0 reduziert worden[1]). Sie kann also ohne weiteres mit der auf denselben Zeitpunkt bezogenen norddeutschen Aufnahme verglichen werden. **Angot** findet (a. a. O. S. 59):

$$H = 20508 - 438.0\,\Delta\varphi + 66.1\,\Delta\lambda + 2.57\,\Delta\varphi^2 - 1.78\,\Delta\varphi\,\Delta\lambda - 0.17\,\Delta\lambda^2 \qquad \text{Epoche: } 1901.0$$
$$D = -14^0\,28'.7 - 9'.37\,\Delta\varphi + 25'.80\,\Delta\lambda + 0'.019\,\Delta\varphi^2 + 0'.632\,\Delta\varphi\,\Delta\lambda + 0'.015\,\Delta\lambda^2 \qquad \varphi_0 = 47^0$$
$$I = 63^0\,35'.0 + 46'.62\,\Delta\varphi - 7'.43\,\Delta\lambda - 0'.972\,\Delta\varphi^2 + 0'.458\,\Delta\varphi\,\Delta\lambda + 0'.036\,\Delta\lambda^2 \qquad \lambda_0 = 2^0.33$$

Um zu sehen, wie sich die durch diese Ausdrücke definierten Werte an diejenigen anschließen, die nach der norddeutschen Aufnahme mit dem Zentrum $\varphi_0 = 52^0.5$, $\lambda_0 = 13^0$ gelten, leite ich aus beiden Darstellungen Formeln für das Grenzgebiet ab, in dem sie zusammenstoßen. Ich nehme als solches die Umgebung des Punktes $\varphi_0 = 50^0$, $\lambda_0 = 8^0$ an, der ungefähr mitten zwischen beiden Zentren liegt. Die Rechnung ergibt:

	Norddeutsche Aufnahme	Französische Aufnahme	
$H =$	$19520 - 403.3\,\Delta\varphi + 70.6\,\Delta\lambda$	$H = 19557 - 432.7\,\Delta\varphi + 58.9\,\Delta\lambda$	Epoche: 1901.0
$D =$	$-12^0\,22'.8 - 2'.21\,\Delta\varphi + 28'.43\,\Delta\lambda$	$D = -12^0\,19'.4 - 5'.68\,\Delta\varphi + 27'.87\,\Delta\lambda$	$\varphi_0 = 50^0$
$I =$	$65^0\,15'.6 + 41'.21\,\Delta\varphi - 6'.85\,\Delta\lambda$	$I = 65^0\,13'.1 + 44'.39\,\Delta\varphi - 5'.65\,\Delta\lambda$	$\lambda_0 = 8^0$

Zur Reduktion der französischen Messungen auf die deutschen sind hiernach an erstere die Korrektionen

$$\delta H = -37 + 29\,\Delta\varphi + 12\,\Delta\lambda \qquad\qquad \delta D = -3'.4 + 3'.5\,\Delta\varphi + 0'.6\,\Delta\lambda$$
$$\delta I = +2'.5 - 3'.2\,\Delta\varphi - 1'.2\,\Delta\lambda$$

anzubringen, die natürlich nur für kleine Werte von $\Delta\varphi$ und $\Delta\lambda$ (etwa 1^0 bis höchstens 2^0) eine sachliche Bedeutung beanspruchen können. Die für den mittleren Punkt selbst geltenden Korrektionen $-37\,\gamma$, $-3'.4$, $+2'.5$ dürfen noch als mäßig angesehen werden, besonders da ja in ihnen auch der Einfluß der unvermeidlichen Fehler der Reduktion auf dieselbe Epoche steckt. Für den um 1^0 nördlicher gelegenen Punkt $\varphi = 51^0$, $\lambda = 8^0$ ergibt sich sogar eine so gut wie vollständige Übereinstimmung; die Korrektionen betragen hier nur $-8\,\gamma$, $+0'.1$, $-0'.7$. Die vorher erwähnten, für den mittleren Punkt geltenden Werte passen übrigens bei H und I recht gut zu den freilich sehr viel später ermittelten Differenzen zwischen den Hauptinstrumenten von Val Joyeux (früher Parc Saint-Maur) und von Potsdam, die ja die Grundlage der beiderseitigen Aufnahmen bilden. Die ersteren bedürfen nach Dr. **Kühls** Messungen zur Reduktion auf die letzteren der Änderungen $-27\,\gamma$, $+0'.5$, $+1'.8$ bei H, D und I[2]).

---

[1]) A. **Angot**, Cartes magnétiques de la France au 1er janvier 1901. — Annales du Bureau Central Météorologique de France. Année 1908. I. Mémoires. Paris 1912. — Hier wie auch in den weiteren Fällen schreibe ich die den zitierten Werken entnommenen Formeln durchgängig nach der im Vorhergehenden benutzten Bezeichnung um und runde auch die Zahlen in derselben Weise ab wie dort. Überall ist $\Delta\varphi = \varphi - \varphi_0$, $\Delta\lambda = \lambda - \lambda_0$ in Graden gemessen.

[2]) W. **Kühl**, Vergleichung der Hauptbarometer und der magnetischen absoluten Instrumente in de Bilt, Paris-Val Joyeux und Pawlowsk mit denen in Berlin-Potsdam. Bericht über die Tätigkeit des Kgl. Preuß. Meteorol. Instituts im Jahre 1910. Anhang S. (158). — Vgl. auch die aus früheren Vergleichungen abgeleiteten Differenzen nach der Zusammenstellung in SW-D. S. 55, aus denen die Korrektionen $-14\,\gamma$, $-0'.9$, $-2'.1$ folgen.

Die zusammenfassende Bearbeitung der neueren Österreich-Ungarn umfassenden Vermessungen (1889—1894) durch Liznar[1]) ergab folgende Darstellung mit Wien als Ausgangspunkt (a. a. O. II. Teil, S. 10, 16, 19):

$$H = 20638 - 439.5\,\Delta\varphi + 76.6\,\Delta\lambda + 1.79\,\Delta\varphi^2 + 0.20\,\Delta\varphi\,\Delta\lambda + 0.50\,\Delta\lambda^2 \qquad \text{Epoche: } 1890.0$$
$$D = -\ 9^0\,11'.8 + 1'.85\,\Delta\varphi + 28'.72\,\Delta\lambda + 0'.031\,\Delta\varphi^2 + 1'.107\,\Delta\varphi\,\Delta\lambda - 0'.022\,\Delta\lambda^2 \qquad \varphi_0 = 48^0.25$$
$$I = 63^0\,19'.2 + 48'.22\,\Delta\varphi - 6'.10\,\Delta\lambda - 0'.704\,\Delta\varphi^2 + 0'.210\,\Delta\varphi\,\Delta\lambda + 0'.091\,\Delta\lambda^2 \qquad \lambda_0 = 16^0.36$$

Hier rechne ich die beiden zu vergleichenden Formelgruppen auf den Punkt $\varphi_0 = 50^0$, $\lambda_0 = 15^0$ um. Dazu tritt bei der zweiten noch die Reduktion von der Epoche 1890.0 auf 1901.0, die ich bei den drei Elementen H, D, I zu $+243\,\gamma$, $+54'.9$, $-20'.4$ annehme. Es sind dies die Durchschnitte der entsprechenden Änderungen in Pola ($\varphi = 44^0.9$, $\lambda = 13^0.8$) und Potsdam ($\varphi = 52^0.4$, $\lambda = 13^0.1$) für den Zeitraum von 1890.5 bis 1901.5, die in naher Übereinstimmung $+242\,\gamma$, $+53'.3$, $-23'.3$ und $+245\,\gamma$, $+56'.5$, $-17'.6$ betrugen[2]). Damit ergibt sich schließlich folgende Gegenüberstellung:

Norddeutsche Aufnahme   Österreichische Aufnahme

$$H = 19987 - 423.3\,\Delta\varphi + 62.7\,\Delta\lambda \qquad H = 20014 - 433.5\,\Delta\varphi + 75.6\,\Delta\lambda \qquad \text{Epoche: } 1901.0$$
$$D = -\ 8^0\,54'.5 + 2'.10\,\Delta\varphi + 31'.09\,\Delta\lambda \qquad D = -\ 8^0\,55'.3 + 0'.45\,\Delta\varphi + 30'.72\,\Delta\lambda \qquad \varphi_0 = 50^0$$
$$I = 64^0\,32'.1 + 44'.93\,\Delta\varphi - 5'.60\,\Delta\lambda \qquad I = 64^0\,29'.0 + 45'.47\,\Delta\varphi - 5'.98\,\Delta\lambda \qquad \lambda_0 = 15^0$$

Die in demselben Sinne wie im vorigen Falle gebildeten Differenzen

$$\delta H = -27 + 10\,\Delta\varphi - 13\,\Delta\lambda \qquad\qquad \delta D = +0'.8 + 1'.6\,\Delta\varphi + 0'.4\,\Delta\lambda$$
$$\delta I = +3'.1 - 0'.5\,\Delta\varphi + 0'.4\,\Delta\lambda$$

sind als sehr befriedigend zu bezeichnen. Besonders verdient die geringe Größe der Faktoren von $\Delta\varphi$ und $\Delta\lambda$ hervorgehoben zu werden, die bewirkt, daß das Gebiet der besten Übereinstimmung eine verhältnismäßig bedeutende Ausdehnung besitzt. Ferner stehen die mittleren Beträge $-27\,\gamma$, $+0'.8$, $+3'.1$, in gutem Einklang mit den Korrektionen, die nach seinerzeitigen Vergleichungen für die der Aufnahme zugrunde liegenden Instrumente der Wiener Zentralanstalt anzunehmen sind. Diese führten dazu, dem Theodoliten Schneider in Pola (mit dessen älteren Magneten) die Verbesserung $+7\,\gamma$ zu erteilen (vgl. a. a. O. S. 2), während sie nach späterer Vergleichung mit dem Normaltheodolit Bamberg in Pola (der mit demjenigen in Potsdam sehr nahe übereinstimmt) tatsächlich $-35\,\gamma$ hätte sein sollen (v. Kesslitz, a. a. O. S. 7). Für die Grundlage der ganzen Aufnahme folgt daraus eine Verbesserung um $-42\,\gamma$ zur Herstellung der Vergleichbarkeit mit Potsdam. Bei der Deklination liegt die Abweichung innerhalb der Grenzen der Beobachtungsschärfe. Für das Wiener Nadelinklinatorium endlich ist 1894 durch Vergleichung mit einem Wildschen Rotationsinduktor die Korrektion $+2'.7$ ermittelt worden. (Liznar, a. a. O. Teil I, S. 11.)

---

[1]) J. Liznar, Die Verteilung der erdmagnetischen Kraft in Österreich-Ungarn zur Epoche 1890.0 nach den in den Jahren 1889 bis 1894 ausgeführten Messungen. Teil I, Wien 1895. Teil II, Wien 1898. — Denkschriften der Math.-Naturw. Cl. der k. Akad. der Wiss. Bd. LXII. u. LXVII.

[2]) W. von Kesslitz, Ergebnisse der erdmagnetischen Beobachtungen in Pola (1847—1909). Pola 1911, S. 10—12. Veröffentlichungen d. Hydrogr. Amtes d. k. u. k. Kriegsmarine in Pola. Gruppe V. Nr. 30. Pola 1911. — Ergebnisse der magnetischen Beobachtungen in Potsdam in den Jahren 1903 und 1904. Potsdam 1908. S. 87, 88.

Die durch die außerordentliche Dichte des Stationsnetzes ausgezeichnete magnetische Vermessung der Niederlande[1]) (1889—1892) lieferte für die Abhängigkeit der Komponenten vom Orte die Ausdrücke (a. a. O. S. 66)

$$\Delta X = -354.1\Delta\varphi + 116.0\Delta\lambda \qquad \Delta Y = +73.0\Delta\varphi + 148.4\Delta\lambda \qquad \text{Epoche: } 1891.0$$
$$\Delta Z = 429.8\Delta\varphi - 73.5\Delta\lambda.$$

In de Bilt ($\varphi = 52^0.10$, $\lambda = 5^0.18$) gelten für 1901.0 die Mittelwerte[2]) H $= 18516\,\gamma$, D $= -13^0\,48'.4$, I $= 66^0\,55'.5$, woraus die weiteren X $= 17981\,\gamma$, Y $= -4419\,\gamma$, Z $= 43463\,\gamma$ folgen. Als lokale Anomalie ist (a. a. O. S. 69) $+35\,\gamma$, $+40\,\gamma$, $+7\,\gamma$ anzunehmen, so daß die der normalen Verteilung entsprechenden Werte X $= 17946\,\gamma$, Y $= -4459\,\gamma$, Z $= 43456\,\gamma$ sind. Unter Reduktion auf den benachbarten[3]) Koordinatenursprung $52^0.5$, 6^0 ergibt sich hiernach die Gegenüberstellung:

	Norddeutsche Aufnahme	Niederländische Aufnahme	
X =	$17895 - 376.4\Delta\varphi + 101.5\Delta\lambda$	X $= 17900 - 354.1\Delta\varphi + 116.0\Delta\lambda$	Epoche: 1901.0
Y =	$-\ 4286 + 68.3\Delta\varphi + 136.9\Delta\lambda$	Y $= -\ 4312 + 73.0\Delta\varphi + 143.4\Delta\lambda$	$\varphi_0 = 52^0.5$
Z =	$43597 + 435.6\Delta\varphi - 50.4\Delta\lambda$	Z $= 43568 + 429.8\Delta\varphi - 73.5\Delta\lambda$	$\lambda_0 = 6^0$

Die Differenzen der beiderseitigen Ausdrücke sind hiernach

$$\delta X = -15 - 22\Delta\varphi - 14\Delta\lambda \qquad\qquad \delta Y = +26 - 5\Delta\varphi - 6\Delta\lambda.$$
$$\delta Z = +29 + 6\Delta\varphi + 23\Delta\lambda.$$

Auf die konstanten Glieder ist wenig Gewicht zu legen, da sie wesentlich von der Annahme über die lokale Anomalie in de Bilt abhängen und daher durchaus auf der einzigen Messung an der dortigen Feldstation, die vielleicht nicht einmal genau am Orte des späteren Observatoriums lag, beruhen. Es hat daher auch keinen Wert, sie mit den Ergebnissen der Vergleichsbeobachtungen zwischen Potsdam und de Bilt (Kühl, a. a. O. S. 156) in Beziehung zu setzen. Übrigens liegen δX und δZ durchaus innerhalb der normaler Weise zu erwartenden Grenzen; nur δY, das etwa 5' in Deklination entspricht, ist auffallend hoch.

In der abschließenden Publikation über die Aufnahme von Südschweden[4]) (1886, 1892) finden sich Ausdrücke für die Flächendichte σ der zur Darstellung der beobachteten magnetischen Kräfte führenden fiktiven Oberflächenbelegung und für das Potential U der horizontalen Kräfte. Daraus lassen sich ohne weiteres die Werte der drei Komponenten ableiten; es ist mit a als dem Erdradius

$$X = -\frac{1}{a}\frac{\partial U}{\partial\varphi} \qquad Y = -\frac{1}{a\cos\varphi}\frac{\partial U}{\partial\lambda} \qquad Z = 2\pi\sigma + \tfrac{1}{2}\frac{U}{a}.$$

[1]) Dr. van Rijckevorsel, A magnetic survey of the Netherlands for the epoch January 1, 1891. Nieuwe Verhandelingen van het Bataafsch Genootschap der Proefondervindelijke Wijsbegeerte te Rotterdam. Rotterdam 1895.

[2]) Koninklijk Nederlandsch Meteorologisch Instituut. No. 98. Jaarboek LXIV. 1912 B. Aard-Magnetisme. Utrecht 1913. S. 14.

[3]) Es geht hier nicht an, einen weiter entfernten, etwa wie in den beiden vorhergehenden Fällen den für beide Aufnahmen mittleren Bezugspunkt zu wählen, weil dabei nicht nur das konstante Glied, sondern auch die Koeffizienten von $\Delta\varphi$ und $\Delta\lambda$ merkliche Änderungen erfahren, zu deren Berechnung die von vornherein nur linearen Ausdrücke keine Möglichkeit gewähren. Dasselbe gilt in allen noch folgenden Fällen.

[4]) V. Carlheim-Gyllensköld, Mémoire sur le magnétisme terrestra dans la Suède meridionale. Kongl. Svenska Vetenskaps-Akademiens Handlingar. Bandet 27. No. 7. Stockholm 1895. — Die Darstellung benutzt neben den Ergebnissen der beiden Vermessungsreisen des Verfassers auch zahlreiche ältere, von ihm sämtlich auf den 1. September 1892 reduzierte Beobachtungen anderer Forscher. Beim Vergleich mit den obigen Angaben ist zu beachten, daß a. a. O. westliche, hier östliche Länge positiv gezählt ist. Ferner steht znr Bezeichnug der ausgeglichenen Werte von σ und U dort σ' und U', wofür ich einfach wieder σ und U schreibe.

Für den Koordinatenanfangspunkt 58^0, $15^0.06$ (d. i. 3^0 westlich von Stockholm) gilt mit γ bei σ und $10\,\gamma$ bei $U:a$ als Einheit und $\delta\varphi = 12\Delta\varphi$, $\delta\lambda = 6\Delta\lambda$ (a. a. O. S. 63 und 67):

$$\sigma = -95.7 - 62.9\Delta\varphi + 12.7\Delta\lambda$$

$$U:a = -70.492 - 2.3645\,\delta\varphi + 0.4114\,\delta\lambda + 0.002707\,\delta\varphi^2 - 0.001344\,\delta\varphi\,\Delta\lambda - 0.001743\,\delta\lambda^2$$
$$= -70.492 - 28.37\Delta\varphi + 2.47\Delta\lambda + 0.3898\Delta\varphi^2 - 0.0968\Delta\varphi\,\Delta\lambda - 0.0627\Delta\lambda^2.$$

Hieraus ergibt sich unter Übergang auf die Einheit γ (und indem man beachtet, daß $d\,(\Delta\varphi):d\varphi = d\,(\Delta\lambda):d\lambda = 180:\pi$ ist)

$$X = \quad 16255 - 446.7\Delta\varphi + 55.5\Delta\lambda \qquad \text{Epoche: } 1892.67$$
$$Y\cos\varphi = -\quad 1415 + 55.5\Delta\varphi + 71.8\Delta\lambda \qquad \varphi_0 = 58^0$$
$$Z = \quad 46016 + 537.1\Delta\varphi - 67.4\Delta\lambda \qquad \lambda_0 = 15^0.06$$

Der für den Anfangspunkt angenommene Wert von Z beruht nicht auf den konstanten Gliedern in den Formeln für σ und $U:a$, denen willkürliche Festsetzungen zugrunde liegen; ich habe ihn in Ermangelung anderer Angaben aus den Z-Werten von Upsala und Stockholm unter der Annahme hergeleitet, daß dort keine lokale Anomalie herrsche. (Nach S. 35 und 38 haben H und I an diesen beiden Orten, d. h. an den Punkten $59^0.65$, $17^0.63$ und $59^0.35$, $18^0.06$, die Werte $16298\,\gamma$, $70^0\,50'.3$ und $16214\,\gamma$, $70^0\,46.0$, woraus sich $Z = 46903\,\gamma$ und $46473\,\gamma$ ergibt. Für den Anfangspunkt folgen daraus die beiden, freilich merklich verschiedenen und mit der gemachten Annahme daher nicht in Einklang stehenden Werte $46083\,\gamma$ und $45950\,\gamma$. Es bleibt nichts übrig, als den Durchschnitt zu nehmen, dem aber natürlich auch nur eine beschränkte Bedeutung zukommt.)

Zur Reduktion der Formeln von 1892.67 auf 1901.0 leite ich aus den a. a. O. S. 26, 42, 43 zu findenden Angaben die folgenden Änderungen der verschiedenen Elemente während des angegebenen Zeitabschnitts ab:

$$\partial H = +119 - 5.4\Delta\varphi - 5.8\Delta\lambda \qquad \partial D = +34'.8 \qquad \partial I = +1'.0 + 1'.1\Delta\varphi - 0'.1\Delta\lambda$$

Hieraus folgt weiter

$$\partial X = +146 - 5.3\Delta\varphi - 5.7\Delta\lambda \qquad\qquad \partial Y\cos\varphi = +78 - 1.8\Delta\varphi + 0.5\Delta\lambda$$
$$\partial Z = +368 + 31.0\Delta\varphi - 20.1\Delta\lambda$$

Fügt man diese Differenzen, die allerdings auf Beobachtungen vor 1892 beruhen und die daher nur bedingten Wert haben, den oben gefundenen Ausdrücken unter gleichzeitiger Reduktion auf den Koordinatenanfangspunkt 58^0, 15^0 hinzu, so erhält man die folgende Vergleichung mit den auf denselben Punkt umgerechneten Ergebnissen der deutschen Vermessung:

Norddeutsche Aufnahme   Schwedische Aufnahme
$$X = \quad 16596 - 370.7\Delta\varphi + 66.2\Delta\lambda \qquad X = \quad 16498 - 452.0\Delta\varphi + 49.8\Delta\lambda \quad \text{Epoche: } 1901.0$$
$$Y\cos\varphi = -\quad 1324 + 66.2\Delta\varphi + 90.8\Delta\lambda \qquad Y\cos\varphi = -\quad 1341 + 53.7\Delta\varphi + 72.3\Delta\lambda \qquad \varphi_0 = 58^0$$
$$Z = \quad 46252 + 544.7\Delta\varphi + 41.4\Delta\lambda \qquad Z = \quad 46384 + 568.1\Delta\varphi - 89.5\Delta\lambda \qquad \lambda_0 = 15^0$$

In Anbetracht der Unsicherheit, die den bei der Reduktion vorgenommenen Schätzungen anhaftet, erscheinen die Differenzen

$$\delta X = +98 + 81\Delta\varphi + 16\Delta\lambda \qquad\qquad \delta Y\cos\varphi = +17 + 12\Delta\varphi + 18\Delta\lambda$$
$$\delta Z = \quad 132 - 23\Delta\varphi + 131\Delta\lambda$$

noch als durchaus erträglich; einigermaßen auffallend ist nur der beträchtliche Faktor von $\Delta\varphi$ bei δX und derjenige von $\Delta\lambda$ bei δZ. Doch verliert wenigstens der letztere an Gewicht, wenn man bedenkt, daß rund 40 γ in Z erst 1' in I ausmachen.

Nach der von K. Haussmann im Jahre 1900 durchgeführten Vermessung von Württemberg[1]) gelten dort für die normale Verteilung der Komponenten die auf die Basisstation Kornthal als Anfangspunkt bezogenen Gleichungen

$$X = 19683 - 418.8\Delta\varphi + 92.4\,\Delta\lambda \qquad \text{Epoche: } 1900.67$$
$$Y = - 4086 + 57.6\Delta\varphi + 154.2\Delta\lambda \qquad \varphi_0 = 48^0.84$$
$$Z = 41434 + 511.2\Delta\varphi - 72.0\,\Delta\lambda \qquad \lambda_0 = 9^0.13$$

Das ergibt folgende Gegenüberstellung:

Norddeutsche Aufnahme	Württembergische Aufnahme	
$X = 19171 - 399.5\,\Delta\varphi + 102.2\,\Delta\lambda$	$X = 19196 - 418.8\,\Delta\varphi + 92.4\,\Delta\lambda$	Epoche: 1901.0
$Y = - 4039 + 74.7\,\Delta\varphi + 147.2\,\Delta\lambda$	$Y = - 4031 + 57.6\,\Delta\varphi + 154.2\,\Delta\lambda$	$\varphi_0 = 50^0$
$Z = 42298 + 462.6\,\Delta\varphi - 66.4\,\Delta\lambda$	$Z = 42041 + 511.2\,\Delta\varphi - 72.0\,\Delta\lambda$	$\lambda_0 = 9^0$

bei der als Änderung für den Übergang von 1900.67 auf 1901.0 bei X, Y, Z die Beträge $+11\,\gamma$, $+8\,\gamma$, $+5\,\gamma$ angesetzt worden sind (vgl. a. a. O. S. 160). Die in derselben Weise, wie in den vorausgehenden Fällen gebildeten Differenzen sind

$$\delta X = -25 + 19\,\Delta\varphi + 10\,\Delta\lambda \qquad\qquad \delta Y = -8 + 17\,\Delta\varphi - 7\,\Delta\lambda$$
$$\delta Z = +257 - 49\,\Delta\varphi + 6\,\Delta\varphi.$$

Der auffallend hohe Betrag bei δZ ist nur zum kleinsten Teile auf instrumentelle Differenzen zurückzuführen. Das zeigt schon der beträchtliche Wert des Koeffizienten von $\Delta\varphi$, der beweist, daß die für das norddeutsche Gebiet aufgestellte Formel nach dieser Richtung hin nicht soweit selbst nur näherungsweise angewendet werden darf. (Auch die zur Kontrolle ausgeführte Vergleichung mit München, für das jene Formel 41231 γ liefert, während die Beobachtungen 41004 γ ergeben haben, so daß R—B $= +227\,\gamma$ wird, spricht im gleichen Sinne.) Da die nach anderen Richtungen hin gefundenen Differenzen wesentlich geringer sind, so wird man die hier festgestellte Tatsache als Ausdruck einer allerdings ziemlich ausgedehnten Anomalie zu deuten haben.

Für Dänemark gilt nach der in den Jahren 1890—1896 und 1900—1905 durchgeführten Aufnahme[2]) bei Zählung der Längen vom Meridian von Kopenhagen positiv nach Osten:

$$H = 18230 - 424.0\Delta\varphi + 66.0 \Delta\lambda \qquad \text{Epoche: } 1905.5$$
$$D = -10^0\,15'.6 + 6'.89\,\Delta\varphi + 23'.15\,\Delta\lambda + 4'.72\,\Delta\varphi\,\Delta\lambda \qquad \varphi_0 = 54^0$$
$$I = 67^0\,27'.0 + 37'.86\,\Delta\varphi - 8'.82\,\Delta\lambda \qquad \lambda_0 = 12^0.58.$$

Hieraus folgt unter Annahme der säkularen Reduktionen[3]) $-33\,\gamma$, $-15'$, $+4$ die Vergleichung

---

[1]) K. Haussmann, Die erdmagnetischen Elemente von Württemberg und Hohenzollern. Herausgegeben von dem Kgl. Statistischen Landesamt. Stuttgart 1903. S. 156.

[2]) Magnetisk Aarbog. Annuaire Magnétique. Années 1909—1911. Kopenhagen 1913, S. 18.

[3]) Für die Epoche der Vermessung ist H $= 17555$, D $= -9^0\,55'$ angesetzt worden. (A. a. O. S. 18). Andrerseits folgt nach den Annales de l'Observatoire Magnétique de Copenhague, Variations du champ magnétique horizontal (Années 1892—1900), Copenhaque 1906, S. 5 und 6, für 1901.0 durch Extrapolation H $= 17522$, D $= -10^0\,10'.0$. Die Differenz für I ist aus den Potsdamer Werten bestimmt worden.

Norddeutsche Aufnahme · Dänische Aufnahme

$$H = \quad 18237 - 393.3\,\Delta\varphi + \quad 53.5\,\Delta\lambda \qquad H = \quad 18225 \quad - 424.0\,\Delta\varphi + \quad 66.0\,\Delta\lambda \qquad \text{Epoche: } 1901.0$$
$$D = - \quad 9^0\,54'.9 - 0'.22\,\Delta\varphi + 32'.79\,\Delta\lambda \qquad D = - 10^0\,20'.9 + \quad 8'.87\,\Delta\varphi + 23'.15\,\Delta\lambda \qquad \varphi_0 = 54^0$$
$$I = \quad 67^0\,31'.9 + 40'.29\,\Delta\varphi - \quad 3'.82\,\Delta\lambda \qquad I = \quad 67^0\,27'.3 + 37'.86\,\Delta\varphi - \quad 8'.82\,\Delta\lambda \qquad \lambda_0 = 13^0$$

und damit

$$\delta H = + 12 + 31\,\Delta\varphi - 12\,\Delta\lambda \qquad\qquad \delta D = + 26'.0 - 9'.1\,\Delta\varphi + 9'.6\,\Delta\lambda$$
$$\delta I = + 4'.6 + 2'.4\,\Delta\varphi + 5'.0\,\Delta\lambda.$$

Die Differenz bei D ist noch größer, als man selbst nach dem stark gestörten Charakter des Gebiets für möglich halten sollte. Vielleicht beruht sie zum Teil auf der besonderen Art der Ausgleichung, die gerade beim Vorhandensein von Anomalien nicht gleichgültig ist. Eine freilich nur rohe Schätzung auf Grund der Isogonenkarte (a. a. O. Tafel 45) ergab mir den etwas abweichenden Ausdruck (für 1901.0) $D = - 10^0\,12' + 4'\,\Delta\varphi + 29'\,\Delta\lambda$ und damit die merklich kleinere Differenz $\delta D = + 17' - 4'\,\Delta\varphi + 4'\,\Delta\lambda$. Übrigens ist auch die sehr exzentrische Lage des Koordinatenursprungs nicht ohne Einfluß.

Aus den Ergebnissen seiner Vermessung von Sachsen (1907) hat Göllnitz zunächst für X, Y, Z, dann darauf gestützt auch für H, D, I ausgleichende Formeln abgeleitet Die ersteren, auf die ich mich hier beschränke, lauten, auf seine Normalstation Skassa als Koordinatennullpunkt bezogen[1]):

$$X = \quad 19074 - 554.8\,\Delta\varphi + \quad 60.9\,\Delta\lambda \qquad \text{Epoche: } 1907.5$$
$$Y = - \quad 3088 + \quad 58.3\,\Delta\varphi + 139.0\,\Delta\lambda \qquad \varphi_0 = 51^0\,29$$
$$Z = \quad 42501 + 557.3\,\Delta\varphi + \quad 19.6\,\Delta\lambda \qquad \lambda_0 = 13^0.47.$$

Als Betrag der Säkularvariation von 1901.0 bis 1907.5 nehme ich 0.8 derjenigen, die ich seinerzeit (N-D. S. 30) für das Intervall von 1901.0 bis 1909.0 abgeleitet habe, d. i. unter Umrechnung auf den hier gewählten Anfangspunkt und im Sinne der Reduktion auf 1901.0

$$\partial H = + 7 + 1.8\,\Delta\varphi + 4.3\,\Delta\lambda \qquad\qquad \partial D = - 32'.6 + 0'.06\,\Delta\varphi - 0'.34\,\Delta\lambda$$
$$\partial I = + 4'.2 - 0'.93\,\Delta\varphi - 0'.24\,\Delta\lambda$$

und demnach für die Komponenten

$$\partial X = - 22 + 1.8\,\Delta\varphi + 3.8\,\Delta\lambda \qquad\qquad \partial Y = - 182 - 0.6\,\Delta\varphi - 2.6\,\Delta\lambda$$
$$\partial Z = + 152 - 26.2\,\Delta\varphi + 1.8\,\Delta\lambda.$$

Die diesen Angaben gemäß durchgeführte Umrechnung ergibt

Norddeutsche Aufnahme · Sächsische Aufnahme

$$X = \quad 18952 - 402.4\,\Delta\varphi + \quad 89.3\,\Delta\lambda \qquad X = \quad 18906 - 553.0\,\Delta\varphi + \quad 64.7\,\Delta\lambda \qquad \text{Epoche: } 1901.0$$
$$Y = - \quad 3311 + \quad 71.7\,\Delta\varphi + 161.7\,\Delta\lambda \qquad Y = - \quad 3322 + \quad 57.7\,\Delta\varphi + 136.4\,\Delta\lambda \qquad \varphi_0 = 51^0.5$$
$$Z = \quad 42822 + 509.0\,\Delta\varphi - \quad 36.0\,\Delta\lambda \qquad Z = \quad 42754 + 531.1\,\Delta\varphi + \quad 21.4\,\Delta\lambda \qquad \lambda_0 = 13^0$$

also

$$\delta X = + 46 + 151\,\Delta\varphi + 25\,\Delta\lambda \qquad\qquad \delta Y = + 11 + 14\,\Delta\varphi + 25\,\Delta\lambda$$
$$\delta Z = + 68 - 22\,\Delta\varphi \quad 57\,\Delta\lambda.$$

Im Hinblick auf die geringe Ausdehnung des Gebiets haben diese Differenzen, allenfalls von dem Faktor von $\Delta\varphi$ in δX abgesehen, nichts Auffallendes. Je kleiner das vermessene Land

---

[1]) Göllnitz, Die magnetische Vermessung des Gebietes des Königreichs Sachsen. III. Mitteilung. Jahrbuch f. d. Berg- und Hüttenwesen im Königreich Sachsen auf das Jahr 1911.. S. A. 51.

ist, desto geringer wird die Wahrscheinlichkeit, daß sich die lokalen Anomalien gegenseitig ausgleichen, und desto leichter ist es möglich, daß eine die ganze Fläche beherrschende Anomalie besteht und zur Geltung kommt.

Ich stelle nun noch die Ergebnisse aller besprochenen Vergleichungen zusammen, und zwar unter Umrechnung auf die Größen X, Y cos φ, Z. Die konstanten Glieder lasse ich dabei außer acht, weil sie durch die Verschiedenheit der benutzten Instrumente und durch die Unsicherheit der Reduktion auf die gemeinsame Epoche verhältnismäßig viel stärker als die Faktoren von $\Delta\varphi$ und $\Delta\lambda$ beeinflußt werden.

φ_0	λ_0	δX	$\delta Y \cos\varphi$	δZ
50^0	8^0	$+\ 31\,\Delta\varphi + 12\,\Delta\lambda$	$+\ 8\,\Delta\varphi +\ 0\,\Delta\lambda$	$-\ 30\,\Delta\varphi -\ 10\,\Delta\lambda$
50^0	15^0	$+\ 11\,\Delta\varphi - 13\,\Delta\lambda$	$+\ 4\,\Delta\varphi +\ 3\,\Delta\lambda$	$+\ 5\,\Delta\varphi -\ 15\,\Delta\lambda$
$52^0.5$	6^0	$-\ 22\,\Delta\varphi - 14\,\Delta\lambda$	$-\ 3\,\Delta\varphi -\ 3\,\Delta\lambda$	$+\ 6\,\Delta\varphi + 23\,\Delta\lambda$
58^0	15^0	$+\ 81\,\Delta\varphi + 16\,\Delta\lambda$	$+12\,\Delta\varphi + 18\,\Delta\lambda$	$-\ 23\,\Delta\varphi + 131\,\Delta\lambda$
50^0	9^0	$+\ 19\,\Delta\varphi + 10\,\Delta\lambda$	$+12\,\Delta\varphi -\ 5\,\Delta\lambda$	$-\ 49\,\Delta\varphi +\ 6\,\Delta\lambda$
54^0	13^0	$+\ 23\,\Delta\varphi -\ 3\,\Delta\lambda$	$-33\,\Delta\varphi - 28\,\Delta\lambda$	$+161\,\Delta\varphi + 151\,\Delta\lambda$
$51^0.5$	13^0	$+151\,\Delta\varphi + 25\,\Delta\lambda$	$+\ 9\,\Delta\varphi + 16\,\Delta\lambda$	$-\ 22\,\Delta\varphi -\ 57\,\Delta\lambda$

Diese Ausdrücke, in denen noch mit Rücksicht auf die Potentialbedingung die Koeffizienten von $\Delta\lambda$ in δX und $\Delta\varphi$ in $\delta Y \cos\varphi$ auszugleichen sind, zeigen den Unterschied der Neigungen der Flächen gleicher Werte nach den je zwei verglichenen Aufnahmen. Zu ihrer richtigen Würdigung ist natürlich die Vergleichung mit diesen letzteren selbst nötig, und zwar wird man, wenn a und b die Koeffizienten von $\Delta\varphi$ und $\Delta\lambda$ sind, am einfachsten stets $\sqrt{a^2+b^2}$ bilden und die dafür erhaltenen Werte ihrer Größenordnung nach einander gegenüberstellen. (Korrekter wäre, wenn es auf mehr als eine Schätzung ankäme, $\sqrt{a^2+b^2\sec\varphi^2}$). Es mag genügen, zu bemerken, daß bei der norddeutschen Aufnahme für die Elemente X, Y cos φ, Z in runder Zahl $\sqrt{a^2+b^2}$ gleich 410, 130, 510 ist. (Vergl. S. 28.)

Sehr deutlich läßt die vorstehende Übersicht die bereits betonte Tatsache hervortreten, daß die Abweichungen im allgemeinen um so größer werden, je kleiner das Gebiet wird. Natürlich gilt dies nicht unbegrenzt, weil mit zunehmender Ausdehnung schließlich quadratische Funktionen von $\Delta\varphi$ und $\Delta\lambda$ nicht mehr zur Darstellung ausreichen.

Von besonderer Bedeutung ist die Feststellung des guten Zusammenschlusses der drei größten Aufnahmen, der sich in den Zahlen der beiden ersten Zeilen ausspricht. Abgesehen von den durch instrumentelle Verschiedenheiten bedingten konstanten Differenzen, die vor einer Zusammenfassung zu eliminieren wären, würde daher eine solche für das ganze Gebiet von Norddeutschland, Frankreich und Österreich-Ungarn ein einfaches, einheitliches Bild mit weitgehender gegenseitiger Ausgleichung der darin im einzelnen vorhandenen Anomalien ergeben.

Störungsfeld und Potential.

Die Abweichungen der beobachteten Werte der Größen X, Y cos φ, Z von den nach den Formeln auf S. 28 berechneten Werten findet man für die einzelnen Stationen unter der Bezeichnung ΔX, $\Delta Y \cos\varphi$, ΔZ in den letzten Spalten der Schlußtabelle D zusammengestellt.

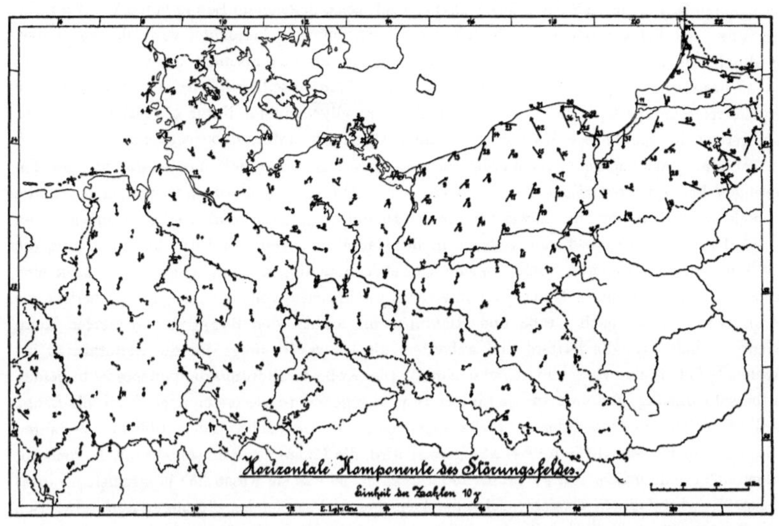
Horizontale Komponente des Störungsfeldes.
Einheit der Zahlen 10 γ

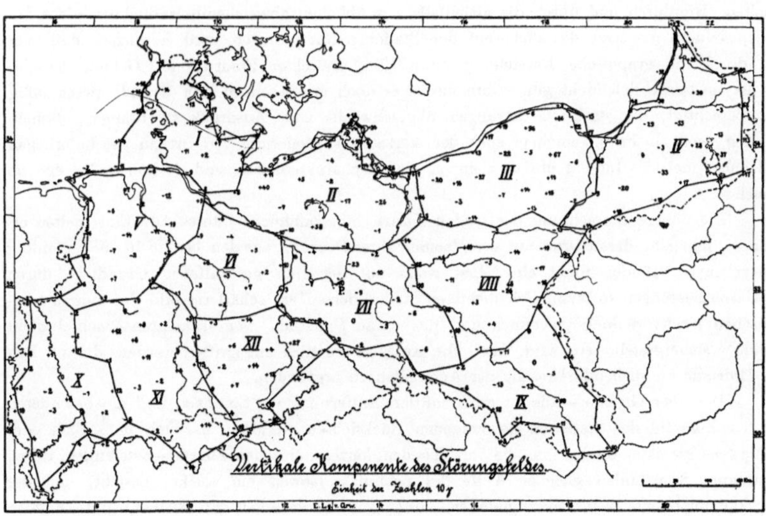
Vertikale Komponente des Störungsfeldes.
Einheit der Zahlen 10 γ

Hinzugefügt ist der aus $\Delta Y \cos \varphi$ durch Division mit $\cos \varphi$ abgeleitete Betrag von ΔY. Wenn die Gesamtheit der Feldkomponenten ΔX, ΔY, ΔZ als Störungsfeld betrachtet wird, demgegenüber das durch die ausgleichenden Formeln definierte Feld als das normale, oder, wie man auch sagt, terrestrische gilt, so ist die Scheidung der beiden Anteile zunächst natürlich nur eine formale, rechnerische Operation. Aber, von Gründen allgemeinerer Natur abgesehen, sprechen doch gerade die Ergebnisse des vorhergehenden Abschnitts dafür, daß jenes normale Feld in der Tat eine selbständige physikalische Bedeutung besitzt, und daß das wahre, von lokalen Störungen befreite terrestrische Feld (so weit dessen Abgrenzung überhaupt sachlich begründet ist) nicht wesentlich von ihm abweichen kann. Daraus folgt dann, daß das in der angegebenen Weise erhaltene Störungsfeld seinerseits ein in der Hauptsache treues Bild der Störungen gibt, die tatsächlich aus (im weiteren Sinne) lokalen Ursachen entspringen. Ich füge deshalb auch eine kartographische Darstellung davon bei, und zwar in zwei Karten, von denen die eine die horizontale Störungskomponente nach Größe und Richtung, die andere den Betrag der vertikalen Komponente enthält. (In die letztere sind außerdem die Integrationswege für die weiterhin zu besprechende Potentialuntersuchung eingezeichnet). Die Größe der Störungskomponente ist in beiden Karten zahlenmäßig, und zwar in der Einheit 10 γ, angegeben, in der ersten auch durch die Länge der die Feldrichtung bezeichnenden Pfeile angedeutet. Abweichend von dem üblichen Verfahren habe ich jedoch, wenn $h^2 = \Delta X^2 + \Delta Y^2$ gesetzt wird, die Länge des Pfeiles nicht mit h, sondern, einigermaßen willkürlich, mit $\sqrt{h}$ proportional gewählt, so daß sie wesentlich langsamer, als diese wächst. Es wird dadurch erreicht, selbst die kleinsten vorkommenden Störungen noch graphisch darstellen zu können, ohne daß die größten eine übermäßige, das Kartenbild störende Länge erhalten. Hierdurch und durch die gleichfalls vom üblichen abweichende Maßnahme, nicht das Ende, sondern die Mitte des Pfeils auf den Stationspunkt zu legen, wird vermieden, daß man den durch die graphische Darstellung unmittelbar erweckten Eindruck auf Gebiete bezieht, für die sie tatsächlich nicht gilt. Übrigens ist es noch aus einem andern Grunde zweckmäßig und berechtigt, die stärksten Störungen abgeschwächt zum Ausdruck zu bringen, deshalb nämlich, weil sie im allgemeinen auch der stärksten Veränderung von Ort zu Ort unterliegen und daher meistens für ein um so kleineres Gebiet charakteristisch sind, je höhere Beträge sie erreichen.

Die nähere Betrachtung der beiden Karten läßt zahlreiche interessante Einzelheiten erkennen. Ich gehe darauf und auf den Versuch ihrer Deutung aus den bereits in der Einleitung angegebenen Gründen nicht ein. Erst wenn auf der nun geschaffenen Grundlage durch Spezialvermessungen in wesentlich dichteren Stationsnetzen ein schärferes Bild der wahren magnetischen Kraftverteilung gewonnen und das daran Dauernde, vom säkularen Wechsel nicht Berührte sichergestellt sein wird, kann die Aufgabe ernstlich angegriffen werden, die im Bau der Erdrinde zu suchende Ursache der Anomalien zu ergründen.

Dieselben Gründe — die zu große mittlere Entfernung der Stationen und die besonderen bei der Auswahl der Stationen genommenen Rücksichten — lassen es auch unmöglich oder wenigstens zwecklos erscheinen, die vorstehenden kartographischen Zusammenstellungen durch Eintragung von Linien gleicher Werte des Potentials (soweit ein solches besteht) und der Vertikalkomponente weiter auszugestalten. Auch zum Einzeichnen von Rücken- und Tallinien habe ich mich wegen der dabei unvermeidlichen großen Willkür nicht entschließen können; es schien mir richtiger, wenigstens an der vorliegenden Stelle ausschließlich das reine Beobachtungsergebnis zu bieten. Dabei möchte ich nicht unerwähnt lassen, daß an einigen wenigen Punkten isolierte Abweichungen von solcher Größe auftreten, daß man geneigt sein kann, an die Möglichkeit eines groben Versehens bei der Beobachtung zu denken. Es hat sich in keinem Falle in den Aufzeichnungen etwas finden lassen, was diese Vermutung zu stützen vermöchte; immerhin mag eine gelegentliche Nachprüfung an Ort und Stelle wünschenswert erscheinen.

Der quadratische Mittelwert sämtlicher Differenzen beläuft sich bei den drei Komponenten auf $\pm$ 113, $\pm$ 87, $\pm$ 204 γ. Läßt man die 30 bei der Ausgleichung (vergl. S. 25) mit halbem Gewicht eingeführten Stationen des Störungsgebiets im Nordosten außer acht, so erhält man die wesentlich geringeren Beträge $\pm$ 74, $\pm$ 58, $\pm$ 147 γ, während sich andererseits für das Störungsgebiet allein $\pm$ 267, $\pm$ 202, $\pm$ 444 γ ergibt. Hiernach wäre es in der Tat gerechtfertigt gewesen, den Stationen östlich der Weichsel bei der Ausgleichung ein noch beträchtlich kleineres Gewicht als $^1/_2$ zu erteilen oder sie ganz außer acht zu lassen. Daß dadurch indessen an den Ergebnissen nichts wesentliches geändert worden wäre, ist bereits (vergl. S. 29) bemerkt worden.

Die vorstehenden Zahlen sind nicht unmittelbar mit den früher (S. 27) für die Normalstationen abgeleiteten zu vergleichen, die dort als mittlere Fehler der Beobachtungen vom Gewichte 1 und $^1/_2$ definiert waren. Verfährt man hier ebenso, wie dort, so erhält man für die (gegen jene 5-mal kleinere) Gewichtseinheit aus allen Stationen $\pm$ 97, $\pm$ 75, $\pm$ 179 γ gegen $\pm$ 140, $\pm$ 87, $\pm$ 192 γ als den dort für das Gewicht $^1/_5$ bestimmten Zahlen. Die ersteren verhalten sich zu den letzteren im quadratischen Mittel etwa wie 6 : 7, entsprechend der bereits a. a. O. ausgesprochenen Erwartung.

In Anknüpfung an das Vorhergehende lassen sich die Aufgaben der künftigen Weiterführung der Vermessung kurz dahin präzisieren, daß einerseits die langsame (säkulare) Änderung des normalen Feldes fortlaufend zu verfolgen, andrerseits die Gestaltung des Störungsfeldes durch Beobachtung an weiteren Punkten immer mehr im einzelnen festzustellen ist. Dabei treten natürlich in der praktischen Ausführung für die vektoriellen Felder überall ihre Komponenten ein.

Nennt man das normale Feld zur Epoche der Vermessung, wie es durch die Formeln auf S. 28 definiert ist, $F(\varphi, \lambda)$, und bezeichnet $f(\varphi, \lambda, t)$ die Änderung, die es von diesem Zeitpunkt an bis zu irgend einer andern Zeit t erfährt, ist ferner $\Delta(\varphi, \lambda)$ das Störungsfeld, so hat man als Ausdruck des Gesamtfeldes zur Zeit t den Wert $F(\varphi, \lambda) + f(\varphi, \lambda, t) + \Delta(\varphi, t)$ anzusetzen. Hierin ist $F(\varphi, \lambda)$ durch die vorliegende Aufnahme bekannt und $f(\varphi, \lambda, t)$ ist von Zeit zu Zeit auf Grund der Beobachtungen an den Säkularstationen und an Observatorien zu ermitteln. Jede neue Beobachtung an irgend einem Punkte liefert dann in ihrer Abweichung von dem für diesen Punkt bestimmten $F + f$ den für denselben Ort gültigen Wert von $\Delta(\varphi, \lambda)$ und damit einen Beitrag zur genaueren Feststellung des Störungsfeldes. Die einzige Annahme ist hierbei die, daß $f(\varphi, \lambda, t)$ für jeden Zeitpunkt eine verhältnismäßig einfache, durch wenige Werte hinreichend genau zu definierende Funktion ist. Nach allen Erfahrungen wie auch nach theoretischen Erwägungen ist dies in weitgehendem Maße der Fall; man wird aber natürlich nicht versäumen, diese Annahme auch empirisch durch mehrmalige Vermessung einzelner stark gestörter Gebiete zu prüfen. Eine Wiederholung der in den Jahren 1888 und 1890 von Eschenhagen ausgeführten Aufnahme des Harzes unter Benutzung derselben Stationen wäre dazu besonders geeignet.

Es bleibt zum Schlusse noch die Frage zu untersuchen, ob in den beobachteten Werten der horizontalen Komponenten ein Bestandteil nachzuweisen sei, der sich nicht auf ein Potential zurückführen läßt. Diese Untersuchung kann an dem Störungsfeld durchgeführt werden, in das ein etwaiger Bestandteil dieser Art voll eingeht, da das abgesonderte normale Feld der Potentialbedingung gemäß konstruiert worden ist. Sie kann aber auch, und das soll hier zunächst geschehen, auf die ohne Rücksicht anf jene Bedingung abgeleiteten, ausgleichenden Darstellungen von X und Y cos φ gegründet werden. Man erhält diese als die Werte von X_2 und $Y_2 \cos \varphi$, die durch Addition der linearen Ausdrücke am Fuße der S. 25 und der ihnen nach S. 26 hinzuzufügenden Korrektionen entstehen. (Es würde auch die Betrachtung der letzteren genügen, da die ersteren bereits der Potentialbedingung entsprechen.) Man findet so (unter Einführung der wie bisher in Graden gemessenen Koordinaten $\Delta\varphi$, $\Delta\lambda$) bei sachgemäßer Abrundung[1])

$$X = 18559 - 396.8\,\Delta\varphi + 87.4\,\Delta\lambda + 3.00\,\Delta\varphi^2 - 1.83\,\Delta\varphi\,\Delta\lambda - 1.56\,\Delta\lambda^2.$$
$$Y\cos\varphi = -1967 + 85.5\,\Delta\varphi + 98.2\,\Delta\lambda - 3.72\,\Delta\varphi^2 - 2.12\,\Delta\varphi\,\Delta\lambda + 0.99\,\Delta\lambda^2.$$

Nun fordert das Bestehen eines Potentials, daß überall, d. h. für jeden Punkt (φ, λ) des Vermessungsgebiets,

$$\frac{\partial X}{\partial\lambda} - \frac{\partial Y\cos\varphi}{\partial\varphi}$$

verschwinde. Ist dies nicht der Fall, so gibt die Differenz das $4\pi R \cos\varphi$-fache der Flächendichtigkeit der die Erdoberfläche durchsetzenden elektrischen Strömung an, auf deren Existenz alsdann zu schließen ist. Dabei entsprechen positive Werte der Differenz einer nach oben gerichteten Strömung der positiven Elektrizität. R bedeutet den Radius der Erde, d. h. den Wert $6.370.10^8$ cm.

Tatsächlich findet man nun aus den oben angegebenen Werten von X und Y cos φ einen nicht verschwindenden Betrag der kritischen Differenz; aber ein Blick auf die mittleren Fehler der Koeffizienten (vergl. S. 26), die diese Differenz bewirken, zeigt deren sachliche Bedeutungslosigkeit. Die Unterschiede bleiben überall wesentlich unter der Fehlergrenze. Der aus den vorstehenden Angaben für die Stromdichte i in der Einheit Γ' cm : cm² folgende Betrag

$$i = 7.16 \cdot 10^{-14} \sec\varphi\,(1.9 + 5.61\,\Delta\varphi - 1.00\,\Delta\lambda) = 10^{-13}\,(2.2 + 6.6\,\Delta\varphi - 1.2\,\Delta\lambda)$$

ist daher als ein reines Rechnungsergebnis anzusehen und es verlohnt sich nicht, auf seine Deutung (positive Strömung im Nordwesten, negative im Südosten) näher einzugehen. Auch der Mittelwert, der bei Begrenzung des Gebietes durch die Parallelkreise von 50^0 und 55^0 einerseits, die Meridiane von 6^0 und 20^0 andrerseits $2.2 \cdot 10^{-13}\,\Gamma$ cm : cm² oder 0.022 Amp : km² beträgt, kann keine größere Beachtung beanspruchen. Er beweist nur, daß die Vermessung, als Ganzes

---

[1]) Beim Vergleich mit den Ausdrücken auf S. 28 ist zu beachten, daß dort die Abrundung zur Erzielung einer strengen Übereinstimmung mit der Entwicklung nach $\Delta'\varphi$, $\Delta'\lambda$ anders als hier erfolgt ist. Für die Frage des Potentials kommen die hieraus entspringenden einzelnen Abweichungen z. T. überhaupt nicht in Betracht, z. T. heben sie sich gegenseitig auf.

betrachtet, keinen Anlaß gibt, an der Existenz eines Potentials zu zweifeln. Andrerseits aber liefert, insofern dieses Resultat als bereits feststehend vorausgesetzt werden darf, der befriedigend kleine Wert des errechneten i eine Bestätigung für die Zuverlässigkeit der ganzen Aufnahme wenigstens in bezug auf die horizontalen Komponenten[1]).

Ein anderes Verfahren zur Ermittlung der Dichte der die Erdoberfläche durchdringenden elektrischen Ströme stützt sich bekanntlich auf die Auswertung des Integrals über die horizontale Kraftkomponente längs einer geschlossenen Kurve. Wird diese Komponente S, das Kurvenelement ds genannt, so ist $S\,ds$ die Änderung des Potentials, die auf dieses Element entfällt, und man hat, unter I die gesamte von der Kurve umschlossene Strömung verstanden,

$$4\pi I = \int S\,ds = R\int (X\,d\varphi + Y\cos\varphi\,d\lambda).$$

Ferner ist, wenn man noch die von derselben Kurve eingeschlossene Fläche F nennt, die für diese geltende mittlere Intensität der Strömung $i = I : F$.

Sind nun $X_1, Y_1\cos\varphi_1$ und $X_2, Y_2\cos\varphi_2$ die zu zwei benachbarten Stationen $\varphi_1\lambda_1$, $\varphi_2\lambda_2$ gehörigen Werte von $X, Y\cos\varphi$, so ist der auf die gerade Verbindungsstrecke dieser Punkte entfallende Anteil des Integrals, wenn sich X und $Y\cos\varphi$ auf dieser Strecke linear ändern, gleich

$$\frac{R}{2}(X_1 + X_2)(\varphi_2 - \varphi_1) + \frac{R}{2}(Y_1\cos\varphi_1 + Y_2\cos\varphi_2)(\lambda_2 - \lambda_1)$$
$$= \frac{\pi R}{2.60.180}[(X_1 + X_2)\,\Delta'\varphi + (Y_1\cos\varphi_1 + Y_2\cos\varphi_2)\,\Delta'\lambda].$$

$$I = \frac{R}{86400}\,\Sigma_i\,[(X_i + X_{i+1})\,\Delta'\varphi + (Y_i\cos\varphi_i + Y_{i+1}\cos\varphi_{i+1})\,\Delta'\lambda] = 0.0737\,\Sigma.$$

Bei der Berechnung des numerischen Koeffizienten 0.0737 sind X und $Y\cos\varphi$ in γ, $\Delta'\varphi$ und $\Delta'\lambda$ in Minuten und I in Γ cm, d. h. in absoluten elektromagnetischen Stromeinheiten, gemessen angenommen. Die Größen X und $Y\cos\varphi$ dürfen, wie schon bemerkt wurde, um ihren normalen Anteil verkleinert, also durch die entsprechenden, der Tabelle D zu entnehmenden Komponenten des Störungsfeldes ersetzt werden, was die Auswertung von Σ nicht unwesentlich erleichtert.

Ich habe die Berechnung getrennt für die 12 Teilgebiete durchgeführt, deren Grenzlinien man in der Karte der Vertikalstörungen angegeben findet. Die Ergebnisse für diese einzelnen Gebiete, wie für einige Gruppen von ihnen und für ihre Gesamtheit enthält die nachstehende Tabelle. In dieser bedeutet Σ die als Näherungswert für das Integral eingeführte Summe längs der Grenzlinie des in der ersten Spalte bezeichneten Gebiets, 10 I, d. i. $0.737\,\Sigma$, die daraus abgeleitete gesamte Stromstärke in Ampères, 10^{-12} F die planimetrisch ermittelte

---

[1]) Zieht man die Abplattung der Erde (ε) in Betracht, so hat man in erster Näherung den Ausdruck

$$\frac{\partial X}{\partial \lambda} - \frac{\partial Y\cos\varphi}{\partial \varphi} - \frac{\varepsilon^2}{2}\left(\frac{\partial X}{\partial \lambda} + \frac{\partial Y\cos\varphi}{\partial \varphi} + \sin 2\varphi . Y\cos\varphi\right)$$

statt des oben angegebenen, der für $\varepsilon = 0$ daraus hervorgeht, zu benutzen. Das Korrektionsglied macht im vorliegenden Falle fast genau $^1/_4$ des Hauptgliedes aus, so daß der Mittelwert von i auf 0.016 Amp: km² sinkt. Es ist also an sich durchaus nicht zu vernachlässigen und könnte in Gebieten mit sehr geringen Störungen, in denen die mittleren Fehler (im Sinne der Bemerkung auf S. 26) sehr viel kleiner sind, Bedeutung erlangen. Hier ändert es aber nichts an dem oben Gesagten; ich gehe deshalb auch nicht näher auf die Ableitung des vorstehenden Ausdrucks ein.

Fläche in Quadratmyriametern und $10^{11}i$, d. i. $10^{-2}.10\,I : 10^{-12}\,F$ die mittlere Stromstärke in Ampères auf 1 qkm, also i die Stromdichte in der Einheit $\Gamma\,\mathrm{cm}^{-1}$ des üblichen absoluten Maßsystems.

Gebiet	Integral- wert Σ	Gesamt- strom $10\,I$	Fläche $10^{-12}\,F$	Strom- dichte $10^{11}i$
I	9844	7260	224	0.324
II	2050	1510	365	0.041
III	9554	7040	357	0.197
IV	46107	34000	400	0.850
V	3725	2750	314	0.088
VI	-1667	-1230	233	-0.053
VII	4588	3380	352	0.096
VIII	434	320	374	0.009
IX	- 300	- 220	266	-0.008
X	-7428	-5480	273	-0.201
XI	4246	3130	364	0.086
XII	-2223	-1640	239	-0.069
I + II + III + IV . . .	67555	49810	1346	0.370
I + II + III	21448	15810	946	0.167
V + VI + VII + VIII . .	7080	5220	1273	0.041
IX + X + XI + XII . . .	-5705	-4210	1142	-0.037
Summe	68930	50820	3761	0.135
Summe ohne IV . . .	22823	16820	3361	0.050

Zwei Umstände fallen bei der Betrachtung der Zahlen besonders auf und würden an sich geeignet sein, die Vermutung zu stützen, daß den Ergebnissen eine objektive Bedeutung zukommen möge: die außerordentliche Höhe des Wertes im Störungsgebiet IV und der besonders in den drei Teilsummen 0.167, 0.041, —0.037 ausgesprochene systematische Gang. Aber schon der Vergleich mit den nach der ersten Methode erhaltenen Resultaten, die im Mittelwert und in der Verteilung der positiven und negativen Stromdichten ein nicht unwesentlich abweichendes Bild geben, erregt Zweifel und wie bei jener, so läßt sich auch hier zeigen, daß die gefundenen Schlußwerte innerhalb der zu erwartenden Fehlerwahrscheinlichkeit liegen.

Die grundsätzliche, nicht zu umgehende Ungenauigkeit des Verfahrens liegt, abgesehen von den Fehlern der Werte an den einzelnen Stationspunkten des Integrationsweges, in der Notwendigkeit, die Werte für alle Zwischenpunkte interpolatorisch zu ergänzen. Bei einem mittleren Stationsabstand von 30—40 km können und müssen daraus, zumal in stark gestörten Gebieten, merkliche Fehler im Integrationswerte entstehen. Im Hinblick darauf, daß es sich hier nur noch um die Bestätigung eines bereits feststehenden negativen Ergebnisses handelt, verzichte ich auf die Wiedergabe einer eingehenden Untersuchung darüber, welchen Betrag diese Schlußfehler bei einer gegebenen mittleren Stärke der Lokalstörungen erreichen können, und beschränke mich auf eine oberflächliche Schätzung.

Aus früheren Angaben (S. 27 u. 39) geht hervor, daß die Störungen an benachbarten Stationen zwar nicht ganz unabhängig von einander sind, daß man aber keinen beträchtlichen Irrtum begeht, wenn man sie als regellos verteilt annimmt. Unter diesen Umständen kann man den auf irgend eine Polygonseite entfallenden Wert von $\Delta_i = (\Delta X_i + \Delta X_{i+1})\,\Delta'\varphi + (\Delta Y_i \cos\varphi_i + \Delta Y_{i+1} \cos\varphi_{i+1})\,\Delta'\lambda +$ als (etwas zu hohen) Näherungswert des durch ihn in das Integral eingeführten Fehlers ansehen und darf zugleich annehmen, daß die aufeinanderfolgenden Δ_i gegenseitig unabhängig sind.

Stellt man nun sämtliche bei der Auswertung der 12 Polygone vorkommenden Δ_i zusammen — es sind ihrer 160 — so zeigt sich, daß die Häufigkeit der verschiedenen Werte befriedigend durch das Gaußsche Fehlerverteilungsgesetz dargestellt wird und daß im Einzelnen der Wechsel positiver und negativer Zahlen den Kriterien des Zufalls genügend entspricht. Als wahrscheinlicher Mittelwert ergibt sich durch Abzählen rund 1400. Als quadratisches Mittel ist danach 2100 anzusetzen. Nun schwankt die Zahl der Polygonseiten von 14 bis 22 und beträgt im Durchschnitt 19. Danach ist als roher quadratischer Mittelwert von Σ der Betrag von rund 9000 zu erwarten. Das stimmt in der Größenordnung mit den für Σ gefundenen Werten hinreichend überein, um den Schluß zu rechtfertigen, daß diese durchaus auf die betrachteten Ungenauigkeiten zurückgeführt werden können. Eine speziell auf das Polygon IV beschränkte ähnliche Untersuchung, die bei der geringen Zahl der zugehörigen Stationen natürlich wenig zwingend ist, läßt auch für den dort gefundenen, besonders hohen Wert von Σ diesen Schluß zutreffend erscheinen.

Zusammenfassend ist somit zu sagen, daß die Ergebnisse der norddeutschen Vermessung mit der Annahme eines Potentials der erdmagnetischen Kraft in der Erdoberfläche durchaus im Einklang stehen.

Für den normalen oder terrestrischen Hauptteil dieses Potentials ergibt sich mittels der Beziehungen

$$V = g\,(\lambda) - \frac{\pi R}{180}\int X\,d\,(\Delta\varphi) = h\,(\varphi) - \frac{\pi R}{180}\int Y\,\cos\varphi\,d\,(\Delta\lambda)$$

aus den auf S. 28 erhaltenen Schlußwerten der Ausdruck

$$\begin{aligned}
V:R = \text{Const.} - \frac{\pi}{180}(&18553\,\Delta\varphi - 1973\,\Delta\lambda - 198.3\,\Delta\varphi^2 + 86.4\,\Delta\varphi\,\Delta\lambda + 49.2\,\Delta\lambda^2 + 0.96\,\Delta\varphi^3 \\
&- 1.44\,\Delta\varphi^2\,\Delta\lambda - 1.08\,\Delta\varphi\,\Delta\lambda^2 + 0.36\,\Delta\lambda^3) \\
= \text{Const.} - 323.80\,\Delta\varphi &+ 34.44\,\Delta\lambda + 3.461\,\Delta\varphi^2 - 1.508\,\Delta\varphi\,\Delta\lambda - 0.859\,\Delta\lambda^2 - 0.0168\,\Delta\varphi^3 \\
&+ 0.0257\,\Delta\varphi^2\,\Delta\lambda + 0.0188\,\Delta\varphi\,\Delta\lambda^2 - 0.0063\,\Delta\lambda^3
\end{aligned}$$

Die Einheit der Koeffizienten ist γ; um $V:R$ in der Einheit des C. G. S.-Systems, d. h. in Γ zu erhalten, hat man also noch den Faktor 10^{-5} hinzuzufügen.

Tabellen.

A. Beobachtungen der Deklination.

Lfde. Nr.	Namen der Station	Zeit der Beobachtung		Nord-punkt	Magn. Meridian	Westl. Deklination		Diff.	Instr.	Var.	Korr.	W. Dekl.
		Datum	Pdm. O.-Zt.			a. d. Station	in Potsdam	St.-Pdm.	Korr.	Korr.	Diff.	1901.0
1	Reichenbach	1898 Juli 18	11a 36m —58m	187 21.87	177 56.40	9 25.47	10 8.28	—0 42.81	+1.72	—0.24	—0 41.33	9 13.4
			0p 26 —42	21.73	53.81	27.92	10.27	42.35	+1.72	—0.13	40.76	
		» 19	9a 22 —43	239 7.50	229 48.20	19.30	0.95	41.65	+1.72	—0.24	40.17	
2*	Goy	» 22	11a 1 —19	350 10.61	342 15.58	7 55.03	10 6.19	—2 11.16	+1.64	—0.66	—2 10.18	7 44.4
			1p 11 —43	11.12	13.10	58.02	9.71	11.69	+1.64	+0.02	10.03	
		» 23	11a 27 —47	350 5.94	342 7.70	58.24	8.50	10.26	+1.64	—0.58	9.20	
	»	1900 Aug. 13	11a 20 —31	80 29.05	72 36.57	7 52.48	9 62.14	—2 9.66	+0.50	—0.60	—2 9.76	7 43.9
			0p 9 —24	29.25	35.69	53.56	64.70	11.14	+0.50	—0.27	10.91	
		» 28	9a 47 —62	319 55.61	312 9.50	7 46.11	9 56.52	—2 10.41	+0.36	—0.68	—2 10.73	7 43.4
			1p 17 —23	55.04	3.05	51.99	63.42	11.43	+0.36	+0.20	10.87	
3	Moschin	1898 Juli 27	1p 30 —46	269 1.29	260 54.18	8 7.11	10 9.90	—2 2.79	+1.54	+0.10	—2 1.15	7 53.4
			4p 42 —59	1.78	55.28	6.50	9.21	2.71	+1.54	+0.33	0.84	
		» 28	8a 9 —28	240 25.63	232 28.69	7 56.94	9 58.64	1.70	+1.54	—0.26	0.42	
4*	Schwetz	» Aug. 1	9a 52 —66	239 14.43	232 8.70	7 5.73	10 6.31	—3 0.58	+1.48	—0.92	—3 0.02	6 55.1
			11a 14 —20	14.00	3.42	10.58	9.83	—2 59.25	+1.48	—0.84	—2 58.61	
			3p 31 —48	360 50.76	353 44.82	5.94	6.59	—3 0.65	+1.48	+0.64	—2 58.53	
5	Hochredlau	» » 5	9a 50 —67	169 10.90	161 46.46	7 24.44	10 4.22	—2 39.78	+1.38	—0.95	—2 39.35	7 15.0
			0p 26 —46	11.51	40.18	31.33	10.33	39.00	+1.38	—0.22	37.84	
			4p 12 —42	289 5.83	281 39.62	26.21	8.43	42.22	+1.38	+0.57	40.27	
6	Köslin II	» » 8	3p 44 —42	83 25.16	75 26.77	7 58.39	10 10.08	—2 11.69	+1.34	+0.40	—2 9.95	7 44.4
			7p 9 —22	25.50	30.37	55.13	6.06	10.93	+1.34	+0.04	9.55	
		» 9	11a 26 —44	119 50.16	111 50.61	59.55	10.45	10.90	+1.34	—0.44	10.00	
7	Bernikow I	» » 11	8a 39 —60	335 3.66	325 40.32	9 23.34	10 1.14	—0 37.80	+1.27	—0.15	—0 36.68	9 18.4
			0p 50 —64	3.75	31.82	31.93	9.72	37.79	+1.27	—0.01	36.53	
		» 12	11a 6 —22	214 35.07	205 3.30	31.77	7.03	35.26	+1.27	—0.25	34.24	
	»	» Sept. 23	10a 5 —29	131 57.00	122 31.94	9 25.06	10 4.33	—0 39.27	+1.40	—0.25	—0 38.12	9 16.4
			0p 41 —50	57.38	25.99	31.39	10.30	38.91	+1.40	—0.01	37.52	
8*	Promoisel	» Aug. 15	10a 43 —67	44 26.08	34 43.62	9 42.46	10 7.16	—0 24.70	+1.21	—0.09	—0 23.58	9 31.4
			0p 18 —36	26.52	40.80	45.72	9.76	24.04	+1.21	—0.03	22.86	
			4p 48 —63	262 49.03	253 5.72	43.31	6.68	23.37	+1.21	+0.05	22.11	
9	Burg III	» » 27	11a 12 —31	112 54.82	102 11.61	10 43.21	10 8.74	+0 34.47	+1.34	+0.15	+0 35.96	10 30.2
			1p 31 —38	55.34	9.65	45.69	10.97	34.72	+1.34	—0.05	36.01	
10	Stendal I	» » 28	11a 44 —70	344 48.58	334 5.02	10 43.56	10 11.64	+0 31.92	+1.34	+0.10	+0 33.36	10 27.5
			1p 56 —62	49.58	8.14	41.44	9.52	31.92	+1.34	—0.06	33.20	
11	Rosenhagen I	» » 29	0p 39 —67	222 37.05	212 9.47	10 27.58	10 10.83	+0 16.75	+1.34	+0.01	+0 18.10	10 11.9
			2p 50 —58	35.77	12.38	23.39	7.25	16.14	+1.34	—0.10	17.38	
12*	Wittstock III	» » 30	1p 59 —69	87 26.12	76 49.68	10 36.44	10 9.27	+0 27.17	+1.34	—0.03	+0 28.48	10 22.4
			4p 29 —43	339 42.83	329 12.93	29.90	3.17	26.73	+1.34	—0.05	28.02	
13	Gottmannsförde	» Sept. 1	4p 17 —40	284 5.78	273 5.85	10 59.96	10 4.49	+0 55.47	+1.34	—0.18	+0 56.63	10 50.9
			6p 34 —49	248 8.42	238 12.85	55.60	0.03	55.57	+1.34	—0.08	56.83	
14	Mittel-Wendorf	» » 2	11a 42 —61	231 12.98	219 43.81	11 29.17	10 11.38	+1 17.79	+1.34	+0.17	+1 19.30	11 13.6
			3p 0 —6	13.52	44.85	28.67	10.42	18.25	+1.34	—0.16	19.43	
15	Güstrow	» » 3	2p 49 —68	351 52.68	341 4.85	10 47.83	10 10.71	+0 37.12	+1.34	—0.07	+0 38.39	10 32.2
			5p 7 —73	52.72	12.98	39.74	3.48	36.26	+1.34	—0.04	37.56	
16	Spornitz	» » 5	2p 18 —38	34 47.75	23 54.61	10 53.14	10 8.65	+0 44.49	+1.34	—0.10	+0 45.73	10 39.8
			4p 16 —30	47.78	59.32	48.46	4.20	44.26	+1.34	—0.14	45.46	
17*	Sparow	» » 6	1p 5 —23	269 38.60	258 47.16	10 51.44	10 12.06	+0 39.38	+1.34	—0.02	+0 40.70	10 35.1
			5p 18 —26	38.74	55.55	43.19	3.50	39.69	+1.34	—0.02	41.01	
18*	Salem	» » 7	0p 51 —69	104 4.17	93 40.90	10 23.27	10 10.02	+0 13.25	+1.34	0.00	+0 14.59	10 9.1
			3p 43 —77	3.78	43.86	19.92	6.00	13.92	+1.34	0.00	15.26	
19*	Hohenfelde	» » 8	1p 16 —30	99 9.31	88 19.35	10 49.96	10 11.32	+0 38.64	+1.34	—0.04	+0 39.34	10 34.6
			4p 28 —34	6.78	19.29	47.49	7.89	39.60	+1.34	—0.09	40.85	
20	Barth I	» » 9	1p 43 —63	224 27.25	214 5.42	10 21.83	10 11.74	+0 10.09	+1.34	—0.02	+0 11.45	10 5.6
			3p 31 —48	27.78	1.70	26.08	16.05	10.03	+1.34	—0.03	11.40	
21	Siemersdorf	» » 10	9a 16 —59	130 41.44	120 23.69	10 17.75	10 9.84	+0 7.91	+1.34	0.00	+0 9.25	10 4.1
			11a 20 —27	41.38	20.60	20.78	11.57	9.21	+1.34	0.00	10.55	
22	Vilmnitz	» » 11	10a 26 —45	225 53.70	216 38.55	9 15.15	10 5.54	—0 50.39	+1.34	—0.09	—0 49.14	9 4.8
			1p 48 —54	53.73	37.02	16.71	7.74	51.03	+1.34	—0.04	49.65	
23	Buhrkow	» » 12	8a 53 —69	239 9.57	229 32.41	9 37.16	10 1.81	—0 24.65	+1.34	—0.03	—0 23.34	9 31.1
			10a 50 —55	8.92	26.94	41.98	6.19	24.21	+1.34	—0.04	22.91	
24	Thurow	» » 14	11a 4 —21	127 32.61	117 54.80	9 37.81	10 10.21	—0 32.40	+1.34	—0.07	—0 31.13	9 23.2
			11a 6 —16	33.72	56.72	37.00	9.20	32.20	+1.34	—0.02	30.84	
25*	Garz I	» » 15	10a 52 —69	33 39.30	24 18.50	9 20.80	10 6.18	—0 45.38	+1.34	—0.15	—0 44.19	9 10.0
			11a 23 —38	39.49	17.98	21.51	6.95	45.44	+1.34	—0.12	44.22	

A. Beobachtungen der Deklination.

Lfde. Nr.	Namen der Station	Datum	Pdm. O.-Zt.	Nordpunkt	Magn. Meridian	Westl. Dekl. a. d. Station	Westl. Dekl. in Potsdam	Diff. St.-Pdm.	Instr. Korr.	Var. Korr.	Korr. Diff.	W. Dekl. 1901.0
26	Belling I	1898 Sept. 16	8a 35m −52m	4 20.61	354 60.17	9 20.44	10 1.36	−0 40.92	+1.34	−0.09	−0 39.67	9 14.7
			10a 24 −30	20.90	56.95	23.95	4.43	40.48	+1.34	−0.17	39.31	
27*	Neu-Rhäse	» » 17	1p 40 −57	272 44.04	262 38.26	10 5.78	10 8.74	−0 2.96	+1.34	0.00	−0 1.62	9 52.6
			3p 36 −43	44.35	41.35	3.00	5.94	2.94	+1.34	0.00	1.60	
28*	Himmelpforter W.F.I	» » 18	11a 35 −51	6 54.59	356 48.62	10 5.97	10 8.46	−0 2.49	+1.34	0.00	−0 1.15	9 53.0
			1p 11 −16	54.58	46.62	7.96	10.54	2.58	+1.34	0.00	1.24	
29	Grüneberg II	» » 19	10a 52 −70	165 31.67	155 28.79	10 2.88	10 7.87	−0 4.99	+1.34	−0.04	−0 3.69	9 51.0
			2p 10 −23	31.64	29.10	2.54	6.64	4.10	+1.34	+0.02	2.74	
30	Sommerfelde	» » 21	11a 23 −39	92 22.09	82 41.35	9 40.74	10 8.98	−0 28.24	+1.36	−0.08	−0 26.96	9 27.1
			0p 46 −62	22.54	41.15	41.39	10.07	28.68	+1.36	+0.01	27.31	
31*	Greifenberg	» » 22	9a 59 −10n52	25 37.49	16 7.94	9 29.55	10 2.73	−0 33.18	+1.38	−0.16	−0 31.96	9 22.2
32	Gollnow VI	» » 25	2p 16 −52	243 16.97	234 26.21	8 50.76	11 7.15	−1 16.39	+1.45	+0.16	−1 14.78	8 39.5
			5p 6 −13	17.42	30.48	46.94	2.98	16.04	+1.45	+0.06	14.53	
33	Revenow	» » 26	1p 17 −32	234 34.77	225 38.88	8 55.89	10 8.15	−1 12.26	+1.47	+0.09	−1 10.70	8 43.5
			3p 53 −61	35.42	42.32	53.10	5.46	12.36	+1.47	+0.18	10.71	
34*	Marienau	» » 27	11a 46 −70	138 53.47	130 15.48	8 37.99	10 8.92	−1 30.93	+1.49	−0.16	−1 29.60	8 24.6
35	Alt Borck I	» » 28	10a 38 −61	247 45.45	239 19.33	8 26.12	10 7.39	−1 41.27	+1.51	−0.37	−1 40.13	8 14.3
			1p 48 −57	45.50	16.04	29.46	10.73	41.27	+1.51	+0.18	39.58	
36	Schivelbein I	» » 29	0p 32 −76	13 4.90	4 44.34	8 20.56	10 9.76	−1 49.20	+1.53	+0.14	−1 47.53	8 6.7
37	Janikow I	» » 30	10a 3 −43	49 16.68	40 54.73	8 21.95	10 5.93	−1 43.98	+1.56	−0.44	−1 42.86	8 11.3
			0p 14 −21	17.20	54.59	22.61	6.98	44.37	+1.56	−0.13	42.94	
38*	Lange Berg	» Okt. 1	9a 2 −61	354 52.10	346 3.02	8 49.08	10 4.25	−1 15.17	+1.58	−0.25	−1 13.84	8 40.0
			10a 53 −82	127 10.20	118 19.88	50.32	5.90	15.58	+1.58	−0.25	14.25	
			1p 40 −45	11.42	19.58	51.84	8.09	16.25	+1.58	+0.12	14.50	
39	Zühlsdorf III	» » 2	9a 44 −66	97 26.56	89 0.75	8 25.81	10 1.85	−1 36.04	+1.60	−0.38	−1 34.82	8 19.4
			11a 16 −32	27.00	88 57.14	29.86	5.91	36.05	+1.60	−0.26	34.71	
40*	Dragebruch	» » 3	10a 38 −75	18 59.92	10 34.40	8 25.52	10 6.32	−1 40.80	+1.62	−0.40	−1 39.58	8 14.5
			0p 23 −38	223 52.80	215 25.28	27.53	8.94	41.41	+1.62	−0.07	39.86	
41	Penckowo	» » 4	10a 57 −76	136 41.62	128 29.76	8 11.86	10 6.42	−1 54.56	+1.64	−0.43	−1 53.35	8 1.0
			0p 43 −48	43.56	30.18	13.38	8.10	54.72	+1.64	−0.01	53.09	
42*	Minikowo	» » 5	2p 54 −67	356 47.32	348 46.51	8 0.81	10 6.86	−2 6.05	+1.67	+0.42	−2 3.96	7 50.3
			4p 19 −26	48.19	49.62	7 58.57	4.25	5.68	+1.67	+0.26	3.75	
43	Meseritz I	» » 7	0p 21 −44	264 10.60	255 20.42	8 50.18	10 11.14	−1 20.96	+1.71	−0.06	−1 19.31	8 34.8
			1p 59 −72	11.40	23.47	47.93	9.38	21.45	+1.71	+0.19	19.55	
44*	Adamowo	» » 8	10a 26 −39	14 54.91	6 26.78	8 28.13	10 3.09	−1 34.96	+1.73	−0.46	−1 33.69	8 20.3
			0p 35 −41	54.98	24.60	30.38	6.15	35.77	+1.73	−0.06	34.10	
45	Priebisch	» » 9	0p 48 −71	352 31.40	344 12.64	8 18.76	10 8.55	−1 49.79	+1.75	+0.04	−1 48.00	8 6.1
			2p 16 −24	31.53	13.64	17.89	8.16	50.27	+1.75	+0.31	48.21	
46	Zölling II	» » 10	11a 14 −26	349 13.88	340 30.82	8 43.06	10 7.83	−1 24.77	+1.78	−0.25	−1 23.24	8 30.5
			2p 28 −36	14.80	32.74	42.06	7.79	25.73	+1.78	−0.23	24.18	
47	Eugenienhof	» » 11	9a 49 −63	21 9.02	12 16.69	8 52.33	10 4.61	−1 12.28	+1.80	−0.33	−1 10.81	8 43.3
			11a 21 −26	8.34	13.62	54.72	7.33	12.61	+1.80	−0.22	11.03	
48	Reppen I	» » 12	8a 55 −69	4 2.32	355 0.20	9 2.12	10 1.49	−0 59.37	+1.82	−0.13	−0 57.68	8 56.6
			11a 50 −57	1.26	354 53.65	7.61	6.81	59.20	+1.82	−0.12	57.50	
49*	Grunow II	» » 14	2p 55 −74	344 57.13	335 37.82	9 19.31	10 5.44	−0 46.13	+1.88	+0.12	−0 44.13	9 10.0
			5p 2 −10	58.88	40.02	18.86	5.14	46.28	+1.88	+0.05	44.35	
50*	Gr. Cammin I	» » 15	11a 25 −54	351 59.52	342 51.72	9 7.80	10 8.38	−1 0.58	+1.90	−0.13	−0 58.81	8 55.4
51*	Gralow I	» » 17	8a 21 −50	198 41.72	189 59.72	8 42.00	10 3.32	−1 21.32	+1.94	−0.05	−1 19.43	8 34.8
52	Rehfelde I	» » 18	8a 42 −54	12 22.18	2 51.62	9 30.56	10 1.91	−0 31.35	+1.96	−0.03	−0 29.42	9 24.6
			10p 24 −30	21.89	48.32	33.57	5.21	31.64	+1.96	−0.11	29.79	
53*	Willenberg I	1899 Juli 13	11a 53 −70	342 5.80	336 16.00	5 49.80	10 5.41	−4 15.61	+0.61	−0.53	−4 15.53	5 39.6
			3p 23 −40	6.40	17.12	49.28	4.25	14.97	+0.61	+0.60	13.76	
		Aug. 16	2p 32 −41	201 28.76	195 41.40	5 47.36	10 2.47	−4 15.11	+0.28	+0.58	−4 14.25	5 40.2
			2p 49 −57	28.96	41.73	47.23	1.88	14.65	+0.28	+0.65	13.72	
		» 22	4p 38 −42	29.56	44.76	44.80	9 59.59	14.79	+0.28	+0.48	−4 14.03	5 39.1
			0p 6 −10	202 20.20	196 29.70	5 50.50	10 5.29	−4 14.79	+0.23	−0.43	14.99	
		» 28	0p 57 −66	20.08	30.36	49.72	5.17	15.45	+0.23	−0.02	−4 15.24	5 38.4
			3p 20 −54	201 41.25	195 54.80	5 46.45	9 62.94	−4 16.49	+0.16	+0.45	15.88	
		» 30	5p 17 −26	41.70	58.47	43.23	59.29	16.06	+0.16	+0.22	−4 15.68	5 38.3
			2p 11 −23	201 40.85	195 52.33	5 48.52	10 4.71	−4 16.19	+0.14	−0.35	16.40	
		1900 Juli 25	4p 10 −20	42.04	55.67	46.37	2.17	15.80	+0.14	+0.35	−4 15.31	5 39.5
			11p 41 −54	173 11.66	167 26.20	5 45.46	10 0.74	−4 15.28	+0.68	−0.50	15.10	
			0p 13 −30	11.63	24.21	47.42	2.69	15.27	+0.68	−0.29	14.88	
			4p 28 −33	110 47.32	105 3.88	43.44	9 58.68	15.28	+0.68	0.35	14.25	
54*	Kickelhof I	1899 Juli 16	0p 19 −32	85 31.06	78 54.09	6 36.97	10 3.76	−3 26.79	+0.58	−0.36	−3 26.57	6 27.9
			0p 46 −54	31.10	53.58	37.52	3.90	26.38	+0.58	−0.16	25.96	
55	Liebstadt I	» » 17	3p 22 −36	201 37.38	194 21.32	7 16.06	10 4.48	−2 48.42	+0.57	+0.70	−2 47.15	7 6.9
			4p 26 −34	37.79	24.16	13.63	2.15	48.52	+0.57	+0.50	47.47	
56*	Zinten 1	» » 18	11a 39 −64	244 47.48	238 31.88	6 15.60	10 4.85	−3 49.25	+0.56	−0.70	−3 49.39	6 5.0
			0p 13 −24	47.71	31.95	15.76	4.85	49.09	+0.56	−0.46	48.99	
			1p 41 −52	143 17.28	137 2.20	15.08	5.09	50.01	+0.56	+0.23	49.22	
57	Kalkstein	» » 19	1p 58 −72	20 14.75	13 52.68	6 22.07	10 5.14	−3 43.07	+0.55	+0.36	−3 42.16	6 12.4
			4p 48 −54	9.55	51.52	18.03	0.42	42.39	+0.55	+0.45	41.39	
58*	Friedland	» » 21	9a 30 −41	315 24.80	310 46.93	4 37.87	9 58.56	−5 20.69	+0.53	−1.09	−5 21.25	4 33.1
			9a 57 −71	24.38	45.18	39.20	59.53	20.33	+0.53	−1.22	21.02	
59	Fuchsberg II	» » 22	9a 41 −54	110 18.87	104 39.90	5 38.97	10 0.93	−4 21.96	+0.52	−1.05	−4 22.49	5 32.2
			0p 29 −37	20.93	37.46	43.29	4.95	21.66	+0.52	−0.33	21.47	

A. Beobachtungen der Deklination.

Lfde. Nr.	Namen der Station	Zeit der Beobachtung		Nord-punkt	Magn. Meridian	Westl. Deklination		Diff. St.-Pdm.	Instr. Korr.	Var. Korr.	Korr. Diff.	W. Dekl. 1901.0
		Datum	Pdm. O.-Zt.			a. d. Station	in Potsdam					
60	Rossitten	1899 Juli 24	7p 8m —28m	1 15.21	355 32.11	5 43.10	10 0.93	—4 17.83	+0.50	+0.12	—4 17.21	5 37.0
61*	Neu-Schwarzort	» » 26	10a 46 —62	289 58.00	284 18.67	5 39.33	10 1.68	—4 22.30	+0.48	—1.22	—4 23.04	5 32.3
			1p 16 —26	57.55	15.44	42.11	3.42	21.30	+0.48	+0.10	20.73	
62*	Taureggen-Bendig II	» » 27	0p 26 —45	171 21.55	165 30.16	5 51.39	10 4.16	—4 12.77	+0.47	—0.32	—4 12.62	5 41.9
			3p 58 —72	34 24.62	28 34.76	49.86	2.99	13.13	+0.47	+0.67	11.99	
63*	Algeberg	» » 31	11a 22 —36	291 5.51	287 38.44	3 27.07	10 3.77	—6 36.70	+0.43	—0.99	—6 37.26	3 17.5
			0p 47 —60	4.94	36.52	28.42	5.43	37.01	+0.43	—0.14	36.72	
			4p 48 —62	82 29.26	79 5.05	24.21	1.24	37.03	+0.43	+0.58	36.02	
64	Schmalleningken II	» Aug. 2	4p 15 —32	212 59.09	207 53.24	5 5.85	10 2.05	—4 56.20	+0.41	+0.76	—4 55.03	4 59.3
			5p 43 —52	59.03	54.04	4.99	0.49	55.50	+0.41	+0.38	54.71	
65	Ober-Eissuln	» » 3	9a 5 —25	130 32.41	125 1.36	5 31.05	9 59.34	—4 28.29	+0.40	—1.26	—4 29.15	5 25.5
			0p 26 —42	32.47	124 51.18	41.29	10 9.60	28.31	+0.40	—0.32	28.23	
66	Alexen	» » 4	11a 8 —43	55 52.71	51 32.27	4 20.44	10 4.22	—5 43.78	+0.39	—1.02	—5 44.41	4 9.8
67	Berninglauken	» » 5	9a 1 —13	68 35.20	64 27.60	4 7.60	9 58.76	—5 51.16	+0.38	—1.33	—5 52.11	4 2.3
			1p 2 —14	307 17.00	303 4.76	12.24	10 4.32	52.08	+0.38	+0.04	51.66	
68	Gr. Schilleningken	» » 6	0p 15 —38	140 9.73	135 38.62	4 31.11	10 6.57	—5 35.46	+0.38	—0.40	—5 35.48	4 18.7
			3p 17 —30	10.97	43.72	27.25	4.12	36.87	+0.38	+1.01	35.48	
69	Steinau	» » 7	5p 7 —18	345 7.26	341 51.27	3 15.99	10 1.54	—6 45.55	+0.37	+0.56	—6 44.62	3 10.0
			6p 56 —62	7.24	51.44	15.80	0.10	44.30	+0.37	+0.07	43.86	
70	Soltmahnen	» » 8	0p 43 —60	74 16.62	68 58.21	5 18.41	10 5.41	—4 47.00	+0.36	—0.15	—4 46.79	5 7.9
			2p 35 —40	16.67	58.30	18.37	5.47	47.10	+0.36	+0.89	45.85	
71	Johannisburg I	» » 9	10a 59 —70	257 29.04	252 0.74	5 28.30	10 1.69	—4 33.39	+0.35	—1.19	—4 34.23	5 20.3
			0p 35 —41	29.20	251 57.92	31.28	4.85	33.57	+0.35	—0.28	33.50	
72	Beutnersdorf I	» » 10	2p 52 —63	336 20.16	330 4.69	6 15.47	10 3.68	—3 48.21	+0.34	+0.86	—3 47.01	6 7.3
			3p 20 —30	20.65	6.14	14.51	2.84	48.33	+0.34	+0.93	47.06	
		» 11	1p 30 —40	336 8.25	329 50.50	17.75	5.13	47.38	+0.33	+0.29	46.76	
			4p 2 —10	9.22	54.31	14.91	2.92	48.01	+0.33	+0.74	46.94	
73	Grondischken	» » 13	10a 4 —20	38 57.51	33 55.80	5 1.71	10 0.83	—4 59.12	+0.31	—1.44	—5 0.25	4 54.2
			11a 44 —49	57.55	50.94	6.61	5.86	59.25	+0.31	—0.77	—4 59.71	
74*	Mniechen I	» » 14	11a 11 —22	95 41.72	91 44.08	3 57.64	10 2.78	—6 5.14	+0.30	—1.05	—6 5.89	3 48.3
			0p 36 —47	41.69	42.79	58.90	4.94	6.04	+0.30	—0.21	5.95	
75	Rastenburgfelde	» » 15	10a 42 —53	350 0.57	345 17.44	4 43.13	10 3.01	—5 19.88	+0.29	—1.25	—5 20.84	4 33.3
			0p 46 —50	0.56	16.59	43.97	5.00	21.03	+0.29	—0.13	20.87	
76	Petershof	» » 17	3p 46 —64	126 55.84	121 6.20	5 49.64	10 1.25	—4 11.61	+0.27	+0.75	—4 10.59	5 43.6
			5p 28 —35	56.64	7.70	48.94	0.16	11.22	+0.27	+0.36	10.59	
77*	Neuhoff II	» » 18	9a 24 —36	19 15.96	13 11.40	6 4.56	9 59.17	—3 54.61	+0.26	—1.20	—3 55.55	5 58.1
			10a 4 —14	15.91	11.12	4.79	60.45	55.66	+0.26	—1.23	56.63	
78*	Neidenburg I	» » 19	11a 55 —74	152 14.07	146 22.66	5 51.41	10 6.15	—4 14.74	+0.25	—0.52	—4 15.01	5 39.2
79	Michlau	» » 20	2p 5 —17	38 35.35	32 0.28	6 35.07	10 6.86	—3 31.79	+0.24	+0.50	—3 31.05	6 22.0
			4p 41 —52	34.69	4.06	30.63	4.75	34.12	+0.24	+0.48	33.40	
80	Schönhof	» » 21	0p 44 —54	238 54.62	232 18.51	6 36.11	10 6.42	—3 30.31	+0.22	—0.13	—3 30.22	6 24.2
			2p 24 —28	54.86	19.94	34.92	5.45	30.53	+0.22	+0.62	29.69	
81*	Hela III	» » 23	4p 2 —12	235 34.01	228 16.91	7 17.10	9 60.90	—2 43.80	+0.21	+0.53	—2 43.06	7 11.0
			5p 7 —12	34.40	19.04	15.36	59.22	43.86	+0.21	+0.37	43.28	
82*	Bohnsack	» » 24	3p 7 —18	128 24.82	121 29.02	7 5.81	9 62.69	—2 56.88	+0.20	+0.67	—2 56.01	6 57.9
			4p 34 —39	35.27	33.00	2.27	59.58	57.31	+0.20	+0.44	56.67	
83	Neu-Klinsch	» » 25	11a 51 —61	219 24.64	212 2.33	7 22.31	10 4.29	—2 41.98	+0.19	—0.46	—2 42.25	7 12.4
			1p 24 —28	25.23	1.14	24.09	5.69	41.60	+0.19	+0.14	41.27	
84*	Kokoschken	» » 26	0p 13 —46	233 24.20	226 23.46	7 0.74	9 64.23	—3 3.49	+0.18	—0.24	—3 3.55	6 49.8
			5p 1 —17	113 20.45	106 26.46	6 53.99	59.67	5.68	+0.18	+0.35	5.15	
85	Roggenhausen II	» » 27	3p 40 —50	276 35.52	270 0.78	6 34.74	10 3.42	—3 28.68	+0.17	+0.62	—3 27.89	6 26.2
			5p 41 —46	36.15	3.95	32.20	0.64	28.44	+0.17	+0.24	28.03	
86*	Farnstaedt	» Sept. 4	6p 20 —36	76 34.66	65 51.13	10 43.53	10 0.06	+0 43.47	+0.18	—0.02	+0 43.63	10 37.4
		» 5	8a 44 —61	350 25.06	339 45.36	39.70	9 57.23	42.47	+0.18	+0.10	42.65	
			5p 30 —46	230 27.16	219 44.82	42.34	59.11	43.23	+0.18	—0.04	43.37	
		» 6	7a 53 —72	109 58.17	99 18.17	40.00	57.20	42.80	+0.18	+0.02	43.00	
87	Clausthal	» » 8	11a 48 —70	66 7.36	54 52.16	11 15.20	10 6.15	+1 9.05	+0.26	+0.25	+1 9.56	11 3.2
			5p 33 —53	7.94	55 0.56	7.38	9 59.73	7.65	+0.26	—0.11	7.80	
		» 9	9a 38 —55	7.88	54 59.95	7.93	59.06	8.87	+0.26	+0.35	9.48	
88	Wilhelmshaven	» » 11	11a 16 —43	37 0.45	24 26.49	12 33.96	10 2.16	+2 31.80	+0.32	+0.74	+2 32.86	12 26.6
			5p 14 —44	1.58	29.79	31.79	9 59.94	31.85	+0.32	—0.27	31.90	
		» 12	0p 40 —60	277 13.58	264 34.96	38.62	10 6.66	31.96	+0.32	+0.19	32.47	
		1901 » 8	8a 30 —56	155 12.64	142 50.61	12 22.02	9 50.48	+2 31.54	+0.25	+0.40	+2 32.19	12 26.7
			0p 57 —72	12.63	45.55	27.08	54.90	32.18	+0.25	+0.40	32.83	
89	Twedt	1899 » 17	2p 50 —69	216 13.73	203 34.59	12 39.14	10 5.01	+2 34.13	+0.44	—0.45	+2 34.12	12 27.9
			4p 24 —38	96 8.48	83 33.58	34.90	1.54	33.36	+0.44	—0.34	33.46	
			4p 50 —66	336 2.69	323 28.77	33.92	0.48	33.44	+0.44	—0.29	33.59	
		1901 Aug. 24	7a 44 —61	241 18.32	228 58.42	11 19.90	9 46.69	+2 33.21	+0.37	+0.13	+2 33.71	12 28.3
			0p 20 —31	18.27	49.02	29.25	55.39	33.86	+0.37	+0.26	34.49	
90	Kgl. Kattun	1900 Juli 12	10a 42 —56	344 26.56	336 37.89	7 48.71	9 56.60	—2 7.89	+0.81	—0.59	—2 7.67	7 46.9
			0p 48 —64	104 28.25	96 34.98	53.27	61.03	7.76	+0.81	—0.13	7.08	
			4p 4 —30	224 27.83	216 40.34	47.49	55.70	8.21	+0.81	+0.38	7.02	
		Aug. 4	9a 51 —64	240 9.95	232 22.92	7 47.03	9 54.62	—2 7.59	+0.58	—0.56	—2 7.57	7 46.9
			0p 10 —16	9.70	19.04	50.66	57.78	7.12	+0.58	—0.28	6.82	
			5p 48 —54	11.26	23.96	47.30	55.45	8.15	+0.58	+0.07	7.55	
91	Schulzendorf II	» Juli 14	0p 34 —45	185 47.68	177 37.36	8 10.32	9 60.82	—1 50.50	+0.80	—0.17	—1 49.87	8 4.2
			3p 0 —66	48.48	38.68	9.80	61.00	51.20	+0.80	+0.28	50.12	

A. Beobachtungen der Deklination.

Lfde. Nr.	Namen der Station	Zeit der Beobachtung Datum	Zeit der Beobachtung Pdm. O.-Zt.	Nordpunkt	Magn. Meridian	Westl. Deklination a. d. Station	Westl. Deklination in Potsdam	Diff. St.-Pdm.	Instr. Korr.	Var. Korr.	Korr. Diff.	W. Dekl. 1901.0
92	Lottin III	1900 Juli 15	$0^p\ 34^m\ {-}46^m$	132 58.12	125 22.96	7 35.16	9 60.75	—2 25.59	+0.79	—0.21	—2 25.01	7 28.6
			$3^p\ 55\ {-}60$	59.30	26.04	33.26	60.70	27.44	+0.79	+0.36	26.29	
93	Schwartow	» » 16	$8^a\ 0\ {-}11$	52 14.38	44 24.64	7 49.74	9 50.59	—2 0.85	+0.78	—0.16	—2 0.23	7 53.9
			$9^a\ 56\ {-}63$	14.77	22.77	52.00	52.65	0.65	+0.78	—0.49	0.36	
94	Techlipp II	» » 17	$5^p\ 27\ {-}42$	214 55.52	207 22.10	7 33.42	9 57.28	—2 23.86	+0.76	+0.16	—2 22.94	7 31.3
			$5^p\ 47\ {-}63$	55.49	22.05	33.44	57.16	23.72	+0.76	+0.14	22.82	
95*	Adl. Bütow	» » 18	$10^a\ 18\ {-}30$	167 35.88	160 21.29	7 14.59	9 59.14	—2 44.55	+0.75	—0.76	—2 44.56	7 9.9
			$10^a\ 53\ {-}65$	35.92	20.29	15.63	59.76	44.13	+0.75	—0.72	44.10	
96	Zizow	» » 19	$9^a\ 6\ {-}18$	324 41.23	316 47.24	7 53.99	9 54.73	—2 0.74	+0.74	—0.43	—2 0.43	7 53.3
			$0^p\ 6\ {-}18$	40.50	41.55	58.95	60.70	1.75	+0.74	—0.32	1.33	
97*	Stolpmünde II	» » 20	$2^p\ 35\ {-}48$	77 44.12	69 5.55	8 38.57	9 62.91	—1 24.34	+0.73	+0.32	—1 23.19	8 30.8
			$2^p\ 59\ {-}65$	44.24	5.65	38.59	63.27	24.68	+0.73	+0.36	23.59	
98*	Schurow	» » 21	$1^p\ 7\ {-}28$	5 51.78	358 4.06	7 47.72	9 60.74	—2 13.02	+0.72	—0.02	—2 12.32	7 42.3
			$4^p\ 44\ {-}49$	53.50	7.72	45.78	57.95	12.17	+0.72	+0.04	11.41	
99	Neuhoff II	» » 22	$8^a\ 56\ {-}66$	127 20.91	119 14.35	8 6.56	9 54.74	—1 48.18	+0.71	—0.54	—1 48.01	8 6.4
			$11^a\ 25\ {-}30$	21.91	10.75	11.16	58.80	47.64	+0.71	—0.65	47.58	
100	Bohlschau I	» » 23	$0^p\ 49\ {-}59$	346 3.68	338 50.35	7 13.33	9 59.59	—2 46.26	+0.70	—0.12	—2 45.68	7 10.1
			$4^p\ 23\ {-}27$	4.97	50.90	14.07	57.70	43.63	+0.70	+0.44	42.49	
101	Kl. Starzin	» » 24	$9^a\ 19\ {-}31$	193 17.20	185 49.51	7 27.69	9 52.98	—2 25.29	+0.69	—0.71	—2 25.31	7 30.5
			$0^p\ 45\ {-}49$	17.98	39.56	38.42	61.12	22.70	+0.69	—0.17	22.18	
102*	Czersk II	» » 26	$3^p\ 20\ {-}32$	209 51.68	202 16.72	7 34.96	9 56.87	—2 21.91	+0.67	+0.54	—2 20.70	7 33.4
			$3^p\ 41\ {-}46$	52.02	17.58	34.44	56.52	22.08	+0.67	+0.50	20.91	
			$7^p\ 10\ {-}14$	201 20.41	193 45.95	34.46	55.90	21.44	+0.67	—0.02	20.79	
103	Tuchel II	» » 27	$0^p\ 9\ {-}21$	16 55.43	9 48.76	7 6.67	9 60.66	—2 53.99	+0.66	—0.36	—2 53.69	7 1.1
			$3^p\ 41\ {-}46$	56.73	52.69	4.04	57.75	53.71	+0.66	+0.51	52.54	
104	Schlochau	» » 28	$8^a\ 47\ {-}60$	291 6.24	284 3.20	7 3.04	9 54.10	—2 51.06	+0.65	—0.41	—2 50.82	7 3.3
			$0^p\ 46\ {-}58$	6.18	283 55.74	10.44	61.97	51.53	+0.65	—0.10	50.98	
105*	Vandsburg I	» » 29	$7^a\ 0\ {-}14$	184 12.34	177 5.58	7 6.76	9 51.02	—2 44.26	+0.64	—0.09	—2 43.71	7 10.4
			$7^a\ 28\ {-}43$	12.08	5.54	6.54	50.96	44.42	+0.64	—0.20	43.98	
			$11^a\ 24\ {-}31$	27 56.04	20 40.82	15.22	58.92	43.70	+0.64	—0.63	43.69	
106	Karlsdorf I	» » 30	$2^p\ 58\ {-}69$	190 22.91	183 35.07	6 47.84	9 60.06	—3 12.22	+0.63	+0.54	—3 11.05	6 43.2
			$3^p\ 18\ {-}23$	22.92	35.94	46.98	59.18	12.20	+0.63	+0.56	11.01	
107	Gremboczin II	» » 31	$0^p\ 5\ {-}27$	82 5.98	75 36.67	7 29.31	9 61.90	—3 32.59	+0.62	—0.39	—3 32.26	6 22.6
			$3^p\ 46\ {-}58$	7.09	42.72	24.37	56.46	32.09	+0.62	+0.62	30.85	
108	Emmowo	» Aug. 1	$11^a\ 33\ {-}48$	339 49.00	332 50.78	7 58.22	9 61.34	—3 3.12	+0.61	—0.65	—3 3.16	6 50.9
			$0^p\ 45\ {-}51$	49.20	50.95	58.25	62.68	4.43	+0.61	—0.13	3.95	
			$2^p\ 53\ {-}58$	49.29	50.40	58.89	62.80	3.91	+0.61	+0.55	2.75	
109*	Podgorzyn	» » 2	$9^a\ 15\ {-}25$	340 10.05	332 59.27	7 10.78	9 54.11	—2 43.33	+0.60	—0.66	—2 43.39	7 10.2
			$10^a\ 44\ {-}51$	10.39	57.06	13.33	57.09	43.76	+0.60	—0.78	43.94	
			$11^a\ 37\ {-}54$	1 24.73	354 9.99	14.74	59.37	44.63	+0.60	—0.57	44.60	
			$0^p\ 2\ {-}14$	25.08	9.08	16.00	60.28	44.28	+0.60	—0.40	44.08	
110	Runowo	» » 3	$8^a\ 59\ {-}70$	266 26.68	258 47.80	7 38.88	9 54.26	—2 15.38	+0.59	—0.51	—2 15.30	7 39.1
			$10^a\ 47\ {-}52$	26.52	43.23	43.29	58.08	14.79	+0.59	—0.66	14.86	
111	Winiary	» » 6	$7^a\ 52\ {-}65$	113 24.97	106 2.58	7 22.39	9 52.64	—2 30.25	+0.57	—0.27	—2 29.95	7 24.6
			$0^p\ 18\ {-}24$	25.42	105 55.48	29.94	59.58	29.64	+0.57	—0.11	29.18	
112	Staw	» » 7	$10^a\ 13\ {-}37$	315 35.34	308 10.40	7 24.94	9 56.67	—2 31.73	+0.56	—0.80	—2 31.97	7 22.3
			$11^a\ 4\ {-}16$	35.36	7.95	27.41	59.02	31.61	+0.56	—0.72	31.77	
			$0^p\ 46\ {-}51$	35.72	3.62	32.10	64.48	32.38	+0.56	—0.08	31.90	
113	Radlin I	» » 8	$9^a\ 45\ {-}58$	271 54.75	264 19.75	7 35.00	9 56.30	—2 21.30	+0.55	—0.74	—2 21.49	7 32.5
			$1^p\ 1\ {-}\ 7$	55.52	13.52	42.00	64.52	22.52	+0.55	+0.05	21.92	
114	Wyganowo I	» » 9	$9^a\ 12\ {-}26$	310 53.17	303 11.50	7 41.67	9 54.57	—2 12.90	+0.54	—0.63	—2 12.99	7 40.8
			$0^p\ 30\ {-}40$	52.13	3.69	48.44	62.10	13.66	+0.54	—0.65	13.77	
115	Neu-Kamienice	» » 10	$8^a\ 6\ {-}16$	256 47.71	249 28.34	7 19.37	9 51.74	—2 32.37	+0.53	—0.36	—2 32.10	7 22.4
			$11^a\ 5\ {-}13$	46.90	18.58	28.32	59.44	31.12	+0.53	—0.72	31.31	
116	Podsamtsche	» » 11	$11^a\ 33\ {-}45$	224 36.49	217 17.34	7 19.15	9 61.04	—2 41.89	+0.52	—0.60	—2 41.97	7 11.9
			$1^p\ 31\ {-}36$	36.98	18.34	18.64	61.62	42.98	+0.52	+0.28	42.18	
			$3^p\ 22\ {-}27$	37.02	22.28	14.74	58.54	43.80	+0.52	+0.62	42.66	
117	Bogschütz	» » 12	$2^p\ 57\ {-}68$	354 50.74	347 7.06	7 43.68	9 59.49	—2 15.81	+0.51	+0.51	—2 14.79	7 39.4
			$3^p\ 14\ {-}30$	50.81	7.95	42.86	58.76	15.90	+0.51	+0.51	14.88	
118	Goslawitz I	» » 14	$10^a\ 5\ {-}15$	143 56.05	136 34.10	7 21.95	9 56.84	—2 34.89	+0.49	—0.84	—2 35.24	7 18.5
			$11^a\ 27\ {-}41$	55.84	31.59	24.25	60.30	36.05	+0.49	—0.64	36.20	
119	Giesdorf	» » 15	$9^a\ 40\ {-}51$	302 19.41	294 56.85	7 22.56	9 56.10	—2 33.54	+0.48	—0.80	—2 33.86	7 20.5
			$0^p\ 40\ {-}50$	19.36	50.55	28.81	52.78	33.97	+0.48	—0.04	33.53	
120	Rosenberg I	» » 16	$0^p\ 58\ {-}71$	325 28.48	318 9.91	7 18.57	9 62.94	—2 44.37	+0.47	+0.13	—2 43.77	7 10.6
			$3^p\ 19\ {-}31$	29.28	15.56	18.72	58.32	44.60	+0.47	+0.67	43.46	
121	Lublinitz I	» » 17	$8^p\ 7\ {-}18$	230 2.20	223 5.08	6 57.12	9 51.68	—2 54.56	+0.46	—0.51	—2 54.61	7 0.1
			$11^a\ 22\ {-}35$	3.32	222 57.40	7 5.92	59.28	53.36	+0.46	—0.78	53.68	
122	Alt-Gleiwitz I	» » 18	$8^a\ 17\ {-}24$	17 21.75	10 17.65	7 4.10	9 53.71	—2 49.61	+0.45	—0.51	—2 49.67	7 4.6
			$11^a\ 53\ {-}63$	20.94	9.59	11.35	60.81	49.46	+0.45	—0.48	49.49	
123	Rudoltowitz II	» » 19	$7^a\ 59\ {-}74$	242 3.23	235 9.08	6 54.15	9 52.39	—2 58.24	+0.44	—0.46	—2 58.26	6 56.1
			$11^a\ 10\ {-}13$	3.82	1.81	7 2.01	59.73	57.72	+0.44	—0.60	57.88	
124	Dt. Krawarn I	» » 20	$0^p\ 38\ {-}52$	16 29.95	9 0.08	7 29.87	9 60.70	—2 30.83	+0.43	—0.04	—2 30.44	7 24.0
			$3^p\ 33\ {-}42$	31.45	3.56	27.89	58.80	30.91	+0.43	+0.60	29.88	
125	Alt-Kuttendorf	» » 21	$8^a\ 5\ {-}24$	338 10.17	330 50.86	7 19.31	9 52.85	—2 33.54	+0.42	—0.38	—2 33.50	7 20.5
			$11^a\ 40\ {-}56$	10.79	42.26	28.53	62.30	33.77	+0.42	—0.49	33.84	
126	Heinersdorf II	» » 22	$11^a\ 48\ {-}77$	201 55.29	193 59.81	7 55.48	9 61.50	—2 6.02	+0.41	—0.62	—2 6.23	7 47.7
			$9^p\ 38\ {-}52$	55.36	60.92	54.44	61.74	7.30	+0.41	—0.03	6.92	

A. Beobachtungen der Deklination.

Lfde. Nr.	Namen der Station	Zeit der Beobachtung		Nord-punkt	Magn. Meridian	Westl. Deklination		Diff.	Instr.	Var.	Korr.	W. Dekl.
		Datum	Pdm. O.-Zt.			a. d. Station	in Potsdam	St.-Pdm.	Korr.	Korr.	Diff.	1901.0
126	Heinersdorf II·	1900 Aug. 22	4p 22m —27m	201 54.65	194 6.87	7 47.78	9 54.92	—2 7.14	+0.41	+0.35	—2 6.38	
127	Ebersdorf I	» » 23	8a 8 —22	60 18.80	52 19.59	7 59.21	9 54.36	—1 55.15	+0.40	—0.25	—1 55.00	7 58.9
			11a 17 —22	18.49	12.29	8 6.20	61.68	55.48	+0.40	—0.49	55.57	
128*	Annaberg	» » 24	9a 13 —26	56 52.63	49 21.30	7 31.33	9 55.00	—2 23.67	+0.39	—0.49	—2 23.77	7 30.3
			9a 47 —62	53.27	20.93	32.34	56.07	23.73	+0.39	—0.56	23.90	
			0p 39 —45	54.19	18.82	35.37	59.85	24.48	+0.39	—0.04	24.13	
129	Schildau I	» » 25	8a 19 —32	36 19.64	27 53.90	8 25.74	9 52.52	—1 24.78	+0.38	—0.23	—1 26.63	8 27.6
			11a 11 —17	19.44	45.43	34.01	60.48	26.47	+0.38	—0.40	26.49	
130	Ebersdorf	? » 27	0p 59 —72	347 22.10	339 4.14	8 17.96	9 62.44	—1 44.48	+0.37	+0.10	—1 44.01	8 10.1
			4p 59 —71	22.37	9.38	12.99	57.77	44.78	+0.37	+0.18	44.23	
131	Exau	» » 29	9a 47 —61	245 33.90	237 34.28	7 59.62	9 58.57	—1 58.95	+0.35	—0.56	—1 59.16	7 55.0
			1p 17 —23	34.79	33.96	8 0.83	60.66	59.83	+0.35	+0.34	59.14	
132	Mallmitz I	» » 30	10a 50 —62	33 49.30	25 28.69	8 20.61	9 56.48	—1 35.87	+0.34	—0.42	—1 35.95	8 18.2
			11p 32 —39	49.57	23.48	26.09	62.40	36.31	+0.34	—0.08	36.05	
133*	Wolfshain I	» » 31	8a 21 —35	342 22.52	334 1.44	8 21.08	9 51.97	—1 30.89	+0.33	—0.22	—1 30.78	8 23.4
			8a 51 —64	22.82	0.63	22.19	52.69	30.50	+0.33	—0.30	30.47	
			0p 42 —48	23.76	333 51.72	32.04	63.45	31.41	+0.33	—0.02	31.10	
134	Saganer Forst II	» Sept. 1	8a 32 —44	168 0.97	159 9.99	8 50.98	9 53.72	—1 2.74	+0.32	—0.18	—1 2.60	8 51.7
			11a 54 —59	0.73	2.61	58.12	60.60	2.48	+0.32	—0.18	2.34	
135	Guben II	» » 2	10a 29 —35	135 37.86	126 39.98	8 57.88	9 57.52	—0 59.64	+0.31	—0.28	—0 59.61	8 54.7
			10a 47 —59	37.83	39.18	58.65	58.16	59.51	+0.31	—0.27	59.47	
			0p 51 —56	38.30	37.82	9 0.48	59.99	59.51	+0.31	—0.22	59.42	
136	Slamen	» » 3	7a 11 —35	338 18.28	329 7.61	9 10.67	9 52.66	—0 41.99	+0.30	—0.02	—0 41.71	9 12.6
			11a 35 —43	18.74	0.49	18.25	60.02	41.77	+0.30	—0.04	41.51	
137	Suschow	» » 4	7a 42 —56	41 2.80	31 41.27	9 21.53	9 53.92	—0 32.39	+0.29	—0.04	—0 32.14	9 22.2
			11a 13 —26	1.91	34.68	27.24	59.18	31.94	+0.29	—0.13	31.78	
138	Wittenberge	» » 14	1p 52 —64	357 2.41	346 25.82	10 36.59	9 59.20	+0 37.39	+0.28	—0.10	+0 37.57	10 31.8
		» 15	11a 26 —38	356 34.52	0.77	33.75	56.22	37.53	+0.28	+0.14	37.95	
			1p 1 —16	34.83	345 57.84	36.99	60.10	36.89	+0.28	—0.03	37.14	
139*	Eißendorf	» » 16	2p 18 —29	338 54.13	327 17.10	11 37.03	9 59.46	+1 37.57	+0.28	—0.32	+1 37.53	11 31.9
			2p 57 —68	54.81	18.81	36.00	58.50	37.50	+0.28	—0.31	37.47	
			4p 57 —73	56.97	23.35	33.62	56.28	37.34	+0.28	—0.05	37.57	
			5p 32 —44	57.17	23.91	33.26	56.06	37.20	+0.28	—0.02	37.46	
		» 17	9a 0 — 5	101 43.61	90 12.67	30.94	54.22	36.72	+0.28	+0.23	37.23	
			2p 18 —24	43.66	7.62	36.04	57.12	38.92	+0.28	—0.31	38.89	
140	Behrensen	» » 19	2p 40 —47	263 47.06	251 57.65	11 49.41	9 56.02	+1 53.39	+0.28	—0.38	+1 53.29	11 47.9
		» 20	10a 53 —66	143 47.44	131 58.02	49.42	56.63	52.79	+0.28	+0.50	53.57	
			11a 21 —36	47.70	56.82	50.88	57.80	53.08	+0.28	+0.43	53.79	
			0p 52 —66	48.25	55.72	52.53	58.70	53.83	+0.28	+0.01	54.12	
141	Sellen I	» » 21	11a 42 —54	226 33.13	213 39.66	12 53.47	9 60.50	+2 52.97	+0.28	+0.59	+2 53.84	12 47.7
			4p 48 —64	36.48	48.23	48.25	55.08	53.17	+0.28	—0.22	53.23	
			4p 49 —63	106 25.62	93 36.73	48.89	55.48	53.41	+0.28	—0.22	53.47	
			5p 12 —29	25.61	36.93	48.68	55.40	53.28	+0.28	—0.22	53.34	
142*	Engelsdorf	» » 24	11a 2 —15	108 33.94	95 12.36	13 21.58	9 58.58	+3 23.00	+0.28	+1.00	+3 24.28	13 19.0
			11a 35 —66	34.42	10.16	24.26	60.14	24.12	+0.28	+0.76	25.16	
			0p 38 —45	34.66	9.59	52.07	60.36	24.71	+0.28	+0.27	25.26	
			5p 52 —62	348 35.35	335 15.06	20.29	55.86	24.43	+0.28	—0.03	24.68	
		» 25	10a 5 —21	228 11.54	214 53.68	17.86	54.60	23.26	+0.28	+0.89	24.43	
		1902 Sept. 6	10a 8 —20	2 10.53	343 59.08	13 11.45	9 48.70	+3 22.75	+1.06	+1.00	+3 24.81	13 19.6
			1p 14 —19	10.83	54.32	16.51	51.70	24.81	+1.06	—0.08	25.79	
			1p 21 —27	10.83	163 54.48	16.35	51.56	24.79	+1.42	—0.16	26.05	
			2p 49 —55	10.24	343 55.22	15.02	50.22	24.80	+1.06	—0.70	25.16	
143*	Wehrshausen	1900 Sept. 27	1p 25 —39	96 32.23	84 24.70	12 7.53	9 59.38	+2 8.15	+0.28	—0.17	+2 8.26	12 2.9
			4p 57 —74	34.88	30.60	3.68	55.68	8.00	+0.28	—0.12	8.16	
		» 28	3p 8 —20	216 19.18	204 9.18	10.00	60.70	9.30	+0.28	—0.41	9.17	
			3p 46 —57	19.40	11.48	7.92	58.84	9.08	+0.28	—0.34	9.02	
			5p 16 —21	20.32	15.24	5.08	56.25	8.83	+0.28	—0.07	9.04	
		1903 Aug. 8	9a 22 —32	7 51.49	356 1.67	11 49.82	9 42.74	+2 7.08	+0.76	+0.71	+2 8.55	12 3.1
			1p 0 — 4	187 51.10	355 53.88	57.22	48.88	8.34	+0.76	+0.13	9.13	
			1p 6 —10	51.10	175 53.50	57.60	49.19	8.41	+0.62	0.00	9.03	
144	Mölln I	1901 Aug. 6	2p 19 —31	97 41.71	86 40.81	11 0.90	9 55.30	+1 5.60	+0.56	—0.14	+1 6.02	10 59.8
			6p 27 —40	42.25	45.35	10 56.90	52.28	4.62	+0.56	—0.06	5.12	
145	Kücknitz	» » 7	9a 52 —70	176 27.92	165 25.64	11 2.28	9 49.72	+1 12.56	+0.55	+0.35	+1 13.46	11 7.8
			0p 57 —70	28.40	19.54	8.86	55.78	13.08	+0.55	+0.06	13.69	
146	Neustadt I	» » 8	8a 36 —48	296 14.80	285 23.39	10 51.41	9 49.77	+1 1.64	+0.54	+0.19	+1 2.37	10 56.2
			11a 31 —36	15.90	16.92	58.98	58.25	0.73	+0.54	+0.26	1.53	
147	Wulfen a. Fehmarn	» » 9	9a 21 —35	18 38.09	7 39.32	10 58.77	9 49.18	+1 9.59	+0.53	+0.24	+1 10.36	11 4.9
			0p 41 —47	38.68	33.17	11 5.51	55.05	10.46	+0.53	+0.08	11.07	
148a	Heidberg	» » 10	10a 4 —18	260 6.04	248 28.66	11 37.38	9 52.14	+1 45.24	+0.52	+0.46	+1 46.22	11 40.4
			0p 47 —58	4.53	22.69	41.84	56.36	45.48	+0.52	+0.11	46.11	
148b	Kiel, Sternwarte	» » 11	3p 12 —27	41 58.28	30 32.12	11 26.16	9 54.12	+1 32.04	+0.51	—0.30	+1 32.25	11 26.5
			5p 21 —26	42 0.08	36.86	23.22	51.10	32.12	+0.51	—0.19	32.44	
149	Wasbek I	» » 12	0p 17 —29	317 14.87	305 48.35	11 26.52	9 55.88	+1 30.64	+0.50	+0.22	+1 31.36	11 25.5
			3p 18 —23	13.81	48.18	25.63	54.52	31.11	+0.50	—0.32	31.29	
150a	Altona, Diebsteich	» » 13	4p 1 —13	230 0.88	218 39.06	11 21.82	9 52.21	+1 29.61	+0.49	—0.32	+1 29.78	11 23.7
			7p 18 —25	1.39	41.58	19.81	51.00	28.81	+0.49	—0.01	29.29	
150b	Hamburg, Seewarte	» » 14	4a 39 —57	311 6.16	299 52.31	11 13.85	9 50.24	+1 23.61	+0.48	—0.24	+1 23.85	11 18.1

A. Beobachtungen der Deklination.

Lfd. Nr.	Namen der Station	Datum	Pdm. O.-Zt.	Nord-punkt	Magn. Meridian	Westl. Dekl. a. d. Station	Westl. Dekl. in Potsdam	Diff. St.-Pdm.	Inst. Korr.	Var. Korr.	Korr. Diff.	W. Dekl. 1901.0
150b	Hamburg Seewarte	1901 Aug. 14	5a 9m —17m	311 6.11	299 52.72	11 13.39	9 49.64	+1 23.75	+0.48	—0.22	+1 24.01	
151	Sommerland II	» » 14	4P 24 —40	323 59.17	312 35.38	11 23.79	9 54.64	+1 29.15	+0.47	—0.29	+1 29.33	11 23.4
			7P 10 —16	59.19	40.36	18.83	50.15	28.68	+0.47	—0.01	29.14	
152*	Hanerau I	» » 15	11a 27 —33	73 28.70	71 49.55	12 39.15	9 53.36	+1 45.79	+0.46	+0.48	+1 46.73	11 40.3
			11a 52 —64	28.75	49.71	39.04	54.20	44.84	+0.46	+0.36	45.66	
			0P 48 —55	28.75	46.28	42.47	57.26	45.21	+0.46	+0.15	45.82	
			4P 23 —28	82 56.87	17.62	11 39.25	53.20	46.05	+0.46	—0.32	46.19	
153*	Tating I	» » 16	11a 4 —16	61 18.89	48 51.92	12 26.97	9 56.90	+2 30.07	+0.45	+0.60	+2 31.12	12 25.6
			1P 11 —16	18.63	49.80	28.83	57.70	31.13	+0.45	0.00	31.58	
154*	Hohlacker	» » 17	10a 35 —46	96 15.91	84 38.16	11 37.75	9 52.44	+1 45.31	+0.44	+0.56	+1 46.31	11 40.4
			0P 51 —58	14.77	33.94	40.83	55.32	45.51	+0.44	+0.12	46.07	
155	Klensby	» » 18	11a 55 —71	12 13.30	0 20.42	11 52.88	9 56.90	+1 55.98	+0.43	+0.30	+1 56.71	11 51.0
			0P 37 —45	13.18	19.19	53.99	57.76	56.23	+0.43	+0.16	56.82	
156	Loitmark I	» » 19	1P 1 —12	77 31.38	66 7.58	11 23.80	9 57.74	+1 26.06	+0.42	+0.02	+1 26.50	11 19.2
			3P 36 —40	31.87	13.28	18.59	55.25	23.34	+0.42	—0.30	23.46	
157*	Jürgensgaarde	» » 20	9a 59 —72	243 6.02	231 21.78	11 44.24	9 53.36	+1 50.88	+0.41	+0.53	+1 51.82	11 46.3
			11a 54 —66	6.17	17.43	48.74	57.07	51.67	+0.41	+0.34	52.42	
158*	Miang I	» » 21	11a 3 —29	0 26.16	349 0.25	11 25.91	9 54.00	+1 31.91	+0.40	+0.40	+1 32.71	11 27.8
			0P 49 —54	26.52	348 56.42	30.10	56.62	33.48	+0.40	+0.08	33.96	
			1P 41 —46	26.61	56.60	30.01	56.22	33.79	+0.40	—0.13	34.06	
159	Dybwatt	» » 22	9a 56 —76	167 1.57	155 23.48	11 38.09	9 51.02	+1 47.07	+0.39	+0.53	+1 47.99	11 42.2
			10a 30 —40	2.00	23.40	38.60	51.71	46.89	+0.39	+0.49	47.77	
			1P 6 —18	3.56	19.62	43.94	56.20	47.74	+0.39	—0.01	48.12	
160*	Seggelund	» » 23	9a 18 —34	4 21.14	352 13.94	12 7.20	9 50.70	+2 16.50	+0.38	—0.48	+2 16.40	12 10.9
			9a 34 —38	21.87	6.80	15.07	57.89	17.18	+0.38	—0.50	17.06	
161*	Raahede II	» » 25	3P 50 —69	346 6.18	333 32.34	12 33.84	9 52.18	+2 41.66	+0.36	—0.42	+2 41.60	12 35.9
			6P 12 —17	5.42	32.78	32.64	51.19	41.45	+0.36	—0.05	41.76	
162*	Sandberg	» » 26	8a 58 —64	36 23.59	23 48.52	12 35.07	9 49.84	+2 45.23	+0.35	+0.52	+2 46.10	12 40.3
			9a 26 —46	23.60	46.88	36.72	51.49	45.23	+0.35	+0.63	46.21	
			9a 56 —74	23.61	46.70	36.91	52.72	44.19	+0.35	+0.67	45.21	
			6P 4 —18	347 23.79	334 46.02	37.77	51.17	46.60	+0.35	—0.05	46.90	
163*	Westerland I auf Sylt	» » 28	11a 51 —64	203 20.04	190 58.82	12 21.22	9 54.98	+2 26.24	+0.34	+0.46	+2 27.04	12 21.4
			0P 31 —42	204 19.85	191 58.00	21.85	55.09	26.76	+0.34	+0.25	27.35	
164*	Amrum I	» » 29	5P 34 —50	345 57.58	333 28.06	12 29.52	9 50.80	+2 38.72	+0.33	—0.14	+2 38.91	12 33.0
			6P 14 —18	57.51	27.88	29.63	51.19	38.44	+0.33	—0.04	38.73	
165	Oerel I	» Sept. 1	10a 34 —45	145 11.90	133 23.42	11 48.48	9 54.56	+1 53.92	+0.32	+0.56	+1 54.80	11 48.9
			0P 41 —52	12.28	20.20	52.08	57.88	54.20	+0.32	+0.10	54.62	
166*	Cuxhaven	» » 2	8a 34 —39	274 46.38	262 46.65	11 59.73	9 49.40	+2 10.33	+0.31	+0.34	+2 10.98	12 5.4
			9a 26 —32	44.74	43.22	12 1.52	51.02	10.50	+0.31	+0.56	11.37	
167a	Helgoland Oberland	» » 2	5P 37 —61	355 3.94	342 26.88	12 37.06	9 50.92	+2 46.14	+0.30	—0.14	+2 46.30	12 40.7
			6P 10 —21	4.21	26.87	37.34	50.98	46.36	+0.30	—0.04	46.62	
		» 3	8a 17 —29	116 21.14	103 46.04	35.10	49.02	46.08	+0.30	+0.30	46.68	
			11a 35 —41	19.52	35.18	44.34	58.98	45.30	+0.30	+0.74	46.40	
167b	» Düne	» 3	3P 7 —20	290 1.92	277 18.71	12 43.21	9 54.91	+2 48.30	+0.29	—0.50	+2 48.09	12 42.1
			6P 1 — 7	1.07	21.72	39.35	51.70	47.65	+0.29	—0.14	47.80	
168*	Boitwarden	» » 5	0P 18 —36	332 36.27	320 7.94	12 28.33	9 58.28	+2 30.05	+0.28	+0.25	+2 30.58	12 24.7
			5P 7 —11	35.84	14.45	21.39	51.04	30.35	+0.28	—0.23	30.40	
169*	Ahlhorn I	» » 6	1P 51 —62	345 25.65	332 57.53	12 28.12	9 56.22	+2 31.90	+0.27	—0.28	+2 31.89	12 25.9
			4P 9 —20	26.96	62.56	24.40	52.70	31.70	+0.27	—0.44	31.53	
170*	Apen I	» » 7	10a 27 —40	136 37.40	124 7.55	12 29.85	9 48.35	+2 41.50	+0.26	+0.22	+2 41.98	12 36.7
				38.21	4.21	34.00	51.93	42.07	+0.26	+0.74	43.07	
171*	Wangeroog	» » 9	0P 55 —68	17 9.99	4 34.03	12 35.96	9 54.83	+2 41.13	+0.24	+0.04	+2 41.41	12 35.4
			4P 25 —31	17 10.82	37.88	32.94	51.70	41.24	+0.24	—0.44	41.04	
172*	Norderney	» » 10	4P 36 —54	185 28.22	172 24.79	13 3.43	9 51.45	+3 11.98	+0.23	—0.25	+3 11.96	13 5.6
			6P 4 — 9	28.11	24.95	3.16	51.18	11.98	+0.23	—0.09	12.12	
		» 11	9a 24 —31	259 26.93	246 26.70	0.23	50.82	9.41	+0.23	+0.51	10.15	
			0P 15 —26	28.10	21.62	6.48	55.80	10.68	+0.23	+0.51	11.42	
173	Borssum II	» » 12	9a 19 —31	264 36.80	251 31.35	13 5.45	9 50.94	+3 14.51	+0.22	+0.51	+3 15.24	13 9.9
			0P 23 —28	37.31	25.45	11.86	56.38	15.48	+0.22	+0.51	16.21	
174	Borkum I	» » 13	9a 40 —52	342 30.89	329 23.70	13 7.19	9 52.59	+3 14.60	+0.21	+0.85	+3 15.66	13 9.2
			0P 59 —65	29.59	19.98	9.61	55.45	14.16	+0.21	+0.02	14.39	
175	Fresenburg I	» » 15	2P 5 —15	293 29.29	280 33.80	12 55.49	9 54.91	+3 0.58	+0.20	—0.44	+3 0.34	12 54.5
			4P 26 —36	30.50	38.98	51.52	51.08	0.44	+0.20	—0.42	0.22	
176	Biene I	» » 16	9a 45 —56	46 10.37	33 18.60	12 51.77	9 51.90	+2 59.87	+0.19	+0.75	+3 0.81	12 55.5
			10a 43 —48	10.30	16.46	53.84	53.04	60.80	+0.19	+0.77	1.76	
177	Hardingen I	» » 16	5P 30 —42	99 53.09	87 1.38	12 51.71	9 52.53	+2 59.18	+0.18	—0.24	+2 59.12	12 53.2
			5P 52 —64	52.87	1.40	51.47	52.53	58.94	+0.18	—0.14	58.98	
		» 17	6P 18 —25	52.84	1.49	51.35	52.82	58.53	+0.18	0.00	58.71	
			10a 2 —73	56.83	327 6.26	50.57	52.86	58.31	+0.18	+0.86	59.35	
178	Quakenbrück II	» » 17	4P 35 —45	326 53.70	314 20.92	12 32.78	9 52.15	+2 40.63	+0.17	—0.32	+2 40.48	12 34.4
			5P 33 —38	53.86	22.34	31.52	51.65	39.87	+0.17	—0.20	39.84	
179*	Westerberg	» » 18	5P 20 —31	349 14.76	336 51.77	12 22.99	51.46	31.53	+0.16	—0.18	31.51	12 25.5
			5P 42 —63	14.69	51.76	22.93	51.82	31.11	+0.16	—0.16	31.11	
180*	Sankt Hülfe	» » 19	11a 27 —40	193 22.43	181 5.24	11 17.19	9 54.14	+2 23.05	+0.15	+0.50	+2 23.70	12 17.9
			1P 14 —25	22.30	3.88	18.42	54.78	23.64	+0.15	—0.09	23.70	
181*	Kirchweyhe	» » 20	9a 28 —45	204 20.57	192 21.72	11 58.85	9 49.84	+2 9.01	+0.14	+0.51	+2 9.66	12 3.5
			1P 29 —50	18.12	15.00	63.12	54.10	9.02	+0.14	—0.18	8.98	

A. Beobachtungen der Deklination.

Lfde.Nr.	Namen der Station	Datum	Pdm. O.-Zt.	Nordpunkt	Magn. Meridian	Westl. Dekl. a. d. Station	in Potsdam	Diff. St.–Pdm.	Instr. Korr.	Var. Korr.	Korr. Diff.	W. Dekl. 1901.0
182	Mittelstendorf	1901 Sept. 21	7a 52m —65m	248° 55.06	237° 25.86	11° 29.20	9° 48.56	+1° 40.64	+0.13	+0.04	+1° 40.81	11° 35.2
			10a 14 —26	56.81	24.83	31.98	51.49	40.49	+0.13	+0.47	41.09	
183	Frohse	1902 Aug. 12	0p 9 —21	246 14.56	235 45.26	10 29.30	9 52.75	+0 36.55	+1.09	+0.12	+0 37.76	10 32.3
			0p 22 —28	14.56	55 45.52	29.04	52.99	36.05	+1.42	+0.10	37.57	
			2p 24 —31	14.09	235 44.28	29.81	52.05	37.76	+1.09	+0.12	38.97	
184	Spiegelsberge	» » 13	10a 6 —18	367 52.09	357 5.28	10 46.81	9 47.53	+0 59.28	+1.09	+0.34	+1 0.71	10 54.9
			11a 49 —55	52.70	1.58	51.12	51.76	59.36	+1.09	+0.23	0.68	
			0p 0 — 5	52.70	177 1.50	51.20	52.24	58.96	+1.42	+0.22	0.60	
185	Gielde	» » 14	10a 40 —50	203 24.34	192 24.29	11 0.05	9 49.40	+1 10.65	+1.08	+0.46	+1 12.18	11 6.7
			1p 36 —41	25.47	23.30	2.17	50.53.	11.64	+1.08	—0.13	12.59	
			1p 43 —49	25.47	12 23.69	1.78	50.42	11.36	+1.42	—0.15	12.63	
186	Lühnde I	» » 15	10a 46 —57	201 25.21	189 57.62	11 27.59	9 50.48	+1 37.11	+1.08	+0.53	+1 38.72	11 33.0
			1p 17 —22	26.31	55.85	30.46	52.72	37.74	+1.08	+0.53	39.35	
			1p 24 —32	26.31	9 56.26	30.05	52.57	37.48	+1.42	—0.12	38.78	
			1p 36 —40	26.31	189 56.38	29.93	52.30	37.63	+1.08	—0.17	38.54	
187	Westercelle I	» » 16	8a 57 —67	120 28.64	109 10.28	11 18.36	9 44.22	+1 34.14	+1.08	+0.33	+1 35.55	11 30.9
			0p 31 —36	26.99	108 57.38	29.61	53.83	35.78	+1.08	+0.22	37.08	
			0p 40 —45	26.99	288 56.68	30.31	54.37	35.94	+1.42	+0.18	37.54	
188	Isenbüttel	» » 17	9a 44 —55	24 58.32	13 59.38	10 58.94	9 47.80	+1 11.14	+1.08	+0.31	+1 12.53	11 7.0
			0p 43 —47	59.98	13 54.12	11 5.86	54.24	11.62	+1.08	+0.13	12.83	
			0p 50 —55	59.98	193 54.35	5.63	54.23	11.40	+1.42	+0.11	12.93	
189	Walbeck I	» » 18	11a 7 —20	74 35.80	63 42.32	10 53.48	9 53.46	+1 0.02	+1.08	+0.26	+1 1.36	10 55.9
			11a 28 —38	36.36	42.28	54.08	53.94	0.14	+1.08	+0.22	1.44	
			1p 23 —28	40.18	45.46	54.72	53.91	0.81	+1.08	—0.07	1.82	
			1p 30 —35	40.18	243 45.45	54.73	53.95	0.78	+1.42	—0.08	2.12	
			3p 39 —44	39.95	63 49.30	50.65	49.76	0.89	+1.08	—0.23	1.74	
190	Zienau	» » 19	11a 31 —41	341 46.55	330 59.75	10 46.80	9 52.72	+0 54.08	+1.08	+0.19	+0 55.35	10 49.8
			0p 56 —62	47.12	58.45	48.67	54.21	54.46	+1.08	+0.01	55.56	
			1p 4 —11	47.12	150 58.70	48.42	54.26	54.16	+1.42	+0.23	55.81	
191	Dambeck	» » 20	9a 42 —55	128 40.75	117 52.90	10 47.85	9 47.72	+1 0.13	+1.08	+0.24	+1 1.45	10 55.8
			0p 31 —36	39.55	43.90	55.65	55.01	0.64	+1.08	+0.15	1.87	
			0p 38 —42	39.55	297 44.65	54.90	55.05	+0 59.85	+1.42	+0.13	1.40	
192	Oldenstadt	» » 21	11a 58 —10	77 42.53	66 36.55	11 5.98	9 54.26	+1 11.72	+1.08	+0.22	+1 13.02	11 7.3
			4p 37 —41	43.40	41.72	1.68	49.51	12.17	+1.08	—0.17	13.08	
			4p 42 —48	43.40	246 41.95	1.45	49.58	11.87	+1.42	—0.16	13.13	
193*	Marwedel	» » 22	9a 51 —68	247 15.05	236 18.85	10 56.20	9 49.16	+1 7.04	+1.08	+0.30	+1 8.42	11 1.9
			1p 18 —24	14.21	13.02	11 1.19	54.91	6.28	+1.08	—0.06	7.30	
			1p 25 —45	14.21	56 13.44	0.77	54.59	6.18	+1.42	—0.11	7.49	
194	Ochtmissen	» » 23	9a 6 —18	264 52.57	253 53.00	10 59.57	9 45.80	+1 13.77	+1.08	+0.31	+1 15.16	11 9.6
			1p 12 —17	52.54	44.55	11 7.99	53.51	14.48	+1.08	—0.05	15.51	
			1p 19 —26	52.54	73 44.75	7.79	53.60	14.19	+1.42	—0.08	15.53	
195	Kl. Sottrum	» » 24	0p 11 —21	310 51.30	299 6.30	11 45.00	9 54.56	+1 50.44	+1.08	+0.34	+1 51.86	11 46.3
			0p 26 —36	52.14	6.30	45.84	54.76	51.08	+1.08	+0.27	52.43	
			3p 41 —45	56.28	14.35	41.93	50.47	51.46	+1.08	—0.48	52.06	
			3p 47 —69	56.28	119 15.69	40.59	49.72	50.87	+1.42	—0.44	51.85	
			4p 10 —15	56.28	299 15.55	40.73	49.28	51.45	+1.08	—0.38	52.15	
196	Holtorf I	» » 25	8a 41 —54	258 57.58	247 19.02	11 38.56	9 44.57	+1 53.99	+1.08	+0.36	+1 55.43	11 30.0
			11a 42 —48	54.15	7.42	46.73	52.14	54.59	+1.08	+0.42	56.09	
			11a 51 —60	54.15	67 8.25	45.90	52.47	53.43	+1.42	+0.40	55.25	
			0p 0 — 6	54.15	247 7.00	47.15	52.53	54.62	+1.08	+0.38	56.08	
			0p 14 —19	53.77	6.45	47.32	52.73	54.59	+1.08	+0.33	56.00	
197	Barkhausen	» » 26	8a 44 —54	128 30.50	116 36.30	11 54.20	9 44.53	+2 9.67	+1.08	+0.38	+2 11.13	12 5.0
			11a 15 —21	31.29	33.60	57.69	48.49	9.20	+1.08	+0.56	10.84	
			11a 23 —29	31.29	296 34.18	57.11	48.75	8.36	+1.42	+0.54	10.32	
198	Bielefeld	» » 27	10a 48 —61	226 37.41	214 30.72	12 6.69	9 49.36	+2 17.33	+1.07	+0.71	+2 19.11	12 13.7
			1p 12 —18	37.48	27.70	9.78	50.93	18.85	+1.07	—0.05	19.87	
			1p 20 —35	37.48	34 28.44	9.04	50.93	18.11	+1.42	—0.15	19.38	
199	Ems I	» » 28	9a 58 —71	367 49.28	355 39.42	12 9.86	9 48.67	+2 21.19	+1.07	+0.67	+2 22.93	12 17.4
			0p 59 —65	51.88	38.72	13.16	50.79	22.37	+1.07	+0.05	23.49	
			1p 11 —16	51.93	175 39.36	12.57	50.61	21.96	+1.42	—0.05	23.33	
200	Telgte	» » 29	8a 28 —41	15 10.33	2 51.94	12 18.39	9 44.88	+2 33.51	+1.07	+0.38	+2 34.96	12 28.2
			11a 25 —31	11.34	49.70	21.64	49.83	31.81	+1.07	+0.64	33.52	
			11a 35 —41	11.49	182 49.72	21.77	50.43	31.34	+1.42	+0.62	33.38	
201	Lavesum II	» » 30	10a 29 —41	324 26.10	311 42.82	12 43.28	9 47.79	+2 55.49	+1.07	+0.99	+2 57.55	12 51.2
			1p 15 —20	25.35	37.42	47.93	52.26	55.67	+1.07	—0.09	56.65	
			1p 22 —27	25.35	131 37.50	47.85	52.26	55.59	+1.42	—0.16	56.85	
202*	Nichtern I	« » 31	10a 36 —41	161 50.51	148 54.52	12 55.99	9 48.96	+3 7.03	+1.06	+1.01	+3 9.10	13 3.2
			10a 44 —49	50.41	328 54.11	56.30	49.68	6.62	+1.42	+1.01	9.05	
			11a 56 —68	50.97	148 52.11	58.86	51.57	7.29	+1.06	+0.58	8.93	
			0p 44 —53	207 40.97	194 41.08	59.89	52.47	7.42	+1.06	+0.24	8.72	
203*	Hüthum I	» Sept. 1	0p 41 —52	112 0.10	98 42.45	13 17.65	9 52.86	+3 24.79	+1.06	+0.32	+3 26.17	13 20.2
			4p 28 —40	111 58.85	45.06	13.79	48.60	25.19	+1.06	—0.51	25.74	
			4p 41 —48	58.85	278 45.24	13.61	48.43	25.18	+1.42	—0.46	26.14	
204	Geniel II	» » 2	10a 15 —40	289 3.41	275 53.95	13 9.46	9 48.83	+3 20.63	+1.06	+1.11	+3 22.80	13 17.4
			0p 53 —59	3.29	47.79	15.50	53.56	21.94	+1.06	+0.22	23.22	
			1p 0 — 6	3.29	95 47.82	15.47	53.60	21.87	+1.42	+0.14	23.43	
205	Stüttgen	» » 4	11a 6 —13	129 19.85	296 18.42	13 1.43	9 52.70	+3 8.73	+1.42	+0.95	+3 11.10	13 5.5

A. Beobachtungen der Deklination.

Lfde. Nr.	Namen der Station	Datum	Pdm. O.-Zt.	Nord-punkt	Magn. Meridian	Westl. Deklination a. d. Station	in Potsdam	Diff. St.-Pdm.	Instr. Korr.	Var. Korr.	Korr. Diff.	W. Dekl. 1901.0
205	Stüttgen	1902 Sept. 4	11ᵃ 41ᵐ —54ᵐ	129 20.15	116 17.48	13 2.67	9 53.56	+3 9.11	+1.06	+0.70	+3 10.87	
			2ᵖ 32 —49	22.85	20.95	1.90	50.94	10.96	+1.06	—0.62	11.40	
			4ᵖ 40 —44	24.33	26.30	12 58.03	47.00	11.03	+1.06	—0.40	11.69	
206	Klinkum	» » 5	11ᵃ 21 —31	179 37.59	166 9.86	13 27.73	9 52.28	+3 35.35	+1.06	+0.92	+3 37.33	13 32.1
			1ᵖ 25 —30	37.67	8.16	29.51	52.20	37.31	+1.06	—0.19	38.18	
			1ᵖ 31 —38	37.67	346 8.60	29.07	51.93	37.14	+1.42	—0.27	38.29	
207*	Eupen III	» » 7	11ᵃ 21 —32	236 55.85	223 32.45	13 23.40	9 50.47	+3 32.93	+1.05	+0.95	+3 34.93	13 28.2
			1ᵖ 20 —27	56.35	32.16	24.19	51.75	32.44	+1.05	—0.17	33.32	
			1ᵖ 29 —34	56.35	43 32.05	24.30	51.82	32.48	+1.42	—0.25	33.65	
208	Euskirchen II	» » 8	3ᵖ 2 —12	235 18.97	222 24.08	12 54.89	9 50.57	+3 4.32	+1.05	—0.52	+3 4.85	12 58.9
			6ᵖ 7 —11	20.64	29.42	51.22	47.90	3.32	+1.05	—0.08	4.29	
			6ᵖ 13 —18	20.64	42 29.05	51.59	47.90	3.69	+1.42	—0.08	5.03	
209	Nieder Zündorf	» » 9	0ᵖ 41 —52	319 59.00	307 13.57	12 45.43	9 51.18	+2 54.25	+1.05	+0.18	+2 55.48	12 49.3
			3ᵖ 58 —63	59.90	16.78	43.12	48.72	54.40	+1.05	—0.62	54.83	
			4ᵖ 5 —12	59.90	127 16.95	42.95	48.73	54.22	+1.42	—0.51	55.13	
210	Kripp	» » 10	11ᵃ 5 —19	71 3.48	58 15.15	12 48.33	9 52.22	+2 56.11	+1.05	+0.85	+2 58.01	12 53.0
			0ᵖ 46 —52	8.81	238 17.80	51.01	53.77	57.24	+1.42	+0.14	58.80	
			0ᵖ 54 —59	8.81	58 17.15	51.66	53.74	57.92	+1.05	+0.09	59.06	
			3ᵖ 5 —10	10.46	22.78	47.68	48.93	58.75	+1.05	—0.55	59.30	
211	Kaltenengers	» » 11	11ᵃ 4 —17	317 18.20	304 45.82	12 32.38	9 52.29	+2 40.09	+1.05	+0.81	+2 41.95	12 36.8
			0ᵖ 43 —49	17.29	43.59	33.70	51.81	41.89	+1.05	+0.13	43.07	
			0ᵖ 52 —58	17.29	124 44.40	32.89	51.55	41.34	+1.42	+0.09	42.85	
212*	Dörscheid	» » 12	10ᵃ 40 —54	221 36.05	209 14.95	12 21.10	9 49.58	+2 31.52	+1.05	+0.82	+2 33.39	12 27.8
			2ᵖ 33 —44	43.28	18.16	25.12	51.65	33.47	+1.05	—0.50	34.02	
			2ᵖ 45 —51	43.28	29 19.18	24.10	51.50	32.60	+1.42	—0.52	33.50	
213	Fluterschen	» » 13	10ᵃ 24 —35	38 17.37	25 49.24	12 28.13	9 48.48	+2 39.65	+1.04	+0.82	+2 41.51	12 36.3
			0ᵖ 48 —59	17.16	43.44	33.72	52.65	41.07	+1.04	+0.06	42.17	
			1ᵖ 4 —10	17.02	205 43.15	33.87	52.52	41.35	+1.42	—0.04	42.73	
214*	Maumke	» » 14	11ᵃ 36 —50	147 35.46	135 10.46	12 25.00	9 53.53	+2 31.47	+1.04	+0.51	+2 33.02	12 27.5
			0ᵖ 11 —16	35.80	10.60	25.20	53.53	31.67	+1.04	+0.32	33.03	
			3ᵖ 40 —45	39.16	18.45	20.71	47.73	32.98	+1.04	—0.48	33.54	
			3ᵖ 50 —54	39.25	315 18.95	20.30	47.63	32.67	+1.42	—0.44	33.65	
215*	Obernfeld	» » 16	11ᵃ 25 —37	219 11.44	206 30.28	12 41.16	9 51.32	+2 49.84	+1.03	+0.68	+2 51.55	12 46.2
			11ᵃ 51 —63	11.99	30.66	41.33	50.75	50.58	+1.03	+0.22	51.83	
			2ᵖ 30 —36	13.43	32.02	41.41	49.66	51.75	+1.03	—0.53	52.25	
			2ᵖ 38 —44	13.43	26 32.25	41.18	49.48	51.70	+1.42	—0.55	52.57	
216*	Mittel Stiepel	» » 17	0ᵖ 59 —69	271 23.27	258 36.36	12 46.91	9 53.68	+2 53.23	+1.03	+0.46	+2 54.72	12 48.6
			3ᵖ 17 —22	23.58	40.87	42.71	48.70	54.01	+1.03	—0.58	54.46	
			4ᵖ 45 —50	24.26	43.66	40.60	47.38	53.22	+1.03	—0.28	53.97	
217*	Opmünden	» » 18	1ᵖ 26 —41	36 38.04	24 20.53	12 17.51	9 51.99	+2 25.52	+1.02	—0.23	+2 26.31	12 20.5
			4ᵖ 30 —35	38.40	24.82	13.58	48.14	25.44	+1.02	—0.27	26.19	
			4ᵖ 36 —42	38.40	204 25.20	13.20	48.08	25.12	+1.42	—0.25	26.29	
218*	Ober Alme	» » 19	11ᵃ 33 —50	196 15.95	184 12.80	12 3.15	9 52.39	+2 10.76	+1.02	+0.44	+2 12.22	12 6.8
			1ᵖ 11 —16	15.29	10.90	4.39	52.28	12.11	+1.02	—0.10	13.03	
			1ᵖ 17 —22	15.29	4 11.91	3.38	52.21	11.17	+1.42	—0.14	12.45	
219	Kirchborchen I	» » 20	11ᵃ 34 —50	186 25.39	174 21.78	12 3.61	9 53.07	+2 10.54	+1.02	+0.46	+2 12.02	12 6.1
			2ᵖ 59 —64	23.19	22.75	0.44	49.35	11.09	+1.02	—0.42	11.69	
			3ᵖ 6 —10	23.19	354 22.52	0.67	49.77	10.90	+1.42	—0.42	11.90	
220	Hembsen	» » 21	10ᵃ 47 —64	236 47.08	225 1.27	11 45.81	9 49.17	+1 56.64	+1.02	+0.56	+1 58.22	11 52.6
			1ᵖ 0 —12	45.85	224 55.94	49.91	52.65	57.26	+1.02	—0.04	58.24	
			1ᵖ 19 —25	45.76	44 56.92	48.84	51.67	57.17	+1.42	+0.18	58.77	
221	Hullersen	» » 22	9ᵃ 14 —25	148 20.53	136 59.50	11 21.03	9 43.56	+1 37.47	+1.02	+0.32	+1 38.81	11 33.1
			0ᵖ 37 —42	20.69	51.12	29.57	51.66	37.91	+1.02	+0.06	38.99	
			0ᵖ 43 —48	20.69	316 51.41	29.28	51.73	37.55	+1.42	+0.04	39.01	
222	Göttingen III	» » 23	9ᵃ 31 —42	345 13.34	333 56.02	11 17.32	9 46.35	+1 30.97	+1.02	+0.38	+1 32.37	11 26.4
			1ᵖ 24 —29	12.53	47.98	24.55	53.39	31.16	+1.02	—0.13	32.05	
			1ᵖ 31 —35	12.53	153 48.58	23.95	53.00	30.95	+1.42	—0.17	32.20	
223*	Enkeberg	» » 24	0ᵖ 44 —56	211 28.23	199 50.47	11 37.76	9 51.17	+1 46.59	+1.01	+0.04	+1 47.64	11 41.7
			3ᵖ 50 —55	28.79	54.62	34.17	47.45	46.72	+1.01	—0.29	47.44	
			3ᵖ 56 —61	28.79	19 55.18	33.61	47.30	46.31	+1.42	—0.27	47.46	
224*	Frauenberg	» » 25	0ᵖ 48 —60	213 57.04	202 26.68	11 30.36	9 51.53	+1 38.83	+1.01	+0.01	+1 39.85	11 34.5
			1ᵖ 22 —33	214 0.36	29.75	30.61	51.22	39.39	+1.01	—0.16	40.24	
			4ᵖ 40 —44	2.19	26.14	26.14	46.44	39.70	+1.01	—0.14	40.57	
			4ᵖ 46 —50	2.19	22 36.14	26.05	46.66	39.39	+1.42	—0.12	40.69	
225*	Reichensachsen I	» » 26	0ᵖ 11 —22	238 24.84	227 15.47	11 9.37	9 50.63	+1 18.74	+1.01	+0.18	+1 19.93	11 13.9
			0ᵖ 37 —48	24.09	14.18	9.91	51.14	18.77	+1.01	+0.06	19.84	
			3ᵖ 53 —58	22.86	16.05	6.81	48.17	18.64	+1.01	—0.24	19.41	
			4ᵖ 2 — 8	23.00	47 16.62	6.38	47.98	18.40	+1.42	—0.22	19.60	
226*	Gr. Werther I	» » 27	11ᵃ 15 —27	222 57.24	212 6.71	10 50.53	48.77	+1 1.76	+1.01	+0.29	+1 3.06	10 57.6
			1ᵖ 34 —46	57.27	3.52	53.75	51.03	2.72	+1.01	—0.14	3.59	
			3ᵖ 56 —61	57.31	31 4.88	52.43	50.22	2.21	+1.42	—0.18	3.45	
227*	Seebach	» » 28	8ᵃ 52 —62	257 41.68	246 53.08	10 48.60	9 44.92	+1 3.68	+1.01	+0.19	+1 4.88	10 59.8
			9ᵃ 25 —36	41.61	66 52.52	49.09	45.27	3.82	+1.01	+0.30	5.54	
			1ᵖ 0 — 5	41.46	246 47.65	53.81	49.29	4.52	+1.01	—0.02	5.51	
			1ᵖ 6 —11	41.46	66 47.15	54.31	49.24	5.07	+1.42	—0.05	6.44	
228*	Wandersleben I	» » 29	11ᵃ 8 —20	127 3.79	116 10.92	10 52.87	9 48.02	+1 4.85	+1.00	+0.27	+1 6.12	11 0.8
			11ᵃ 36 —46	6.86	12.42	54.44	49.08	5.36	+1.00	+0.22	6.58	

(9)

A. Beobachtungen der Deklination.

Lfd. Nr.	Namen der Station	Datum	Pdm. O.-Zt.	Nordpunkt	Magn. Meridian	Westl. Dekl. a. d. Station	Westl. Dekl. in Potsdam	Diff. St.-Pdm.	Instr. Korr.	Var. Korr.	Korr. Diff.	W. Dekl. 1901.0
228*	Wandersleben I	1902 Sept. 29	1p 19m —24m	127 8.82	116 11.55	10 57.27	9 51.34	+1 5.93	+1.00	—0.08	+1 6.85	° '
			1p 26 —32	8.82	296 11.95	56.87	51.34	5.53	+1.42	—0.10	6.85	
229*	Kölleda	» » 30	11a 22 —32	319 12.54	308 25.04	10 47.50	9 50.10	+0 57.40	+1.00	+0.22	+0 58.62	10 52.7
			2p 6 —17	11.78	23.92	47.86	50.25	57.61	+1.00	—0.16	58.45	
			2p 20 —26	11.74	128 24.62	47.12	50.07	57.05	+1.42	—0.18	58.29	
230	Auerstedt	» Okt. 1	9a 30 —42	226 2.84	215 33.60	10 29.24	9 47.53	+0 41.71	+1.00	+0.16	+0 42.87	10 37.3
			0p 43 —48	3.40	28.70	34.70	52.34	42.36	+1.00	+0.02	43.38	
			0p 50 —56	3.40	35 29.48	33.92	52.20	41.72	+1.42	0.00	43.14	
231	Gr. Machnow I	1903 Juli 21	11a 21 —35	115 40.85	106 10.30	9 30.55	9 48.10	—0 17.55	+0.76	—0.07	—0 16.86	9 37.6
			1p 45 —48	38.31	5.88	32.43	49.48	17.05	+0.76	+0.02	16.27	
			1p 50 —54	38.31	286 6.04	32.27	49.46	17.19	+0.62	+0.02	16.55	
232	Niendorf I	» » 22	2p 29 —39	321 37.20	312 4.26	9 32.94	9 45.18	—0 12.24	+0.76	+0.02	—0 11.46	9 42.8
			2p 50 —55	37.04	4.75	32.29	44.36	12.07	+0.76	+0.02	11.29	
			2p 58 —63	37.04	132 5.00	32.04	44.12	12.08	+0.62	+0.02	11.44	
233	Treuenbrietzen I	» » 23	8a 34 —45	178 7.41	168 22.78	9 44.63	9 40.24	+0 4.39	+0.76	0.00	+0 5.15	9 59.0
			11a 44 —49	5.23	13.70	51.53	47.58	3.95	+0.76	0.00	4.71	
			11a 52 —58	5.23	348 13.30	51.93	48.10	3.83	+0.62	0.00	4.45	
234	Pannigkau 1	» » 24	9a 5 —15	208 11.40	198 9.14	10 2.26	9 42.44	+0 19.82	+0.76	+0.03	+0 20.61	10 14.4
			0p 7 —12	11.17	1.94	9.23	49.83	19.40	+0.76	+0.01	20.17	
			0p 15 —20	11.17	18 1.85	9.32	50.04	19.28	+0.62	+0.01	19.91	
235	Elsterwerda	» » 25	9a 28 —45	266 55.89	257 29.30	9 26.59	9 42.60	—0 16.01	+0.76	—0.08	—0 15.33	9 38.8
			10a 22 —35	55.87	25.32	30.55	46.79	16.24	+0.76	—0.08	15.56	
			0p 59 —64	56.88	22.00	34.88	50.96	16.08	+0.76	—0.01	15.33	
			1p 8 —13	56.88	77 22.88	34.00	50.26	16.26	+0.62	—0.01	15.65	
			1p 15 —20	56.88	257 23.39	33.49	49.48	15.99	+0.76	—0.01	15.24	
236	Torgau	» » 26	9a 17 —29	156 30.28	146 48.98	9 41.30	9 41.52	—0 0.22	+0.76	0.00	+0 0.54	+ 9 54.5
			0p 27 —32	27.79	35.65	52.14	52.60	0.46	+0.76	0.00	0.30	
			0p 34 —38	27.79	326 35.31	52.48	52.92	0.44	+0.62	0.00	0.18	
237	Aken III	» » 27	9a 20 —31	125 0.81	114 45.36	10 15.45	9 42.23	+0 33.22	+0.76	+0.16	+0 34.14	+10 28.7
			0p 29 —35	1.98	36.45	25.53	51.23	34.30	+0.76	+0.04	35.10	
			0p 37 —67	1.98	294 37.16	24.82	51.13	33.69	+0.62	+0.02	34.33	
238*	Niemberg	» » 28	9a 36 —47	3 27.26	353 18.54	10 8.72	9 43.32	+0 25.40	+0.76	+0.13	+0 26.29	+10 20.4
			11a 43 —54	25.71	11.21	14.50	48.90	25.60	+0.76	+0.08	26.44	
			0p 8 —13	25.65	173 9.45	16.20	50.88	25.32	+0.62	+0.05	25.99	
239*	Aylsdorf	» » 30	9a 8 —18	0 53.82	350 47.97	10 5.85	9 42.42	+0 23.43	+0.76	+0.10	+0 24.29	+10 18.2
			10a 36 —41	53.64	44.80	8.84	45.69	23.15	+0.76	+0.13	24.04	
			10a 44 —49	53.64	170 44.78	8.86	46.18	22.68	+0.62	+0.13	23.43	
			1p 55 —60	58.96	350 47.20	11.76	48.20	23.56	+0.76	—0.08	24.24	
240*	Gefell II	» » 31	11a 59 —65	2 44.27	352 29.80	10 14.47	9 48.46	+0 26.01	+0.76	—0.16	+0 26.61	+10 20.8
			0p 8 —14	44.27	172 29.92	14.35	49.02	25.33	+0.62	+0.06	26.01	
			2p 34 —45	45.35	352 30.32	15.03	48.52	26.51	+0.76	—0.10	27.17	
241*	Gräfendorf	» Aug. 1	0p 21 —25	2 3.81	351 30.62	10 33.19	9 48.84	+0 44.35	+0.76	+0.09	+0 45.19	+10 39.3
			0p 27 —32	3.46	171 30.40	33.08	48.94	44.14	+0.62	+0.07	44.83	
			3p 20 —30	3.46	351 29.95	33.53	48.80	44.73	+0.76	—0.15	45.34	
242*	Bertelsdorf	» » 3	8a 54 —67	2 31.92	351 48.91	10 43.01	9 40.51	+1 2.50	+0.76	+0.26	+1 3.52	+10 57.7
		» 4	8a 2 — 8	18.02	34.15	43.87	41.32	· 2.55	+0.76	+0.11	3.42	
			8a 10 —17	18.02	171 33.98	44.04	41.17	2.87	+0.62	+0.14	3.63	
243*	Schleusingen	» » 4	2p 18 —34	1 8.95	350 4.16	11 4.79	9 48.62	+1 16.17	+0.76	—0.22	+1 16.71	+11 12.4
			6p 24 —28	7.72	5.90	1.82	43.48	18.34	+0.76	—0.06	19.04	
			6p 29 —34	7.72	170 5.92	1.80	43.55	18.25	+0.62	—0.05	18.82	
244*	Barchfeld	» » 5	9a 39 —50	1 49.44	350 54.75	10 54.69	9 40.53	+1 14.16	+0.76	+0.48	+1 15.40	+11 9.5
			1p 23 —28	44.87	41.10	11 3.77	49.06	14.71	+0.76	—0.05	15.42	
			1p 29 —34	44.87	170 41.58	3.29	48.72	14.57	+0.62	—0.07	15.12	
245*	Treysa II	» » 6	11a 53 —63	3 23.71	351 40.35	11 43.36	9 49.81	+1 53.55	+0.76	+0.36	+1 54.67	+11 48.5
			0p 24 —28	23.69	39.40	44.29	50.87	53.42	+0.76	+0.21	54.39	
			0p 30 —34	23.69	171 39.15	44.54	51.11	53.43	+0.62	+0.18	54.23	
			3p 22 —26	23.39	351 43.71	39.68	46.19	53.49	+0.76	—0.39	53.86	
246*	Dorf Itter	» » 7	8a 18 —34	3 37.69	351 55.24	11 42.45	9 39.56	+2 2.89	+0.76	+0.37	+2 4.02	+11 57.9
			11a 26 —31	39.29	49.50	49.79	47.43	2.36	+0.76	+0.51	3.63	
			11a 32 —37	39.29	171 49.46	49.83	47.53	2.30	+0.62	+0.50	3.42	
247*	Kornberg	» » 10	11a 19 —29	8 33.78	356 17.62	12 16.16	9 48.28	+2 27.88	+0.76	+0.65	+2 29.29	+12 23.0
			1p 36 —41	32.08	14.05	18.03	49.89	28.14	+0.76	—0.23	28.67	
			1p 42 —47	32.08	176 13.88	18.20	50.05	28.15	+0.62	—0.27	28.50	
248*	Offheim II	» » 11	9a 54 —69	359 0.49	346 49.15	12 11.34	9 45.53	+2 25.81	+0.76	+0.87	+2 27.44	+12 22.3
			0p 32 —37	58.68	39.65	19.03	51.23	27.80	+0.76	+0.27	28.83	
			0p 38 —42	58.68	166 40.42	18.26	51.09	27.17	+0.62	+0.23	28.02	
249*	Adenau 1	» » 12	8a 46 —56	5 52.27	353 15.88	12 36.39	9 40.54	+2 55.85	+0.76	+0.74	+2 57.35	+12 51.4
			11a 34 —38	53.83	9.08	44.75	48.86	55.89	+0.76	+0.77	57.42	
			11a 54 —58	53.81	173 8.74	45.87	49.43	55.64	+0.62	+0.62	56.88	
250	Wallerode	» » 13	10a 35 —45	4 3.48	350 41.26	13 22.22	9 45.84	+3 36.38	+0.76	+1.19	+3 38.33	+13 33.0
			11a 34 —38	4.29	38.68	25.61	48.27	37.34	+0.76	+1.22	39.32	
			11a 40 —45	4.29	170 38.82	25.47	48.65	36.82	+0.62	+1.19	38.63	
251*	Bitburg	» » 14	9a 30 —41	357 37.87	344 44.70	12 53.17	9 42.70	+3 10.47	+0.76	+1.12	+3 12.35	+13 5.7
			9a 58 —68	52.99	57.74	55.25	44.92	10.33	+0.76	+1.20	12.29	
			1p 11 —16	51.18	45.70	13 5.48	55.18	10.30	+0.76	0.00	11.06	
			1p 18 —23	51.18	164 46.60	4.58	54.78	9.80	+0.62	—0.05	10.37	
			1p 32 —37	51.09	344 45.18	5.91	54.93	10.98	+0.76	—0.18	11.56	

A. Beobachtungen der Deklination.

Lfde. Nr.	Namen der Station	Zeit der Beobachtung — Datum	Zeit der Beobachtung — Pdm. O.-Zt.	Nord-punkt	Magn. Meridian	Westl. Deklination a. d. Station	Westl. Deklination in Potsdam	Diff. St.-Pdm.	Instr. Korr.	Var. Korr.	Korr. Diff.	W. Dekl. 1901.0
252*	Löberg	1903 Juli 15	9ᵃ 48ᵐ —59ᵐ	4 42.13	351 54.58	12 47.55	9 42.29	+3 5.26	+0.76	+1.15	+3 7.17	+13 0.1
			0ᵖ 46 —51	42.78	50.42	52.36	48.06	4.30	+0.76	+0.25	5.31	
			0ᵖ 52 —57	42.78	171 50.50	52.28	47.97	4.31	+0.62	+0.18	5.11	
253	Fraulautern 1	» » 16	0ᵖ 4 —14	4 49.92	352 5.02	12 44.90	9 48.40	+2 56.50	+0.76	—0.58	+2 56.68	+12 51.7
			1ᵖ 12 —23	50.48	5.90	44.58	47.59	56.99	+0.76	—0.05	57.70	
			4ᵖ 28 —38	50.89	8.72	42.17	44.31	57.86	+0.76	—0.70	57.92	
			4ᵖ 58 —68	50.73	172 9.28	41.45	43.85	57.60	+0.62	—0.55	57.67	
254*	Hofkopf	» » 18	5ᵖ 19 —29	6 14.34	353 52.61	12 21.73	9 42.64	+2 39.09	+0.76	—0.31	+2 39.54	+12 33.8
			5ᵖ 38 —43	14.24	52.42	21.82	42.52	39.30	+0.76	—0.22	39.84	
			5ᵖ 44 —49	14.24	173 52.40	21.84	42.52	39.32	+0.62	—0.20	39.74	
		» 19	8ᵃ 44 —59	5 54.58	353 36.00	18.58	40.84	37.74	+0.76	+0.70	39.20	
255*	Nannhausen 1	» » 20	10ᵃ 7 —17	4 17.42	351 51.98	12 25.44	9 47.04	+2 38.40	+0.76	+1.01	+2 40.17	12 34.6
			11ᵃ 30 —35	15.64	48.80	26.84	47.44	39.40	+0.76	+0.70	40.86	
			11ᵃ 51 —56	15.35	171 48.92	26.43	47.35	39.08	+0.62	+0.59	40.29	
256*	Rauenthal 1	» » 22	3ᵖ 44 —59	3 46.52	351 39.26	12 7.26	9 44.66	+2 22.60	+0.76	+0.48	+2 23.84	12 18.4
			4ᵖ 29 —41	48.58	42.60	5.98	43.57	22.41	+0.76	+0.55	23.72	
			5ᵖ 18 —27	49.76	50.13	11 59.63	35.57	24.06	+0.76	+0.27	25.09	
257*	Wehrheim	» Aug. 24	9ᵃ 54 —65	3 2.50	351 9.74	11 52.76	9 43.22	+2 9.54	+0.76	+0.76	+2 11.06	12 4.6
			10ᵃ 15 —25	0.43	7.50	52.93	44.14	8.79	+0.76	+0.76	10.31	
			10ᵃ 39 —49	1.49	6.42	55.07	45.80	9.27	+0.76	+0.73	10.76	
			1ᵖ 27 —32	2 56.80	353 57.78	59.02	49.49	9.53	+0.76	—0.22	10.07	
			1ᵖ 37 —42	56.64	170 57.62	59.02	49.64	9.38	+0.76	—0.22	9.78	
258*	Hailer	» » 25	11ᵃ 57 —68	3 4.93	351 24.18	11 40.75	9 47.50	+1 53.25	+0.76	+0.33	+1 54.34	11 48.6
			0ᵖ 19 —30	4.51	23.20	41.31	47.64	53.67	+0.76	+0.20	54.63	
			0ᵖ 45 —55	0.82	19.11	41.71	48.19	53.52	+0.76	+0.04	54.32	
			1ᵖ 5 —10	0.86	171 18.72	42.14	48.40	53.74	+0.62	—0.06	54.30	
259*	Neuenberg	» » 26	8ᵃ 43 —63	2 51.84	351 34.59	11 17.35	9 42.36	+1 34.89	+0.76	+0.42	+1 36.07	11 30.2
			10ᵃ 17 —36	51.54	28.60	22.94	47.99	34.95	+0.76	+0.57	36.28	
			10ᵃ 46 —57	51.51	171 28.27	23.24	48.59	34.75	+0.62	+0.53	35.90	
			1ᵖ 14 —18	52.12	351 28.65	23.47	48.35	35.12	+0.76	—0.09	35.79	
260*	Würzburg	» » 27	2ᵖ 9 —18	4 3.94	352 49.79	11 14.15	9 48.32	+1 25.83	+0.76	—0.30	+1 26.29	11 21.1
			4ᵖ 40 —45	1.75	54.08	7.67	40.66	27.01	+0.76	—0.29	27.48	
			4ᵖ 52 —57	1.65	172 53.70	7.95	41.38	26.57	+0.62	—0.25	26.94	
261*	Königsberg i. Fr.	» » 28	11ᵃ 38 —49	1 31.59	350 37.82	10 53.77	9 46.80	+1 6.97	+0.76	+0.24	+1 7.97	11 2.3
			1ᵖ 22 —33	31.31	35.48	55.83	47.74	8.09	+0.76	—0.10	8.75	
			6ᵖ 9 —15	33.75	44.28	49.47	41.79	7.68	+0.76	—0.04	8.40	
		» 29	8ᵃ 6 —18	48.71	351 2.20	46.51	39.36	7.15	+0.76	+0.15	8.06	
			0ᵖ 56 —67	47.67	170 53.36	54.31	47.39	6.92	+0.62	—0.04	7.50	
262	Alter Berg	» » 31	11ᵃ 32 —44	38 51.68	27 42.74	11 8.94	9 47.07	+1 21.87	+0.76	+0.33	+1 22.90	11 16.6
			2ᵖ 21 —26	46.79	38.45	8.34	46.74	21.60	+0.76	—0.31	22.05	
			2ᵖ 58 —66	44.75	207 37.79	6.96	45.66	21.30	+0.62	+0.35	22.27	
263	Möser I	» Sept. 7	9ᵃ 51 —62	0 36.25	350 31.95	10 4.30	9 44.54	+0 19.76	+0.76	+0.08	+0 20.60	10 14.9
			10ᵃ 23 —34	35.72	29.49	6.23	45.85	20.38	+0.76	+0.09	21.23	
			1ᵖ 2 —12	20.03	11.04	8.99	48.84	20.15	+0.76	—0.02	20.89	
			1ᵖ 22 —26	20.06	170 11.84	8.22	48.62	19.60	+0.62	—0.03	20.19	
264	Kampehl	» » 8	.9ᵃ 53 —65	0 52.12	350 36.70	10 15.42	9 43.79	+0 31.63	+0.76	+0.09	+0 32.48	10 26.6
			0ᵖ 59 —70	52.18	28.68	23.50	51.46	32.04	+0.76	—0.02	32.78	
			1ᵖ 15 —20	52.06	170 28.65	23.41	52.00	31.41	+0.62	—0.03	32.00	
265	Schönfließ 1	» » 9	11ᵃ 0 —20	359 40.90	350 2.44	9 38.46	9 48.66	—0 10.20	+0.76	+0.04	—0 9.40	9 44.8
			1ᵖ 28 —41	44.41	6.08	38.33	48.18	9.85	+0.76	—0.02	9.11	
			2ᵖ 54 —59	45.15	170 9.12	36.03	46.37	10.34	+0.62	—0.03	9.75	

(11)

B. Beobachtungen der Inklination.

Lfde. Nr.	Namen der Station	Datum	Pdm. O.-Zt.	Lage	I A	I B	II A	II B	Nördl. Inkl. a. d. Station	in Potsdam	Diff. St.-Pdm.	Instr. Korr.	Var. Korr.	Korr. Diff.	N. Inkl. 1901.0
1	Reichenbach	1898 Juli 19	10^a 6^m —61^m	65	36.50	47.50	51.00	29.12	65 41.03	66 28.06	—0 47.03	—11.30	+0.03	—0 58.30	65 24.4
			11^a 4 —48		34.25	48.12	46.00	20.62	37.25	27.81	50.56	—11.30	+0.04	61.82	
2	Goy	» » 23	9^a 35 —83	65	18.25	20.12	20.62	1.25	65 15.06	66 29.07	—1 14.01	—11.30	+0.04	—1 25.35	65 1.5¹⁾
			10^a 36 —74	64	72.00	76.62	80.62	59.88	12.28	28.71	16.43	—11.30	+0.09	27.82	
		1900 Aug. 13	3^p 18 —47	65	7.25	14.50	9.00	12.75	10.88	26.20	15.32	—5.49	—0.03	20.81	
		» » 28	2^p 7 —43		5.75	15.00	6.25	13.25	10.06	26.11	16.05	—5.67	—0.02	·21.72	
3	Moschin	1898 Juli 28	8^a 44 —88	66	9.62	19.50	18.38	1.75	66 12.31	66 29.20	—0 16.89	—11.30	—0.03	—0 28.22	65 56.7
			9^a 55 —97	65	73.38	82.50	74.50	59.75	12.53	28.69	16.16	—11.30	+0.08	27.38	
4	Schwetz	» Aug. 1	10^a 12 —62	66	47.38	62.62	61.12	42.88	66 53.50	66 26.75	+0 26.75	—11.30	+0.12	+0 15.57	66 41.7
			11^a 41 —75		54.88	59.12	63.62	47.50	56.28	26.21	30.07	—11.30	+0.14	18.91	
5	Hochredlau	» » 6	10^a 26 —77	67	54.88	61.62	59.12	50.25	67 56.47	66 28.86	+1 27.61	—11.30	+0.11	+1 16.42	67 41.4
			11^a 34 —74		53.50	60.25	60.25	53.25	56.81	28.19	28.62	—11.30	+0.14	17.46	
6	Köslin II	» » 9	9^a 27 —80	67	21.50	26.88	35.50	12.62	67 24.12	66 29.21	+0 54.91	—11.30	+0.03	+0 43.64	67 8.9
			10^a 27 —70		23.38	32.25	37.00	10.00	25.66	29.31	56.35	—11.30	+0.07	45.12	
7	Bernikow I	» » 11	9^a 14 —62	66	53.00	65.25	63.25	52.38	66 58.47	66 28.06	+0 30.41	—11.30	0.00	+0 19.11	66 45.4²⁾
			10^a 8 —50		54.38	63.00	62.62	51.12	57.78	28.10	29.68	—11.30	+0.10	18.42	
		» Sept. 23	10^a 40 —73		67.00	68.50	65.50	49.25	62.56	30.38	32.18	—9.10	+0.04	23.12	
8	Promoisel	» Aug. 17	9^a 50 —90	68	10.12	27.50	29.12	7.75	68 18.62	66 30.15	+1 48.47	—11.30	+0.02	+1 37.19	68 0.9
			10^a 55 —92		15.75	21.50	26.00	6.12	17.34	30.52	46.70	—11.30	+0.01	35.53	
9	Burg III	» » 27	1^p 50 —87	66	43.25	49.50	38.75	33.00	66 41.12	66 27.30	+0 13.82	—9.10	—0.01	+0 4.71	66 29.2
10	Stendal I	» » 28	2^p 16 —63	66	59.00	61.00	58.00	55.00	66 58.25	66 29.01	+0 29.24	—9.10	0.00	+0 20.14	66 44.6
11	Rosenhagen I	» » 29	3^p 23 —58	67	6.75	19.25	12.50	3.75	67 10.56	66 27.32	+0 43.24	—9.10	+0.01	+0 34.15	66 58.7
12	Wittstock III	» » 30	5^p 23 —65	67	21.00	31.75	28.00	20.25	67 25.25	66 27.16	+0 58.09	—9.10	—0.01	+0 48.98	67 13.5
13	Gottmannsförde	» Sept. 1	7^p 6 —38	67	41.25	48.75	44.50	40.00	67 43.63	66 27.14	+1 16.49	—9.10	—0.01	+1 7.40	67 31.9
14	Mittel-Wendorf	» » 2	0^p 27 —63	67	47.00	56.50	52.50	53.50	67 52.38	66 27.58	+1 24.80	—9.10	—0.04	+1 15.66	67 40.2
15	Güstrow	» » 3	5^p 29 —64	67	43.50	51.25	42.75	43.25	67 45.18	66 28.60	+1 16.58	—9.10	—0.02	+1 7.46	67 32.0
16	Spornitz	» » 5	4^p 43 —82	67	19.00	32.25	23.75	16.00	67 22.75	66 27.77	+0 54.98	—9.10	—0.02	+0 45.86	67 10.4
17	Sparow	» » 6	11^a 51 —96	67	31.00	39.75	23.00	29.25	67 30.75	66 28.77	+1 1.98	—9.10	—0.02	+0 52.86	67 17.4
18	Salem	» » 7	2^p 45 —88	67	36.00	40.00	23.50	32.25	67 32.94	66 27.80	+1 5.14	—9.10	0.00	+0 56.04	67 20.5
19	Hohenfelde	» » 8	4^p 56 —92	67	55.25	57.25	52.25	51.00	67 53.94	66 25.34	+1 28.60	—9.10	—0.02	+1 19.48	67 44.0
20	Barth I	» » 9	3^p 59 —89	68	6.25	14.50	4.75	3.50	68 7.25	66 32.71	+1 34.54	—9.10	0.00	+1 25.44	67 49.9
21	Siemersdorf	» » 10	11^a 59 —87	67	54.00	63.00	55.50	49.00	67 55.38	66 32.73	+1 22.65	—9.10	0.00	+1 13.55	67 38.1
22	Vilmnitz	» » 11	2^p 21 —68	67	58.00	65.75	44.75	43.50	67 53.00	66 30.69	+1 22.31	—9.10	0.00	+1 13.21	67 37.7
23	Buhrkow	» » 12	10^a 12 —42	68	18.50	28.50	18.75	10.25	68 19.00	66 32.01	+1 46.99	—9.10	+0.01	+1 37.90	68 2.4
24	Thurow	» » 14	11^a 50 —87	67	44.25	55.25	47.50	44.50	67 47.88	66 28.67	+1 19.21	—9.10	+0.02	+1 10.13	67 34.6
25	Garz I	» » 15	2^p 41 —72	67	43.00	47.50	35.50	36.25	67 41.56	66 29.48	+1 12.08	—9.10	—0.02	+1 2.96	67 27.5
26	Belling I	» » 16	10^a 38 —64	67	10.75	25.75	16.50	6.25	67 14.81	66 30.40	+0 44.41	—9.10	+0.03	+0 35.34	66 59.8
27	Neu-Rhäse	» » 17	4^p 5 —35	67	16.50	28.75	21.75	18.25	67 21.31	66 28.32	+0 52.99	—9.10	0.00	+0 43.89	67 8.4
28	Himmelpforter W.F.I	» » 18	1^p 26 —53	67	4.25	16.00	5.50	14.50	67 10.06	66 28.90	+0 41.16	—9.10	0.00	+0 31.06	66 56.6
29	Grüneberg II	» » 19	11^a 21 —71	66	55.75	65.00	56.25	59.50	66 59.12	66 29.09	+0 30.03	—9.10	+0.01	+0 20.94	66 45.4
30	Sommerfelde	» » 21	11^a 53 —95	66	56.75	61.75	56.25	52.25	66 56.75	66 28.49	+0 28.26	—9.10	+0.01	+0 19.18	66 43.7
31	Greifenberg	» » 22	1^p 22 —52	67	3.75	12.00	3.00	5.25	67 6.00	66 27.88	+0 38.12	—9.10	+0.01	+0 29.03	66 53.5
32	Gollnow VI	» » 25	5^p 23 —65	67	22.25	28.00	18.00	16.00	67 21.06	66 28.92	+0 52.14	—9.10	+0.01	+0 43.06	67 7.6
33	Revenow	» » 26	4^p 11 —37	67	31.00	38.75	32.25	25.50	67 31.88	66 28.63	+1 3.25	—9.10	0.00	+0 54.15	67 18.7
34	Marienau	» » 27	10^a 43 —72	67	16.25	29.00	21.00	20.75	67 21.75	66 29.46	+0 52.29	—9.10	+0.06	+0 43.25	67 7.7
35	Alt Borck I	» » 28	11^a 14 —43	67	33.75	40.50	33.00	27.75	67 33.75	66 28.66	+1 5.09	—9.10	+0.07	+0 56.06	67 12.2
36	Schivelbein I	» » 29	1^p 34 —87	67	23.00	37.50	26.25	20.38	67 26.78	66 30.04	+0 56.74	—9.10	+0.02	+0 47.66	67 12.2
37	Janikow I	». » 30	10^a 58 —81	67	7.25	17.25	10.75	5.75	67 10.25	66 29.07	+0 41.18	—9.10	+0.08	+0 32.16	66 56.7
38	Lange Berg	» Okt. 1	11^a 43 —76	67	0.75	10.75	0.75	0.75	67 3.25	66 29.02	+0 34.23	—9.10	+0.05	+0 25.18	66 49.7
39	Züblsdorf III	» » 2	11^a 40 —68	66	56.75	63.75	54.75	50.75	66 56.50	66 28.51	+0 27.99	—9.10	+0.06	+0 18.95	66 43.5
40	Dragebruch	» » 3	2^p 27 —58	66	46.00	51.75	44.75	48.00	66 47.62	66 27.55	+0 20.07	—9.10	0.00	+0 10.97	66 35.5
41	Penckowo	» » 4	0^p 13 —39	66	36.25	42.00	31.25	24.00	66 33.38	66 28.88	+0 4.50	—9.10	+0.06	—0 4.54	66 20.0
42	Minikowo	» » 6	0^p 6 —31	66	21.00	24.75	23.55	15.50	66 21.19	66 27.39	—0 6.20	—9.10	+0.08	—0 15.22	66 9.3
43	Meseritz I	» » 7	2^p 22 —50	66	26.00	36.25	25.25	21.25	66 27.19	66 27.23	—0 0.04	—9.10	+0.01	—0 9.13	66 15.4
44	Adamowo	» » 8	10^a 56 —86	66	14.50	26.50	16.75	11.50	66 17.31	66 29.22	—0 11.91	—9.10	+0.07	—0 20.94	66 3.6
45	Priebisch	» » 9	2^p 32 —55	65	57.50	67.00	62.25	57.25	66 1.00	66 28.94	—0 27.94	—9.10	+0.02	—0 37.02	65 47.5
46	Zölling II	» » 10	2^p 47 —75	65	58.25	62.25	57.50	57.75	65 58.94	66 28.13	—0 29.19	—9.10	0.00	—0 38.29	65 46.2
47	Eugenienhof	» » 11	11^a 36 —58	66	12.75	17.10	10.50	7.75	66 12.00	66 27.87	—0 15.87	—9.10	+0.04	—0 24.93	65 59.6
48	Reppen I	» » 12	10^a 54 —100	66	30.00	29.00	24.25	23.00	66 26.56	66 27.72	—0 1.16	—9.10	+0.04	—0 10.22	66 14.3
49	Grunow II	» » 14	3^p 28 —59	66	26.75	31.25	22.50	18.50	66 24.75	66 27.68	—0 2.93	—9.10	0.00	—0 12.03	66 12.5
50	Gr. Cammin I	» » 15	4^p 8 —38	66	40.50	41.25	37.25	33.25	66 38.06	66 27.30	+0 10.76	—9.10	0.00	+0 1.66	66 26.2
51	Gralow I	» » 17	0^p 27 —62	66	43.50	45.75	44.25	41.50	66 43.75	66 27.78	+0 15.97	—9.10	+0.03	+0 6.90	66 31.4
52	Rehfelde I	» » 18	10^a 51 —85	66	41.00	42.75	43.50	35.75	66 40.75	66 27.47	+0 13.28	—9.10	+0.01	+0 4.19	66 28.7
53	Willenberg I	1899 Juli 13	3^p 59 —89	67	30.50	42.00	34.00	34.50	67 35.25	66 25.82	+1 9.43	—8.40	+0.05	+1 1.08	67 26.9
		» Aug. 16	3^p 58 —82		33.50	41.00	35.00	38.50	37.00	25.65	11.35	—8.40	—0.05	2.90	
		» » 22	0^p 23 —49		29.75	42.75	31.00	37.50	35.25	25.72	9.53	—8.40	+0.19	1.32	
		» » 28	4^p 10 —34		32.50	43.25	35.00	39.00	37.44	25.14	12.30	—8.40	+0.01	3.91	
			3^p 25 —57		31.00	43.25	32.00	38.25	36.12	25.12	11.00	—8.40	0.00	2.60	
		1900 Juli 25	3^p 45 —80		29.50	38.75	30.25	38.75	34.31	26.17	8.14	—5.26	—0.02	2.88	
54	Kickelhof I	1899 » 16	2^p 17 —48	67	46.25	55.25	55.25	48.50	67 51.31	66 25.46	+1 25.85	—8.40	—0.02	+1 17.43	67 41.9
55	Liebstadt I	» » 17	5^p 2 —52	67	36.50	44.00	35.25	34.50	67 37.56	66 25.85	+1 11.71	—8.40	+0.11	+1 3.42	67 27.9
56	Zinten I	» » 18	2^p 20 —54	67	43.00	49.75	42.75	42.25	67 44.44	66 25.56	+1 18.88	—8.40	+0.03	+1 10.51	67 35.0
57	Kalkstein	» » 19	5^p 7 —41	67	34.00	42.75	32.25	37.25	67 36.56	66 25.99	+1 10.57	—8.40	+0.12	+1 2.29	67 26.8
58	Friedland	» » 21	11^a 51 —78	67	25.50	33.25	24.25	23.00	67 26.50	66 26.56	+0 59.94	—8.40	+0.19	+0 51.73	67 16.2
59	Fuchsberg II	» » 22	11^a 47 —79	67	40.75	48.75	42.25	43.00	67 43.69	66 25.81	+1 17.88	—8.40	+0.18	+1 9.66	67 34.2
60	Rossitten	» » 25	11^a 23 —49	67	50.00	54.50	47.00	52.00	67 50.88	66 26.28	+1 24.60	—8.40	+0.19	+1 16.39	67 40.9
61	Neu-Schwarzort	» » 26	1^p 36 —69	68	22.50	31.50	28.75	28.50	68 27.81	66 25.95	+2 1.86	—8.40	+0.06	+1 53.52	68 18.0

¹) Die beiden letzten Werte sind bei der Mittelbildung mit doppeltem Gewicht angesetzt worden.   ²) Der letzte Wert mit doppeltem Gewicht.

2*

B. Beobachtungen der Inklination.

Lfde. Nr.	Namen der Station	Datum	Pdm. O.-Zt.	Nadel: Lage	I A	I B	II A	II B	Nördl. Inkl. a. d. Station	in Potsdam	Diff. St.-Pdm.	Instr. Korr.	Var. Korr.	Korr. Diff.	N. Inkl. 1901.0
62	Taureggen-Bendig	1899 Juli 27	2p 32m −58m	69	37.75	47.75	39.50	45.50	69 42.62	66 26.02	+3 16.60	−8.40	+0.04	+3 8.24	69 32.7
63	Algeberg [II	» » 31	11a 57 −97	68	34.75	45.75	35.00	42.25	68 39.44	66 26.26	+2 13.18	−8.40	+0.22	+2 5.00	68 30.6
			5p 32 −65		37.25	44.00	35.25	41.00	39.38	25.42	13.96	−8.40	+0.14	5.70	
		» Aug. 1	2p 28 −53		34.25	49.25	40.25	41.25	41.25	25.18	16.05	−8.40	+0.06	7.71	
64	Schmalleningken II	» » 2	6p 2 −30	67	28.50	33.75	28.50	33.50	67 31.06	66 25.31	+1 5.75	−8.40	+0.15	+0 57.50	67 22.0
65	Ober-Eissuln	» » 3	0p 57 −86	67	38.25	46.50	34.25	40.25	67 39.81	66 26.81	+1 13.00	−8.40	+0.14	+1 4.74	67 29.2
66	Alexen	» » 4	1p 42 −71	67	54.50	63.00	57.50	57.75	67 58.19	66 25.37	+1 32.82	−8.40	+0.20	+1 24.62	67 49.1
67	Berninglauken	» » 5	1p 49 −77	67	53.50	61.25	54.50	54.75	67 56.00	66 25.92	+1 30.08	−8.40	+0.14	+1 21.82	67 46.3
68	Gr. Schilleningken	» » 6	2p 29 −60	67	32.75	44.00	30.75	37.00	67 36.12	66 26.07	+1 10.05	−8.40	−0.04	+1 1.61	67 26.1
69	Steinau	» » 7	5p 56 −110	67	7.00	11.00	2.75	3.75	67 6.12	66 25.49	+0 40.63	−8.40	+0.18	+0 32.41	66 56.9
70	Soltmahnen	» » 8	2p 56 −81	66	56.75	65.00	60.00	62.25	67 1.00	66 25.57	+0 34.43	−8.40	0.00	+0 27.03	66 51.5
71	Johannisburg I	» » 9	0p 53 −80	66	34.50	44.25	35.00	38.50	66 38.06	66 26.13	+0 11.93	−8.40	+0.22	+0 3.75	66 28.2
72	Beutnersdorf I	» » 10	4p 8 −38	66	46.00	55.75	49.00	51.00	66 50.44	66 25.40	+0 25.04	−8.40	−0.02	+0 16.58	66 41.7
		» » 11	1p 56 −83		47.00	57.25	47.75	53.75	51.44	25.42	26.02	−8.40	+0.08	17.70	
			2p 34 −83		48.50	56.25	47.50	52.50	51.19	25.43	25.76	−8.40	−0.01	17.34	
73	Grondischken	» » 13	0p 2 −29	67	15.75	23.50	20.50	21.00	67 20.19	66 26.10	+0 54.09	−8.40	+0.26	+0 45.95	67 10.4
74	Mniechen I	» » 14	0p 50 −74	67	31.75	45.75	34.00	40.75	67 38.06	66 26.75	+1 11.31	−8.40	+0.26	+1 3.17	67 27.7
75	Rastenburgfelde	» » 15	1p 3 −35	67	33.75	44.00	36.25	41.00	67 38.75	66 26.08	+1 12.67	−8.40	+0.22	+1 4.49	67 29.0
76	Petershof	» » 17	5p 50 −81	67	13.00	20.00	17.25	15.50	67 16.44	66 25.19	+0 51.25	−8.40	+0.18	+0 43.03	67 7.5
77	Neuhof II	» » 18	0p 28 −55	67	22.25	32.00	25.00	27.75	67 26.75	66 25.99	+1 0.76	−8.40	+0.24	+0 52.60	67 17.1
78	Neidenburg I	» » 19	2p 48 −82	67	2.00	7.50	6.75	7.25	67 5.88	66 24.90	+0 40.98	−8.40	−0.02	+0 32.56	66 57.1
79	Michlau	» » 20	3p 58 −91	66	53.75	63.25	59.50	57.00	66 58.38	66 26.99	+0 31.39	−8.40	−0.01	+0 22.98	66 47.5
80	Schönhof	» » 21	2p 38 −90	66	52.00	59.25	56.25	54.50	66 55.50	66 26.73	+0 28.77	−8.40	−0.02	+0 20.35	66 44.8
81	Hela III	» » 23	4p 24 −56	67	38.75	50.25	38.75	45.00	67 43.19	66 26.17	+1 17.02	−8.40	+0.01	+1 8.63	67 33.1
82	Bohnsack	» » 24	4p 55 −82	67	48.25	58.75	51.25	53.50	67 52.94	66 25.48	+1 27.46	−8.40	+0.05	+1 19.11	67 43.6
83	Neu-Klinsch	» » 25	1p 51 −80	67	33.00	44.50	36.75	39.50	67 38.44	66 25.77	+1 12.67	−8.40	+0.05	+1 4.32	67 28.8
84	Kokoschken	» » 26	3p 53 −85	67	18.00	28.25	21.25	23.00	67 22.62	66 25.35	+0 57.27	−8.40	0.00	+0 48.87	67 13.4
85	Roggenhausen II	» » 27	4p 3 −31	66	59.25	66.50	61.25	64.75	67 2.94	66 24.11	+0 38.83	−8.40	+0.01	+0 30.44	66 54.9
86	Farnstaedt	» Sept. 6	8a 31 −70	66	6.88	14.50	11.25	11.50	66 11.03	66 27.16	−0 16.13	−8.40	+0.04	−0 24.49	65 59.7
			9a 27 −45		6.00	16.50	9.50	10.25	10.56	27.24	16.68	−8.40	+0.02	25.06	
87	Clausthal	» 9	10a 44 −84	66	28.50	38.50	24.50	35.50	66 31.75	66 26.61	−0 5.13	−8.40	−0.03	−0 3.30	66 20.0
			11a 37 −54		26.50	41.50	19.50	28.50	29.00	26.33	2.67	−8.40	−0.06	5.79	
88	Wilhelmshaven	» » 11	0p 2 −38	67	41.25	55.50	38.50	54.75	67 47.50	66 26.95	+1 20.55	−8.40	−0.13	+1 12.02	67 38.7
		» » 13	11a 45 −62		50.00	57.25	47.25	53.50	52.00	26.84	25.16	−8.40	−0.12	16.64	
		1901 Sept. 8	1p 29 −78		39.50	50.25	39.00	41.75	42.63	21.25	21.38	−7.43	−0.05	13.90	
89	Twedt	1899 Sept. 17	3p 24 −68	68	33.75	48.75	31.50	30.50	68 36.12	66 25.95	+1 10.17	−8.40	−0.04	+1 61.73	68 23.8
		» » 19	1p 12 −25		33.75	32.50	25.00	37.75	32.25	26.18	6.07	−8.40	−0.09	57.58	
		1901 Aug. 24	11a 25 −68		29.00	30.50	24.25	34.00	29.44	22.81	6.63	−7.82	−0.11	58.70	
90	Kgl. Kattun	1900 Juli 12	10a 13 −48	66	36.50	52.75	39.25	43.50	66 43.00	66 27.69	+0 15.31	−5.09	−0.03	+0 10.19	66 35.0
			2p 58 −103		35.25	50.75	40.25	40.00	41.56	26.37	15.19	−5.10	+0.02	10.11	
			4p 47 −82		37.00	50.00	37.50	44.00	42.12	26.82	15.30	−5.11	+0.02	10.21	
		» Aug. 4	3p 28 −65		35.25	49.25	42.25	45.25	43.00	26.31	16.69	−5.39	−0.01	11.29	
91	Schulzendorf II	» Juli 14	3p 27 −62	66	40.00	55.00	44.50	46.00	66 46.38	66 26.88	+0 19.50	−5.12	0.00	+0 14.38	66 38.9
92	Lottin III	» » 15	2p 59 −102	66	56.00	61.50	55.50	59.50	66 58.12	66 26.26	+0 31.86	−5.14	+0.02	+0 26.74	66 51.2
93	Schwartow	» » 16	10a 23 −53	67	8.00	17.00	9.75	11.25	67 11.50	66 28.70	+0 42.80	−5.15	0.00	+0 37.65	67 2.2
94	Techlipp II	» » 17	2p 4 −43	67	16.25	29.75	16.00	24.75	67 21.69	66 26.43	+0 55.26	−5.16	+0.02	+0 50.12	67 14.6
95	Adlig Bütow	» » 18	1p 8 −39	67	32.50	46.00	36.00	42.75	67 39.32	66 27.58	+1 11.74	−5.17	+0.08	+1 6.65	67 31.2
96	Zizow	» » 19	11a 22 −53	67	37.25	46.75	40.75	40.50	67 41.31	66 27.29	+1 14.02	−5.19	+0.10	+1 8.93	67 33.4
97	Stolpmünde II	» » 20	1p 5 −34	67	49.25	56.50	50.50	52.00	67 52.06	66 28.00	+1 24.06	−5.20	+0.08	+1 18.94	67 43.4
98	Scharow	» » 21	3p 45 −80	67	39.00	53.25	41.50	46.75	67 45.12	66 27.08	+1 18.04	−5.21	0.00	+1 12.83	67 37.3
99	Neuhoff II	» » 22	9a 18 −52	67	38.75	48.00	41.50	42.00	67 42.56	66 27.38	+1 15.18	−5.22	−0.06	+1 9.90	67 34.4
100	Bohlschau I	» » 23	3p 47 −73	67	44.00	54.75	44.50	49.25	67 48.13	66 26.06	+1 22.07	−5.24	0.00	+1 16.83	67 41.3
101	Kl. Starzin	» » 24	0p 1 −34	67	48.50	58.75	49.25	57.50	67 53.50	66 27.66	+1 25.84	−5.25	+0.13	+1 20.72	67 45.2
102	Czersk II	» » 26	5p 55 −90	67	4.25	14.75	9.75	11.00	67 9.94	66 26.72	+0 43.22	−5.27	+0.03	+0 37.98	67 2.5
103	Tuchel II	» » 27	0p 36 −70	66	52.75	63.00	55.75	59.50	66 57.75	66 26.46	+0 31.29	−5.29	+0.10	+0 26.10	66 50.6
104	Schlochau	» » 28	11a 45 −85	66	54.25	61.75	58.50	59.75	66 58.56	66 27.50	+0 31.09	−5.30	+0.11	+0 25.87	66 50.4
105	Vandsburg I	» » 29	10a 40 −73	66	36.00	46.50	37.50	44.25	66 41.06	66 27.27	+0 13.76	−5.31	+0.12	+0 8.60	66 33.1
106	Karlsdorf	» » 30	3p 25 −65	66	26.50	37.75	28.50	33.50	66 31.56	66 25.86	+0 5.70	−5.33	−0.02	+0 0.35	66 24.8
107	Gremboczin II	» » 31	0p 57 −95	66	29.75	40.25	32.25	36.50	66 34.69	66 25.89	+0 8.80	−5.34	+0.08	+0 3.54	66 28.0
108	Emmowo	» Aug. 1	0p 7 −35	65	63.50	71.75	67.25	69.25	66 7.94	66 25.72	−0 17.78	−5.35	+0.13	−0 23.00	66 1.5
109	Podgorzyn	» » 2	9a 45 −85	66	17.00	26.25	21.25	21.00	66 21.37	66 26.42	−0 5.05	−5.36	−0.02	−0 10.43	66 14.1
110	Runowo	» » 3	11a 0 −28	66	23.00	34.00	23.50	25.00	66 26.38	66 26.92	−0 0.54	−5.38	+0.14	−0 5.78	66 18.7
111	Winiary	» » 6	0p 34 −65	66	10.25	17.50	12.75	13.75	66 13.56	66 26.06	−0 12.50	−5.40	+0.09	−0 17.81	66 6.7
112	Staw	» » 7	1p 2 −36	66	2.25	7.25	4.00	5.00	66 4.62	66 26.01	−0 21.39	−5.41	+0.07	−0 26.73	65 57.8
113	Radlin I	» » 8	0p 16 −52	65	52.00	61.50	55.00	60.50	65 57.25	66 27.14	−0 29.89	−5.43	+0.11	−0 35.21	65 49.3
114	Wyganowo I	» » 9	11a 38 −78	65	43.25	54.25	43.75	48.00	65 47.32	66 26.89	−0 39.57	−5.44	+0.14	−0 44.88	65 39.6
115	Neu-Kamienice	» » 10	10a 14 −48	65	37.00	48.25	39.25	43.75	65 42.06	66 27.21	−0 45.15	−5.45	+0.10	−0 50.50	65 34.0
116	Podsamtsche	» » 11	1p 50 −82	65	25.00	38.25	28.75	31.00	65 30.75	66 26.36	−0 55.61	−5.46	0.00	−1 1.07	65 23.4
117	Bogschütz	» » 12	4p 26 −54	65	21.10	33.25	26.00	26.25	65 26.62	66 26.27	−0 59.65	−5.48	−0.03	−1 5.16	65 19.3
118	Goslawitz I	» » 14	10a 42 −78	64	58.25	63.75	59.50	62.00	65 0.88	66 26.92	−1 26.04	−5.50	+0.17	−1 31.37	64 53.1
119	Giesdorf	» » 15	11a 46 −80	65	14.75	23.00	17.00	20.75	65 18.88	66 27.01	−1 8.13	−5.51	+0.16	−1 13.48	65 11.0
120	Rosenberg I	» » 16	0p 17 −51	64	61.75	69.75	63.75	66.75	65 5.50	66 26.68	−1 21.18	−5.53	+0.14	−1 26.57	64 57.9
121	Lublinitz I	» » 17	10a 26 −60	64	54.25	64.00	54.50	58.25	64 57.75	66 27.34	−1 29.59	−5.54	+0.18	−1 34.95	64 49.6
122	Alt-Gleiwitz I	» » 18	11a 0 −41	64	29.75	41.75	33.50	39.75	64 36.18	66 26.46	−1 50.28	−5.55	+0.20	−1 55.63	64 28.9
123	Rudoltowitz II	» » 19	11a 40 −73	64	9.75	19.50	11.00	16.75	64 14.25	66 26.60	−2 12.35	−5.57	+0.20	−2 17.72	64 6.8
124	Dt. Krawarn I	» » 20	1p 27 −61	64	14.75	25.50	18.50	18.25	64 19.25	66 25.80	−2 6.55	−5.58	+0.03	−2 12.10	64 12.4
125	Alt-Kuttendorf	» » 21	11a 5 −39	64	41.50	53.50	44.75	48.50	64 47.06	66 27.71	−1 40.65	−5.59	+0.17	−1 46.07	64 38.4

B. Beobachtungen der Inklination.

Lfde. Nr.	Namen der Station	Datum	Pdm. O.-Zt.	Nadel Lage	I A	I B	II A	II B	Nördl. Inkl. a. d. Station	Nördl. Inkl. in Potsdam	Diff. St.-Pdm.	Instr. Korr.	Var. Korr.	Korr. Diff.	N. Inkl. 1901.0
126	Heinersdorf II	1900 Aug. 22	1^p 30^m -69^m	64	41.00	53.75	43.50	49.25	64 46.88	66 26.40	—1 39.52	—5.60	+0.02	—1 45.10	64 39.4
127	Ebersdorf I	» » 23	10^a 36 —74	64	37.50	49.50	40.00	46.50	64 43.38	66 27.06	—1 43.68	—5.62	+0.11	—1 49.19	64 35.3
128	Annaberg	» » 24	1^p 14 —58	64	49.75	59.00	51.00	53.75	64 53.38	66 24.58	—1 31.20	—5.63	+0.02	—1 36.81	64 47.7
129	Schildau I	» » 25	10^a 24 —60	65	13.00	19.75	14.75	17.25	65 16.19	66 27.32	—1 11.13	—5.64	+0.08	—1 16.69	65 7.8
130	Ebersdorf	» » 27	3^p 54 —97	65	6.25	17.50	9.00	15.25	65 12.00	66 25.73	—1 13.73	—5.65	—0.02	—1 19.36	65 5.1
131	Exau	» » 29	1^p 17 —54	65	38.00	52.25	42.75	45.25	65 44.56	66 26.68	—0 42.12	—5.68	+0.02	—0 47.78	65 36.7
132	Mallmitz 1	» » 30	1^p 12 —48	65	33.50	41.75	34.25	38.25	65 36.94	66 25.83	—0 48.89	—5.69	+0.04	—0 54.54	65 30.0
133	Wolfsbain I	» » 31	1^p 9 —39	65	28.75	37.75	29.75	34.50	65 32.68	66 26.61	—0 53.93	—5.70	+0.02	—0 59.61	65 24.9
134	Saganer Forst II	» Sept. 1	11^a 6 —45	65	29.00	48.00	41.00	45.75	65 43.44	66 25.61	—0 42.17	—5.72	+0.06	—0 47.83	65 36.7
135	Guben II	» » 2	11^a 17 —49	66	3.00	10.75	3.00	9.00	66 6.44	66 25.86	—0 19.42	—5.73	+0.06	—0 25.09	65 59.4
136	Slamen	» » 3	10^a 38 —77	65	48.75	60.75	52.25	53.25	65 53.75	66 27.02	—0 33.27	—5.74	+0.04	—0 38.97	65 45.5
137	Suschow	» » 4	10^a 19 —57	66	1.00	10.75	3.25	7.25	66 5.56	66 27.31	—0 21.75	—5.75	+0.02	—0 27.48	65 57.0
138	Wittenberge	» » 14	2^p 40 —80	66	56.75	64.25	58.75	62.00	67 0.44	66 25.52	+0 34.92	—5.85	—0.02	+0 29.05	66 53.5
		» » 15	0^p 3 —39		57.50	64.00	57.75	59.50	66 59.68	25.32	34.36	—5.89	+0.04	28.51	
			1^p 46 —88		55.75	63.25	58.75	60.75	59.62	24.39	35.23	—5.90	0.00	29.33	
139	Eissendorf	» » 17	2^p 54 —91	67	28.00	38.50	31.25	33.50	67 32.82	66 25.09	+1 7.73	—6.00	+0.04	+1 1.77	67 26.6
			3^p 36 —81		29.50	36.00	30.25	38.50	33.56	25.25	8.31	—6.01	+0.04	2.34	
			4^p 27 —72		32.50	36.75	29.25	36.00	33.62	25.30	8.32	—6.02	0.00	2.30	
140	Behrensen	» » 19	3^p 25 —65	66	34.00	43.00	37.25	43.00	66 39.31	66 25.46	+0 13.85	—6.12	+0.06	+0 7.79	66 32.3
			4^p 15 —62		35.50	41.50	35.50	45.00	39.38	25.41	13.97	—6.13	+0.02	7.86	
			0^p 8 —41		35.25	44.50	35.75	39.50	38.75	24.69	14.06	—6.17	—0.11	7.78	
141	Sellen I	» » 21	0^p 23 —80	66	54.25	59.00	31.00	72.50	66 54.18	66 24.82	+0 29.36	—6.21	—0.14	+0 23.01	66 46.8[1]
			3^p 10 —28		—	—	51.75	55.00	53.38	24.83	28.55	—6.22	+1.07	22.40	
			3^p 33 —92		53.25	53.00	52.75	58.50	54.37	25.16	29.21	—6.23	+0.06	23.04	
		» » 22	8^a 15 —60		50.25	57.50	51.00	52.75	52.88	25.79	27.09	—6.27	+0.10	20.92	
			9^a 10 —30		52.00	57.00	—	—	54.50	25.82	28.68	—6.28	+0.04	22.44	
142	Engelsdorf	» » 24	1^p 32 —80	66	3.00	11.25	4.50	5.50	66 6.06	66 24.85	—0 18.79	—6.38	—0.04	—0 25.21	65 59.9[2]
			3^p 44 —89		3.25	11.00	4.75	3.75	5.68	24.98	19.30	—6.39	+0.08	25.61	
			3^p 18 —65		4.50	13.25	4.25	4.00	6.50	25.36	18.86	—6.43	+0.05	25.24	
		1902 Sept. 6	2^p 9 —41		0.00	9.00	2.50	0.75	3.06	20.88	17.82	—5.74	0.00	23.56	
143	Wehrshausen	1900 Sept. 27	2^p 38 —85	65	44.75	56.75	49.00	47.75	65 49.56	66 24.93	—0 35.37	—6.53	+0.04	—0 41.86	65 43.0[3]
			3^p 35 —90		46.00	57.00	49.25	47.25	49.88	24.82	34.94	—6.54	+0.04	41.44	
			4^p 20 —70		47.75	55.00	49.50	50.25	50.63	26.34	35.71	—6.58	—0.02	42.31	
		1903 Aug. 8	1^p 42 —70		41.75	49.00	45.25	40.00	44.00	19.71	35.71	—5.50	—0.04	41.25	
144	Mölln I	1901 Aug. 6	2^p 47 —95	67	31.00	40.00	31.25	32.75	67 33.75	66 22.53	+1 11.22	—8.43	0.00	+1 2.79	67 27.3
145	Kücknitz	» » 7	10^a 46 —89	67	46.50	57.75	46.75	47.25	67 49.56	66 22.35	+1 27.21	—8.40	—0.04	+1 18.77	67 43.3
146	Neustadt I	» » 8	10^a 39 —79	67	52.26	61.25	51.50	54.25	67 54.82	66 23.18	+1 31.64	—8.37	—0.04	+1 23.23	67 47.7
147	Wulfen	» » 9	0^p 3 —36	68	0.75	8.25	4.75	4.25	68 4.50	66 22.99	+1 41.51	—8.34	—0.04	+1 33.13	67 57.6
148a	Heidberg	» » 10	1^p 12 —44	67	59.50	67.25	60.50	62.00	68 2.32	66 22.76	+1 39.56	—8.30	—0.05	+1 31.21	67 55.7
148b	Kiel, Sternwarte	» » 11	4^p 36 —76	68	1.75	7.75	3.25	4.75	68 4.38	66 22.38	+1 42.00	—8.27	0.00	+1 33.73	67 58.2
149	Wasbek I	» » 12	2^p 37 —71	67	53.25	61.75	53.75	56.00	67 56.19	66 21.79	+1 34.40	—8.24	0.00	+1 26.16	67 50.7
150a	Altona	» » 13	4^p 37 —71	67	26.75	35.00	27.75	31.50	67 30.25	66 22.02	+1 8.23	—8.21	0.00	+1 0.02	67 24.5
150b	Hamburg	» » 14	5^a 39 —91	67	39.75	34.75	29.75	28.50	67 33.18	66 21.10	+1 12.08	—8.17	—0.04	+1 3.87	67 28.4
151	Sommerland II	» » 14	6^p 30 —60	67	37.00	49.50	44.25	48.00	67 44.68	66 23.69	+1 20.99	—8.14	—0.04	+1 12.81	67 37.3
152	Hanerau 1	» » 15	3^p 14 —54	67	55.25	65.50	57.25	58.50	67 59.13	66 23.04	+1 36.09	—8.11	0.00	+1 27.98	67 52.5
153	Tating I	» » 16	2^p 9 —36	68	3.50	14.25	5.50	5.25	68 7.13	66 22.21	+1 44.92	—8.08	—0.01	+1 36.83	68 1.3
154	Hohlacker	» » 17	1^p 17 —46	68	6.50	13.25	6.75	8.25	68 8.69	66 21.91	+1 46.78	—8.05	—0.07	+1 38.66	68 3.2
155	Klensby	» » 18	2^p 47 —87	68	8.50	20.00	12.00	14.00	68 13.62	66 22.52	+1 51.10	—8.01	0.00	+1 43.09	68 7.6
156	Loitmark I	» » 19	2^p 46 —86	68	14.75	23.50	14.50	15.50	68 17.06	66 21.88	+1 55.18	—7.98	0.00	+1 47.20	68 11.7
157	Jürgensgaarde	» » 20	2^p 57 —86	68	24.75	34.50	24.25	25.75	68 27.31	66 21.77	+2 5.54	—7.95	0.00	+1 57.59	68 22.1
158	Miang I	» » 21	2^p 12 —40	68	30.50	39.00	28.50	29.75	68 32.50	66 22.48	+2 9.46	—7.92	0.00	+2 1.54	68 26.0
159	Dybwatt	» » 22	11^a 2 —41	68	30.50	39.00	31.00	32.75	68 33.32	66 22.74	+2 10.58	—7.88	—0.09	+2 2.61	68 27.1
160	Seggelund	» » 23	0^p 52 —80	68	34.75	43.25	33.50	37.75	68 37.31	66 22.72	+2 14.59	—7.85	—0.04	+2 6.70	68 31.2
161	Raahede II	» » 24	5^p 31 —62	68	33.00	41.50	36.75	36.75	68 37.00	66 21.84	+2 15.16	—7.79	—0.11	+2 7.26	68 31.8
162	Sandberg	» » 26	1^p 30 —68	68	32.25	41.00	35.25	44.75	68 38.31	66 22.02	+2 16.29	—7.75	—0.06	+2 8.48	68 33.0
163	Westerland I	» » 28	1^p 52 —81	68	31.25	40.25	30.75	31.00	68 33.32	66 21.49	+2 11.88	—7.72	—0.04	+2 4.07	68 28.6
164	Amrum I	» » 29	2^p 52 —91	68	13.25	22.00	15.50	15.00	68 16.44	66 21.92	+1 54.52	—7.69	0.00	+1 46.83	68 11.3
165	Oerel I	» Sept. 1	1^p 21 —61	67	29.25	38.25	33.00	35.00	67 33.80	66 21.97	+1 11.91	—7.65	—0.05	+1 4.21	67 28.7
166	Cuxhaven	» » 2	9^a 58 —93	67	42.25	54.25	45.50	47.25	67 47.32	66 24.11	+1 23.21	—7.63	—0.02	+1 15.56	67 40.1
167a	Helgoland, Oberland	» » 3	10^a 45 —83	68	4.50	10.25	5.50	4.75	68 6.25	66 23.98	+1 42.27	—7.59	—0.11	+1 34.57	67 59.1
167b	» Düne	» » 3	5^p 6 —51	67	55.25	66.00	74.75	60.25	67 4.06	67 21.95	+1 42.11	—7.56	—0.04	+1 34.51	67 59.0
168	Boitwarden	» » 5	4^p 27 —59	67	29.00	39.00	32.75	31.25	67 33.00	66 22.00	+1 11.00	—7.53	—0.01	+1 3.46	67 28.0
169	Ahlhorn I	» » 6	3^p 24 —58	67	9.50	17.50	8.50	9.75	67 11.31	66 21.91	+0 49.40	—7.50	+0.03	+0 41.93	67 6.4
170	Apen I	» » 7	9^a 39 —73	67	26.75	35.25	27.25	34.25	67 30.88	66 21.77	+1 8.11	—7.46	+0.02	+1 0.62	67 25.1
171	Wangeroog	» » 9	3^p 41 —75	67	41.75	52.75	48.25	51.00	67 48.44	66 21.26	+1 27.18	—7.40	+0.03	+1 19.81	67 44.3
172	Norderney	» » 11	11^a 8 —54	67	50.50	59.00	50.50	48.00	67 52.00	66 23.45	+1 28.55	—7.37	—0.15	+1 21.03	67 45.5
173	Borssum II	» » 12	11^a 31 —69	67	39.25	50.50	44.50	47.00	67 45.32	66 24.84	+1 20.48	—7.33	—0.16	+1 12.99	67 37.5
174	Borkum I	» » 13	0^p 9 —45	67	52.25	57.00	53.00	53.25	67 52.25	66 22.17	+1 30.08	—7.30	—0.20	+1 22.58	67 47.1
175	Fresenburg I	» » 15	2^p 27 —67	67	16.75	26.75	17.25	20.50	67 20.32	66 22.08	+0 58.24	—7.27	+0.04	+0 51.01	67 15.5
176	Biene I	» » 16	10^a 8 —38	67	8.25	17.00	9.00	15.50	67 12.44	66 22.88	+0 49.56	—7.24	—0.09	+0 42.23	67 6.7
177	Hardingen 1	» » 17	9^a 10 —49	67	8.00	17.50	8.50	9.75	67 10.94	66 23.79	+0 47.15	—7.21	+0.02	+0 39.96	67 4.5
178	Quakenbrück II	» » 17	4^p 57 —86	67	4.00	12.75	4.00	10.00	67 7.69	66 22.40	+0 45.29	—7.17	—0.04	+0 38.08	67 2.6
179	Westerberg	» » 18	2^p 39 —72	66	50.50	57.75	49.75	50.50	66 52.12	67 22.44	+0 29.68	—7.14	+0.05	+0 22.59	66 47.1
180	Sankt Hülfe	» » 19	11^a 53 —90	67	3.25	14.25	6.50	8.25	67 7.56	66 23.04	+0 44.52	—7.11	—0.14	+0 37.27	67 1.8
181	Kirchweyhe	» » 20	0^p 36 —72	67	14.00	19.25	10.75	11.00	67 13.75	66 22.35	+0 51.53	—7.08	—0.10	+0 44.35	67 8.8
182	Mittelstendorf	» » 21	8^a 16 —46	67	4.50	11.25	5.00	5.75	67 6.63	66 22.45	+0 44.18	—7.04	+0.08	+0 37.22	67 1.7
183	Frohse	1902 Aug. 12	1^p 28 —64	66	22.00	31.75	23.50	22.00	66 24.81	66 20.79	+0 4.02	—5.78	0.00	—0 1.76	66 22.7

[1]) Die beiden nur auf einer Nadel beruhenden Werte haben bei der Mittelbildung das Gewicht ½ erhalten.   [2]) und [3]) Der letzte Wert ist mit dem Gewicht 2 berücksichtigt worden.

B. Beobachtungen der Inklination.

Lfde. Nr.	Namen der Station	Zeit der Beobachtung: Datum	Pdm. O.-Zt.	Nadel: Lage	I A	I B	II A	II B	Nördl. Inkl. a. d. Station	in Potsdam	Diff. St.-Pdm.	Instr. Korr.	Var. Korr.	Korr. Diff.	N. Inkl. 1901.0
184	Spiegelsberge	1902 Aug. 13	10^a 50^m -92^m	66°	12.50	19.50	13.00	12.75	66 14.44	66 21.41	-0 6.87	-5.78	-0.02	-0 12.77	66 11.7
185	Gielde	» » 14	0^p 42 -78	66	24.75	37.25	23.25	27.00	66 28.06	66 21.11	$+0$ 6.95	-5.78	-0.02	$+0$ 1.15	66 25.6
186	Lühnde I	» » 15	2^p 4 -44	66	33.50	43.75	34.50	36.00	66 36.94	66 20.02	$+0$ 16.92	-5.78	0.00	$+0$ 11.14	66 35.6
187	Westercelle I	» » 16	11^a 39 -83	66	49.00	58.75	49.50	48.25	66 51.38	66 20.84	$+0$ 30.54	-5.78	-0.03	$+0$ 24.73	66 49.2
188	Isenbüttel	» » 17	11^a 51 -90	66	42.50	52.50	44.75	43.50	66 45.81	66 21.77	$+0$ 24.04	-5.78	-0.02	$+0$ 18.24	66 42.7
189	Walbeck I	» » 18	0^p 38 -73	66	32.50	42.75	36.25	35.50	66 36.75	66 20.54	$+0$ 16.21	-5.78	-0.01	$+0$ 10.42	66 34.9
190	Zienau	» » 19	11^n 58 -95	66	40.75	50.00	42.25	43.75	66 44.19	66 21.57	$+0$ 22.62	-5.78	-0.01	$+0$ 16.83	66 41.3
191	Dambeck	» » 20	11^a 55 -83	66	50.25	59.25	52.50	52.75	66 53.68	66 21.32	$+0$ 32.36	-5.78	-0.02	$+0$ 26.56	66 51.1
192	Oldenstadt	» » 21	0^p 24 -60	66	56.50	65.00	52.25	67.50	66 60.31	66 20.52	$+0$ 39.79	-5.78	-0.01	$+0$ 34.00	66 58.4
			2^p 21 -54		55.00	65.25	59.75	59.25	59.81	20.33	$+0$ 39.48	-5.78	0.00	33.70	
193	Marwedel	» » 22	0^p 11 -58	67	1.62	11.00	6.75	0.00	67 4.84	66 22.10	$+0$ 42.74	-5.78	-0.01	$+0$ 36.95	67 1.5
194	Ochtmissen	» » 23	1^p 42 -96	67	9.50	17.50	10.25	11.00	67 12.06	66 21.10	$+0$ 50.96	-5.78	0.00	$+0$ 45.18	67 9.7
195	Kl. Sottrum	» » 24	2^p 48 -89	67	6.00	15.50	8.75	9.50	67 9.94	66 20.46	$+0$ 49.48	-5.78	$+0.01$	$+0$ 43.71	67 8.2
196	Holtorf I	» » 25	10^a 42 -76	66	59.00	66.50	61.25	59.00	67 1.44	66 22.19	$+0$ 39.25	-5.78	-0.10	$+0$ 33.37	66 57.9
197	Barkhausen	» » 26	10^a 25 -57	66	44.75	53.50	47.50	46.25	66 48.00	66 21.75	$+0$ 26.25	-5.78	-0.09	$+0$ 20.38	66 44.9
198	Bielefeld	» » 27	2^p 2 -38	66	35.00	41.75	38.00	37.50	66 38.06	66 20.74	$+0$ 17.32	-5.78	$+0.02$	$+0$ 11.56	66 36.1
199	Ems I	» » 28	2^p 1 -32	66	25.75	36.75	27.25	28.25	66 29.50	66 20.17	$+0$ 9.33	-5.78	$+0.03$	$+0$ 3.58	66 28.1
200	Telgte	» » 29	10^a 39 -73	66	38.25	46.00	40.00	35.00	66 39.81	66 21.37	$+0$ 18.44	-5.78	-0.13	$+0$ 12.53	66 37.0
201	Lavesum II	» » 30	0^p 28 -58	66	31.75	39.25	34.25	31.00	66 34.06	66 20.40	$+0$ 13.66	-5.78	-0.08	$+0$ 7.80	66 32.3
202	Nichtern I	» » 31	11^a 4 -42	66	42.75	52.25	45.75	42.25	66 45.75	66 22.00	$+0$ 23.75	-5.78	-0.18	$+0$ 17.79	66 42.3
203	Hüthum I	» Sept. 1	3^p 9 -45	66	42.75	51.00	46.25	37.50	66 44.38	66 20.27	$+0$ 24.11	-5.78	$+0.04$	$+0$ 18.37	66 42.9
204	Geniel II	» » 2	2^p 7 -40	66	27.50	35.25	28.75	27.50	66 29.75	61 20.50	$+0$ 9.25	-5.78	0.00	$+0$ 3.47	66 28.0
205	Stüttgen	» » 4	3^p 34 -74	66	8.50	17.75	11.50	8.50	66 11.56	66 20.67	-0 9.11	-5.78	$+0.05$	-0 14.84	66 9.7
206	Klinkum	» » 5	1^p 53 -84	66	18.75	27.50	20.25	18.00	66 21.12	66 19.90	$+0$ 1.22	-5.78	-0.04	-0 4.60	66 19.9
207	Eupen III	» » 7	2^p 52 -81	65	59.00	67.50	61.00	57.00	66 1.12	66 20.15	-0 19.03	-5.78	-0.03	-0 24.84	65 59.7
208	Euskirchen II	» » 8	3^p 40 -74	65	48.75	58.50	53.00	51.00	65 52.81	66 20.56	-0 27.75	-5.78	$+0.05$	-0 33.48	65 51.0
209	Nieder-Zündorf	» » 9	3^p 9 -47	65	53.25	62.00	56.75	54.00	65 56.50	66 20.24	-0 23.74	-5.78	$+0.04$	-0 29.48	65 55.0
210	Kripp	» » 10	11^a 52 -89	65	42.25	52.00	48.00	42.50	65 46.18	66 20.16	-0 33.98	-5.78	-0.18	-0 39.94	65 44.6
211	Kaltenengers	» » 11	11^a 54 -92	65	31.75	41.25	34.50	32.25	65 34.94	66 20.66	-0 45.72	-5.78	-0.16	-0 51.66	65 32.8
212	Dörscheid	» » 12	1^p 1 -38	65	16.00	24.50	17.00	14.50	65 18.00	66 19.38	-0 1.38	-5.78	-0.08	-1 7.24	65 17.3
213	Fluterschen	» » 13	1^p 22 -57	65	45.75	53.50	46.25	43.25	65 47.18	66 20.71	-0 33.53	-5.78	-0.04	-0 39.35	65 45.2
214	Maumke	» » 15	0^p 32 -62	65	57.75	66.50	59.75	56.25	66 0.06	66 19.70	-0 19.64	-5.78	-0.12	-0 25.54	65 59.0
215	Obernfeld	» » 16	1^p 40 -79	66	11.50	19.25	13.25	11.25	66 13.82	66 20.31	-0 6.49	-5.78	-0.04	-0 12.31	66 12.2
216	Mittel-Stiepel	» » 17	4^p 0 -36	66	15.50	24.50	21.00	14.75	66 18.94	66 20.09	-0 1.15	-5.78	-0.02	-0 6.95	66 17.6
217	Opmünden	» » 18	1^p 58 -94	66	21.00	29.25	21.75	19.75	66 22.94	66 20.16	$+0$ 2.78	-5.78	-0.04	-0 3.02	66 21.5
218	Ober-Alme	» » 19	0^p 22 -57	66	12.25	19.75	16.00	9.00	66 14.25	66 21.72	-0 7.47	-5.78	-0.09	-0 13.34	66 11.2
219	Kirchborchen I	» » 20	2^p 17 -47	66	22.25	29.75	23.50	20.75	66 24.06	66 21.01	$+0$ 3.05	-5.78	-0.01	-0 2.74	66 21.8
220	Hembsen	» » 21	1^p 37 -71	66	16.75	25.00	20.75	17.25	66 19.94	66 20.66	-0 0.72	-5.78	-0.04	-0 6.54	66 18.0
221	Hullersen	» » 22	11^n 46 -82	66	23.00	31.50	23.25	19.00	66 24.18	66 21.88	$+0$ 2.30	-5.78	-0.07	-0 3.55	66 21.0
222	Göttingen III	» » 23	2^p 0 -35	66	10.25	18.75	13.25	7.50	66 12.44	66 21.35	-0 8.91	-5.78	-0.01	-0 14.70	66 9.8
223	Enkeberg	» » 24	2^p 41 -72	66	0.75	10.00	4.25	0.50	66 3.88	66 20.82	-0 16.94	-5.78	0.00	-0 22.74	66 1.8
224	Frauenberg	» » 25	3^p 34 -69	65	49.75	61.50	54.75	50.25	65 54.06	66 21.00	-0 26.94	-5.78	-0.02	-0 32.74	65 51.8
225	Reichensachsen I	» » 26	2^p 48 -86	65	56.75	65.00	59.25	55.25	65 59.06	66 20.63	-0 21.57	-5.78	0.00	-0 27.35	65 57.2
226	Gr. Werther I	» » 27	2^p 40 -75	66	1.25	11.00	5.25	5.75	66 5.81	66 20.56	-0 14.75	-5.78	0.00	-0 20.53	66 4.0
227	Seebach	» » 28	11^a 56 -92	65	48.00	59.50	53.75	49.25	65 52.62	66 20.84	-0 28.18	-5.78	-0.06	-0 34.02	65 50.5
228	Wandersleben I	» » 29	1^p 54 -95	65	36.50	49.25	38.25	33.75	65 39.44	66 20.18	-0 40.74	-5.78	0.00	-0 46.54	65 38.0
229	Kölleda	» » 30	2^p 50 -88	65	44.00	55.00	48.25	45.25	65 48.12	66 20.07	-0 31.95	-5.78	0.00	-0 37.73	65 46.8
230	Auerstedt	» Okt.	11^a 30 -67	65	39.75	51.75	42.50	38.75	65 43.18	66 21.04	-0 37.86	-5.78	-0.02	-0 43.66	65 4c.9
231	Gr. Machnow I	1903 Juli 21	2^p 11 -41	66	14.00	27.00	19.75	19.00	66 19.94	66 19.33	$+0$ 0.61	-5.50	0.00	-0 4.89	66 19.6
232	Niendorf I	» » 22	3^p 20 -56	65	59.50	71.25	68.00	63.50	66 5.56	66 18.80	-0 13.24	-5.50	0.00	-0 18.74	66 5.7
233	Treuenbrietzen I	» » 23	10^a 34 -66	66	15.50	24.50	15.25	16.00	66 17.81	66 19.80	-0 1.99	-5.50	0.00	-0 7.49	66 17.0
234	Pannigkau I	» » 24	11^a 29 -62	66	7.00	16.50	7.75	6.50	66 9.44	66 20.13	-0 10.69	-5.50	-0.01	-0 16.20	16 8.3
235	Elsterwerda	» » 25	1^p 40 -82	65	46.00	55.50	48.00	48.25	65 49.44	66 19.10	-0 29.66	-5.50	0.00	-0 35.16	65 49.3
236	Torgau	» » 26	0^p 38 -75	65	53.75	63.50	56.50	50.75	65 56.12	66 22.74	-0 26.62	-5.50	0.00	-0 32.12	65 52.4
237	Aken III	» » 27	1^p 44 -76	66	5.75	16.50	10.00	6.25	66 9.62	66 20.19	-0 10.57	-5.50		-0 16.07	66 8.4
238	Niemberg	» » 28	11^a 44 -83	66	5.75	14.75	7.25	4.50	66 8.06	66 21.43	-0 13.37	-5.50	-0.03	-0 18.87	66 5.6
239	Aylsdorf	» » 30	11^n 44 -75	65	34.25	44.00	37.50	36.00	65 37.94	66 20.38	-0 42.44	-5.50	-0.03	-0 47.97	65 36.5
240	Gefell II	» » 31	3^p 6 -36	65	5.00	15.25	8.25	5.25	65 8.44	66 19.90	-1 11.46	-5.50	0.00	-1 16.96	65 7.5
241	Gräfendorf	» Aug. 1	2^p 14 -49	65	16.00	23.50	18.75	17.00	65 18.82	66 19.79	-1 0.97	-5.50	$+0.04$	-1 6.43	65 18.1
242	Bertelsdorf	» » 4	9^a 38 -70	65	4.00	12.50	7.50	3.50	65 6.88	66 20.20	-1 13.32	-5.50	-0.02	-1 18.84	65 5.7
243	Schleusingen	» » 4	5^p 24 -68	65	10.75	20.50	11.75	10.25	65 13.31	66 19.38	-1 6.07	-5.50	-0.02	-1 21.59	65 12.9
244	Barchfeld	» » 5	10^a 16 -49	65	35.75	47.50	40.50	36.75	65 40.12	66 21.29	-0 41.17	-5.50	0.00	-0 46.67	65 37.8
245	Treysa II	» » 6	0^p 49 -81	65	42.50	50.25	45.75	43.75	65 45.56	66 19.91	-0 34.35	-5.50	-0.10	-0 39.95	65 44.6
246	Dorf Itter	» » 7	10^a 40 -76	66	2.25	13.75	5.50	1.25	66 5.69	66 21.07	-0 15.38	-5.50	-0.14	-0 21.02	66 3.5
247	Kornberg	» » 10	2^p 10 -36	65	50.25	59.25	54.50	51.75	65 53.94	66 18.51	-0 24.57	-5.50	$+0.01$	-0 30.06	65 54.4
248	Offheim II	» » 11	11^a 54 -80	65	29.50	40.25	33.75	28.00	65 32.88	66 20.12	-0 47.24	-5.50	-0.19	-0 52.93	65 31.6
249	Adenau I	» » 12	10^a 36 -66	65	36.00	47.25	42.50	35.75	65 40.37	66 21.37	-0 41.00	-5.50	-0.20	-0 46.70	65 37.8
250	Wallerode	» » 13	10^a 52 -82	65	35.50	44.75	37.75	33.25	65 37.81	66 21.12	-0 43.31	-5.50	-0.26	-0 49.07	65 35.4
251	Bitburg	» » 14	0^p 23 -50	65	16.00	26.00	18.00	16.25	65 19.06	66 19.84	-1 0.78	-5.50	-0.24	-1 6.52	65 18.0
252	Löberg	» » 15	0^p 2 -30	65	7.25	17.50	12.00	6.25	65 10.75	66 20.59	-1 9.84	-5.50	-0.25	-1 15.59	65 8.9
253	Fraulautern I	» » 17	4^p 36 -62	64	48.50	56.75	52.00	46.00	64 50.81	66 19.56	-1 28.75	-5.50	-0.01	-1 34.26	64 50.0
			5^p 4 -30		48.00	58.75	50.25	44.50	50.38	19.56	$-$ 29.18	-5.50	-0.06	$-$ 34.74	
			5^p 32 -56		46.50	57.50	51.75	45.75	50.38	19.34	$-$ 28.96	-5.50	-0.09	$-$ 34.55	
254	Hofkopf	» » 19	9^a 8 -38	64	59.00	66.00	61.25	58.75	65 1.25	66 20.49	-1 19.24	-5.50	$+0.04$	-1 24.70	64 59.8
255	Nannhausen I	» » 20	10^a 44 -74	65	11.75	23.25	13.75	10.00	65 14.69	66 19.75	-1 5.06	-5.50	-0.10	-1 10.66	65 13.8
256	Rauenthal I	» » 22	3^p 3 -30	65	16.25	25.50	19.50	14.75	65 19.00	66 21.72	-1 2.72	-5.50	$+0.04$	-1 8.18	65 16.3
257	Wehrheim	» » 24	11^a 7 -39	65	24.25	30.75	25.25	22.00	65 25.56	66 22.14	-0 56.58	-5.50	-0.12	-1 2.20	65 22.3

B. Beobachtungen der Inklination.

Lfde. Nr.	Namen der Station	Zeit der Beobachtung		Nadel: Lage	I		II		Nördl. Inklination		Diff. St.–Pdm.	Instr. Korr.	Var. Korr.	Korr. Diff.	N. Inkl. 1901.0
		Datum	Pdm. O.-Zt.		A	B	A	B	a. d. Station	in Potsdam					
258	Hailer	1903 Aug. 25	$10^a\ 39^m\ -73^m$	65	13.50	22.50	16.25	11.75	65 16.00	66 21.07	—1 5.07	—5.50	—0.08	—1 10.65	65 13.8
259	Neuenberg	» » 26	$9^a\ 30\ -63$	65	29.00	38.00	32.50	25.75	65 31.31	66 24.90	—0 53.59	—5.50	0.00	—0 59.09	65 25.4
260	Würzburg	» » 27	$5^p\ 8\ -34$	64	47.25	55.00	48.75	46.75	64 49.44	66 20.20	—1 30.76	—5.50	—0.04	—1 36.30	64 48.2
261	Königsberg i. Fr.	» » 28	$0^p\ 11\ -43$	65	0.75	10.75	5.00	0.00	65 4.12	66 21.08	—1 16.96	—5.50	—0.04	—1 22.50	65 2.1
		» » 29	$8^a\ 36\ -75$	64	59.25	70.75	64.00	62.75	4.19	21.02	16.83	—5.50	+0.04	22.29	
			$10^a\ 0\ -34$		59.75	69.75	63.75	63.50	4.19	21.07	16.88	—5.50	+0.02	22.36	
262	Alter Berg	» » 31	$0^p\ 7\ -36$	65	13.25	22.00	15.50	12.75	65 15.87	66 19.54	—1 3.67	—5.50	—0.06	—1 9.23	65 15.3
263	Möser I	» Sept. 7	$1^p\ 47\ -82$	66	25.00	33.25	26.50	23.00	66 26.94	66 18.71	+0 8.23	—5.50	0.00	+0 2.73	66 27.2
264	Kampehl	» » 8	$0^p\ 9\ -40$	66	43.50	51.75	46.75	43.25	66 46.31	66 20.50	+0 25.81	—5.50	—0.01	+0 20.32	66 44.8
265	Schönfließ I	» » 9	$2^p\ 10\ -44$	66	28.75	37.50	31.25	29.00	66 31.62	66 19.09	+0 12.53	—5.50	0.00	+0 7.03	66 31.5

C. Beobachtungen der Horizontalintensität.

Lfde. Nr.	Namen der Station	Zeit der Beobachtung		Magnet	Abl.-W. φ	$\Delta\delta - A\Delta\varphi^2$	Temp. t	log sin φ_0	log C	Var. Korr.	Hor.-Intensität a. d. Station	in Potsdam	Diff. St.–Pdm.	Hor.-Int. 1901.0
		Datum	Pdm. O.-Zt.											
1	Reichenbach	1898 Juli 18	$2^p\ 34^m\ -44^m$	H 1	42 10.12	+0.14	22.28	9.82952	9.11675	—0.6	0.19374	0.18808	566	0.19423
			$2^p\ 48\ -59$	2	40 54.00	—0.17	21.20	81839	10584	—0.6	384	810	574	
		» » 19	$3^p\ 20\ -32$	2	40 52.56	+0.21	21.38	81831	10584	—0.4	388	812	576	
			$3^p\ 36\ -45$	1	42 11.45	—0.12	21.16	82927	11675	—0.4	385	814	571	
			$3^p\ 47\ -57$	2	40 53.42	+0.12	20.82	81821	10584	—0.4	392	818	574	
			$4^p\ 1\ -12$	1	42 14.39	—0.05	19.68	82916	11675	—0.4	390	823	567	
2	Goy	» » 22	$2^p\ 40\ -51$	H 1	41 28.72	+0.03	21.80	9.82349	9.11675	—1.4	0.19644	0.18810	834	0.19683
			$2^p\ 59\ -71$	2	40 13.64	—0.07	22.96	81314	10584	—1.2	619	788	831	
			$5^p\ 0\ -10$	1	41 26.69	+0.20	22.94	82364	11675	—0.7	638	806	832	
			$5^p\ 12\ -22$	2	40 12.55	+0.05	22.00	81262	10584	—0.8	643	819	824	
		» » 23	$3^p\ 0\ -12$	1	41 12.34	—0.07	28.82	82368	11675	—1.2	636	801	835	
			$3^p\ 15\ -26$	2	39 53.52	+0.16	30.00	81288	10584	—1.0	631	802	829	
		1900 Aug. 13	$0^p\ 34\ -44$	H 1	41 36.47	—0.15	23.28	9.82509	9.11870	—1.9	0.19659	0.18826	833	0.19684
			$0^p\ 48\ -55$	2	40 39.80	0.00	23.72	81731	11101	—1.7	663	829	834	
			$2^p\ 22\ -30$	E 1	39 37.93	—0.12	23.31	80607	10013	—0.3	682	849	833	
			$2^p\ 34\ -41$	2	35 27.72	—0.09	22.83	76446	05860	—0.3	685	852	833	
			$2^p\ 48\ -55$	D 1	45 27.94	+0.04	24.74	85599	15008	—0.3	683	852	831	
			$2^p\ 58\ -65$	2	46 33.82	—0.07	24.07	86444	15850	—0.3	682	852	830	
		» » 28	$11^a\ 34\ -42$	H 1	41 58.12	—0.07	14.71	9.82514	9.11873	—2.0	0.19658	0.18828	830	0.19680
			$11^a\ 49\ -56$	2	41 3.51	+0.23	14.76	81739	11105	—2.2	661	832	829	
			$0^p\ 2\ -10$	E 1	39 45.94	—0.23	15.09	80593	09960	—2.2	662	834	828	
			$0^p\ 13\ -22$	2	35 31.43	—0.05	14.76	76418	05787	—2.2	663	835	828	
			$0^p\ 28\ -38$	D 1	45 54.33	—0.03	15.16	85629	15004	—2.0	666	837	829	
			$0^p\ 42\ -51$	2	47 2.70	—0.04	15.64	86468	15845	—1.7	666	841	825	
3	Moschin	1898 Juli 27	$2^p\ 12\ -25$	H 1	43 0.04	—0.01	21.72	9.83616	9.11675	—1.2	0.19079	0.18798	281	0.19135
			$2^p\ 30\ -41$	2	41 37.48	+0.36	21.98	82503	10584	—1.0	089	808	281	
		» » 28	$11^a\ 10\ -31$	1	43 14.50	—0.18	17.69	83666	11675	—0.9	058	777	281	
			$11^a\ 34\ -45$	2	41 53.51	—0.09	17.90	81568	10584	—1.4	060	778	282	
			$1^p\ 47\ -54$	1	42 56.52	—0.04	23.05	83617	11675	—1.6	079	793	286	
			$1^p\ 58\ -68$	2	41 41.36	—0.17	21.18	82520	10584	—1.2	082	795	287	
4	Schwetz	» Aug. 1	$4^p\ 3\ -14$	H 1	44 4.74	+0.07	16.38	9.84288	9.11675	—0.2	0.18787	0.18793	— 6	0.18848
			$4^p\ 19\ -34$	2	42 42.32	—0.26	16.34	83185	10584	0.0	793	794	— 1	
			$6^p\ 4\ -15$	1	44 3.79	—0.07	16.05	84261	11675	—0.9	798	803	— 5	
			$6^p\ 18\ -28$	2	42 42.09	—0.02	15.78	83163	10584	—0.7	802	804	— 2	
		» » 2	$9^a\ 12\ -22$	1	43 57.94	—0.19	18.55	84272	11675	+0.7	795	805	— 10	
			$9^a\ 24\ -35$	2	42 34.83	—0.11	18.46	83163	10584	+0.4	803	804	— 1	
5	Hochredlau	» » 6	$9^a\ 7\ -19$	H 1	46 7.85	—0.16	23.09	9.86074	9.11675	+0.7	0.18032	0.18763	—731	0.18125
			$9^a\ 27\ -39$	2	44 34.62	+0.26	23.40	84949	10584	+0.2	045	769	—724	
			$11^a\ 22\ -29$	1	45 58.88	—0.10	24.86	86029	11675	—1.5	048	775	—727	
			$11^a\ 31\ -38$	2	44 28.22	+0.23	24.50	84908	10584	—1.8	060	779	—719	
			$1^p\ 5\ -14$	1	45 51.08	+0.14	26.80	86008	11675	—2.9	055	787	—732	
			$1^p\ 16\ -24$	2	44 21.30	—0.42	27.00	84908	10584	—2.9	059	787	—728	

C. Beobachtungen der Horizontalintensität.

Lfde. Nr.	Namen der Station	Datum	Pdm. O.-Zt.	Magnet	Abl.-W. φ	$\Delta\delta - A\Delta\varphi^2$	Temp. t	$\log \sin \varphi_0$	$\log C$	Var. Korr.	Hor.-Int. a. d. Station	Hor.-Int. in Potsdam	Diff. St.-Pdm.	Hor.-Int. 1901.0
6	Köslin II	1898 Aug. 8	4^p 17^m —32^m	H 1	44 39.64	+0.10	21.60	9.84924	9.11675	—0.6	0.18514	0.18804	—290	0.18572
			4^p 36 —48	2	43 14.26	—0.15	21.34	83810	10584	—0.5	524	808	—284	
			6^p 35 —43	1	44 42.99	+0.08	18.88	84870	11675	—0.5	537	818	—281	
			6^p 46 —55	2	43 19.74	—0.06	18.50	83776	10584	—0.6	538	815	—277	
		9	7^a 54 —64	1	44 29.08	—0.08	25.35	84922	11675	+1.6	517	792	—275	
			8^a 6 —15	2	43 4.02	—0.06	25.49	83832	10584	+1.4	516	788	—272	
7	Bernikow I	» » 11	0^p 28 —36	H 2	42 58.36	—0.12	23.49	9.83678	9.10584	—0.8	0.18580	0.18794	—214	0.18634
			0^p 37 —44	1	44 22.35	+0.03	22.79	84744	11675	—0.9	590	796	—206	
		» » 12	8^a 35 —42	1	44 31.48	—0.21	21.00	84795	11675	+0.5	570	795	—225	
			8^a 45 —52	2	43 7.95	—0.01	20.74	83703	10584	+0.5	570	794	—224	
			10^a 40 —48	1	44 23.46	—0.18	23.59	84785	11675	—0.1	578	791	—213	
			10^a 51 —59	2	42 56.04	+0.09	24.92	83705	10584	—0.1	569	793	—224	
		» Sept. 23	11^a 26 —37	H 1	44 52.70	—0.14	12.39	9.84764	9.11645	—0.8	0.18569	0.18754	—185	0.18655
			11^a 41 —54	2	43 34.86	—0.02	12.70	83760	10590	—0.8	547	753	—206	
			0^p 8 —20	D 1	49 52.21	—0.02	13.75	88304	15134	—4.7	547	745	—198	
			0^p 22 —34	2	51 7.92	+0.11	15.14	89137	15948	—0.6	539	738	—199	
8	Promoisel	» Aug. 15	3^p 57 —69	H 1	46 3.30	+0.14	22.69	9.86008	9.11675	0.0	0.18058	0.18817	—759	0.18016[1]
			4^p 12 —21	2	44 37.35	—0.22	22.45	84941	10584	+0.1	048	815	—767	
		» 17	9^a 5 —19	2	45 9.81	—0.42	25.36	85462	10584	+0.1	0.17833	745	—912	
			9^a 22 —33	1	46 40.12	—0.19	25.45	86548	11675	0.0	835	740	—905	
9	Burg III	» » 27	11^a 59 —72	H 1	43 28.58	—0.13	27.96	9.84225	9.11650	+0.5	0.18804	0.18778	26	0.18828[2]
			0^p 16 —28	2	42 6.54	+0.42	27.68	83134	10571	+0.5	810	789	21	
			0^p 45 —58	D 1	48 24.88	+0.05	28.68	87814	15157	+0.5	769	792	— 23	
			1^p 5 —21	2	48 49.22	—0.04	28.72	88618	15957	+0.4	767	792	— 25	
10	Stendal I	» » 28	0^p 28 —48	H 1	44 10.34	+0.29	20.50	9.84510	9.11649	+0.5	0.18681	0.18778	— 97	0.18704[2]
			0^p 52 —66	2	42 51.04	—0.03	19.79	83425	10572	+0.5	684	786	—102	
			1^p 14 —28	D 1	49 12.32	—0.14	21.41	88107	15155	+0.5	642	792	—150	
			1^p 32 —46	2	50 21.38	—0.08	21.64	88900	15957	+0.5	646	792	—146	
11	Rosenhagen I	» Aug. 29	1^p 21 —38	H 1	44 46.54	—0.08	19.48	9.84934	9.11648	+0.2	0.18499	0.18795	—296	0.18507[3]
			1^p 43 —57	2	43 24.65	—0.55	19.36	83867	10573	+0.4	496	800	—304	
			2^p 6 —20	D 1	49 57.20	+0.08	20.36	88561	15154	+0.3	447	797	—350	
			2^p 24 —38	2	51 8.10	—0.05	20.29	89332	15956	+0.2	460	800	—340	
12	Wittstock III	» » 30	2^p 51 —65	H 1	44 45.86	+0.21	17.18	9.84848	9.11648	0.0	0.18535	0.18803	—268	0.18583[3]
			3^p 32 —44	2	43 19.63	—0.19	17.60	83738	10574	0.0	551	808	—257	
			4^p 57 —68	D 1	49 44.26	—0.01	17.88	88345	15154	+0.1	539	804	—265	
			5^p 12 —23	2	51 1.91	+0.01	17.52	89164	15955	+0.1	531	806	—275	
13	Gottmannsförde	» Sept. 1	5^p 8 —19	H 1	45 39.70	+0.13	13.88	9.85405	9.11649	+0.4	0.18300	0.18799	—499	0.18349
			5^p 28 —39	2	44 15.66	—0.06	13.65	84330	10573	+0.4	299	803	—504	
			5^p 45 —58	D 1	50 49.48	—0.02	13.42	88896	15153	+0.4	305	808	—503	
			6^p 6 —18	2	52 11.45	—0.31	13.25	89697	15955	+0.4	305	812	—507	
14	Mittel-Wendorf	» » 2	1^p 27 —37	H 1	46 6.22	—0.11	18.44	9.85888	9.11651	+0.5	0.18098	0.18802	—704	0.18148
			1^p 45 —57	2	44 38.61	—0.16	18.36	84802	10575	+0.5	103	803	—700	
			2^p 17 —31	D 1	51 23.75	+0.04	18.48	89398	15152	+0.4	094	803	—709	
			2^p 33 —46	2	52 50.08	—0.01	16.29	90188	15955	+0.3	100	803	—703	
15	Güstrow	» » 3	3^p 36 —49	H 1	46 2.28	+0.12	18.14	9.85833	9.11652	0.0	0.18121	0.18753	—632	0.18221
			3^p 55 —67	2	44 31.88	—0.26	17.99	84700	10577	0.0	146	774	—628	
			4^p 16 —31	D 1	51 9.09	+0.11	18.42	89249	15151	0.0	156	789	—633	
			4^p 34 —49	2	52 26.22	+0.02	18.28	90032	15955	—0.1	165	795	—630	
16	Spornitz	» » 5	3^p 0 —11	H 1	45 15.82	+0.08	18.56	9.85274	9.11653	0.0	0.18356	0.18790	—434	0.18416
			3^p 15 —24	2	43 53.56	—0.05	18.12	84210	10579	0.0	352	789	—437	
			3^p 32 —44	D 1	50 20.71	+0.08	19.02	88768	15150	—0.1	358	794	—436	
			3^p 48 —62	2	51 34.81	—0.06	19.24	89561	15954	0.0	362	798	—436	
17	Sparow	» » 6	1^p 43 —55	H 1	45 21.21	+0.29	22.18	9.85472	9.11654	+0.2	0.18273	0.18796	—523	0.18334
			3^p 57 —70	2	43 54.82	—0.20	22.14	84379	10581	0.0	282	798	—516	
			4^p 18 —32	D 1	50 26.10	+0.10	22.59	88934	15148	0.0	287	799	—513	
			4^p 34 —47	2	51 43.76	—0.01	22.18	89762	15954	+0.1	278	799	—521	
18	Salem	» » 7	4^p 32 —43	H 1	45 17.32	+0.06	20.35	9.85356	9.11655	0.0	0.18323	0.18806	—483	0.18361
			4^p 45 —54	2	43 56.45	—0.15	19.59	84303	10583	0.0	315	807	—492	
			2^p 2 —15	D 1	50 26.40	—0.04	21.75	88910	15147	0.0	297	794	—497	
			2^p 19 —31	2	51 37.55	—0.08	21.90	89690	15953	0.0	308	799	—491	
19	Hohenfelde	» » 8	1^p 54 —66	H 1	45 36.68	+0.15	26.64	9.85825	9.11655	+0.3	0.18126	0.18811	—685	0.18158
			2^p 16 —29	2	44 9.84	—0.05	27.00	84765	10585	+0.3	122	815	—693	
			2^p 39 —56	D 1	50 51.08	+0.06	27.28	89339	15146	+0.3	116	816	—700	
			2^p 59 — 71	2	52 2.13	—0.26	27.43	90143	15952	0.0	117	814	—697	
20	Barth I	» » 9	2^p 17 —26	H 1	45 37.52	+0.24	29.12	9.85928	9.11656	+0.1	0.18083	0.18866	—783	0.18071
			2^p 30 —40	2	44 6.92	+0.24	29.15	84815	10587	+0.1	102	887	—785	
			2^p 45 —57	D 1	50 45.46	—0.10	30.18	89369	15144	0.0	103	877	—774	
			3^p 1 —30	2	51 57.24	—0.75	30.22	90200	15952	0.0	093	874	—781	
21	Siemersdorf	» » 10	10^a 12 —21	H 1	46 15.64	+0.52	24.46	9.86227	9.11655	0.0	0.17959	0.18665	—706	0.18148
			10^a 24 —34	2	44 39.22	+0.30	24.55	85065	10588	0.0	998	702	—704	
			10^a 39 —52	D 1	51 28.88	+0.51	24.95	89655	15142	0.0	983	684	—701	
			10^a 58 —74	2	52 30.12	—0.06	26.12	90374	15951	0.0	0.18021	724	—703	
22	Vilmnitz	» » 11	11^a 31 —56	H 1	45 48.32	—0.07	20.08	9.85729	9.11655	—0.3	0.18166	0.18759	— 593	0.18267
			0^p 33 —43	2	44 24.07	—0.04	19.14	84646	10589	—0.2	173	757	—584	
			0^p 54 —67	D 1	50 58.80	—0.03	20.22	89198	15140	—0.2	173	758	—585	
			1^p 21 —37	2	52 18.20	—0.02	19.20	89989	15950	0.0	181	758	—577	

[1] Siehe die Bemerkung im Text. [2] H$_1$ und H$_2$ bei der Mittelbildung nicht berücksichtigt. [3] H$_2$ bei der Mittelbildung nicht berücksichtigt.

C. Beobachtungen der Horizontalintensität.

Lfde. Nr.	Namen der Station	Datum	Pdm. O.-Zt.	Magnet	Abl.-W. φ	Δδ—AΔφ²	Temp. t	log sin φ₀	log C	Var. Korr.	Hor.-Int. a. d. Station	in Potsdam	Diff. St.-Pdm.	Hor.-Int. 1901.0
23	Buhrkow	1898 Sept. 12	9a 35m —46m	H1	46 49.28	—1.15	19.92	9.86458	9.11654	0.0	0.17863	0.18727	—864	0.17988
			9a 48 —59	2	45 21.95	+1.12	19.68	85403	10590	0.0	860	727	—867	
			10a 7 —26	D1	52 9.38	—1.05	20.98	89928	15139	0.0	869	728	—859	
			10a 29 —40	2	53 32.92	+1.02	20.45	90750	15950	0.0	865	729	—864	
24	Thurow	» » 14	1p 36 —49	H1	45 50.74	+1.30	18.86	9.85719	9.11653	—0.1	0.18169	0.18781	—612	0.18247
			1p 55 —65	2	44 24.06	+1.02	18.74	84632	10591	—0.1	180	783	—603	
			2p 13 —25	D1	51 0.25	+1.02	19.01	89175	15138	—0.2	182	784	—602	
			2p 28 —41	2	52 17.90	—1.05	19.22	89986	15949	—0.1	182	785	—603	
25	Garz I	» » 15	1p 20 —31	H1	45 18.24	+1.03	20.66	9.85377	9.11652	—0.2	0.18313	0.18780	—467	0.18385
			1p 35 —45	2	43 55.32	—1.02	20.25	84315	10591	—0.2	313	780	—467	
			1p 53 —67	D1	50 24.22	+1.02	21.17	88869	15137	—0.3	310	780	—470	
			2p 11 —28	2	51 42.28	—1.02	20.02	89666	15949	—0.3	316	779	—463	
26	Belling I	» » 16	9a 10 —26	H1	45 13.95	—1.29	15.04	9.85122	9.11651	+0.4	0.18420	0.18764	—344	0.18513
			9a 29 —38	2	43 49.02	+1.15	15.54	84056	10592	+0.2	423	764	—341	
			9a 45 —63	D1	50 12.55	—1.02	16.18	88593	15136	+0.1	426	760	—334	
			10a 6 —18	2	51 30.11	—1.02	16.50	89411	15949	0.0	424	760	—336	
27	Neu-Rhäse	» » 17	2p 26 —35	H1	45 0.53	+1.18	21.35	9.85182	9.11650	0.0	0.18394	0.18795	—401	0.18418[1]
			2p 38 —48	2	43 37.96	—1.14	21.36	84126	10592	0.0	393	789	—396	
			2p 59 —70	D1	50 12.14	+1.02	21.72	88760	15136	0.0	355	791	—436	
			3p 12 —24	2	51 26.19	—1.08	21.65	89565	15949	0.0	359	792	—433	
28	Himmelpforter W.F.I	» » 18	0p 7 —19	H1	44 39.09	+1.03	23.39	9.84981	9.11649	0.0	0.18479	0.18773	—294	0.18557
			0p 22 —31	2	43 13.90	+1.02	23.92	83906	10592	0.0	487	778	—291	
			0p 37 —48	D1	49 35.32	+1.10	24.53	88457	15136	0.0	484	779	—295	
			0p 51 —63	2	50 45.22	+1.26	24.72	89269	15949	0.0	484	783	—299	
29	Grüneberg II	» » 19	0p 37 —47	H1	44 34.98	0.00	16.20	9.84672	9.11648	—0.1	0.18611	0.18788	—177	0.18656[1]
			0p 51 —61	2	43 13.14	—0.02	16.94	83629	10592	—0.1	605	788	—183	
			1p 8 —30	D1	49 36.60	+0.01	15.68	88196	15135	—0.1	595	791	—196	
			1p 34 —46	2	50 52.73	—0.14	15.82	89005	15948	—0.1	596	791	—195	
30	Sommerfelde	» » 21	1p 19 —31	H1	44 13.93	+0.11	20.79	9.84566	9.11647	—0.2	0.18656	0.18792	—136	0.18712
			1p 34 —46	2	42 56.05	—0.05	19.48	83503	10592	—0.2	659	794	—135	
			1p 53 —65	D1	49 15.28	+0.08	18.68	88058	15135	—0.2	654	795	—141	
			2p 8 —18	2	50 29.71	—0.12	18.94	88885	15948	—0.2	648	794	—146	
31	Greifenberg	» » 22	0p 18 —30	H1	44 50.30	—0.13	14.96	9.84823	9.11646	—0.3	0.18545	0.18785	—240	0.18614
			0p 32 —41	2	43 27.95	+0.01	14.84	83748	10592	—0.2	554	787	—233	
			0p 45 —58	D1	49 49.06	—0.04	15.10	88311	15135	—0.1	546	786	—240	
			1p 0 —11	2	51 2.50	0.00	15.86	89108	15948	—0.3	552	790	—238	
32	Gollnow VI	» » 25	3p 57 —66	H1	45 10.12	+0.22	10.89	9.84937	9.11644	—0.1	0.18496	0.18781	—285	0.18569
			4p 11 —23	2	43 50.75	—0.44	10.95	83899	10592	—0.2	490	773	—283	
			4p 28 —40	D1	50 13.12	+0.18	11.14	88450	15134	—0.3	486	772	—286	
			4p 43 —61	2	51 32.81	0.00	10.71	89226	15947	—0.3	502	779	—277	
33	Revenow	» » 26	2p 38 —46	H1	45 30.72	—0.01	13.05	9.85265	9.11643	—0.2	0.18356	0.18787	—431	0.18421
			3p 1 —10	2	44 8.98	—0.01	12.92	84217	10591	+0.1	354	787	—433	
			3p 17 —30	D2	51 57.37	—0.08	13.86	88754	15133	+0.1	356	788	—432	
			3p 33 —44	1	50 34.51	0.00	13.32	89565	15947	+0.1	358	788	—430	
34	Marienau	» » 27	9a 4 —15	H1	45 25.25	—0.17	12.26	9.85177	9.11642	+0.9	0.18394	0.18776	—382	0.18472
			9a 23 —34	2	44 0.99	+0.15	13.62	84141	10590	+0.7	387	773	—386	
			9a 42 —55	D1	50 27.28	+0.08	13.45	88668	15132	+0.4	392	770	—378	
			9a 59 —71	2	51 45.24	—0.02	14.32	89481	15947	+0.2	393	768	—375	
			3p 50 —58	H1	45 16.32	+0.10	14.69	85154	11642	0.0	403	785	—382	
			3p 59 —67	2	43 54.65	—0.08	14.50	84087	10590	—0.2	409	788	—379	
35	Alt-Borck I	» » 28	0p 1 —10	H1	45 25.26	—0.44	15.95	9.85293	9.11641	—1.1	0.18342	0.18788	—446	0.18404
			0p 13 —21	2	44 3.68	—0.10	16.14	84267	10590	—1.0	332	787	—455	
			0p 28 —68	D1	50 26.34	—0.18	16.82	88757	15131	—0.8	353	796	—443	
			1p 10 —22	1	50 28.96	+0.20	17.04	88794	15131	—0.6	338	789	—451	
			1p 24 —41	2	51 46.64	0.00	16.92	89592	15946	—0.5	345	791	—446	
36	Schivelbein I	» » 29	2p 49 —59	H1	45 10.54	+0.13	13.22	9.85021	9.11640	—0.1	0.18458	0.18770	—312	0.18542
			3p 4 —15	2	43 49.65	+0.05	13.05	83969	10589	+0.1	459	773	—314	
			3p 28 —39	D1	50 14.35	—0.06	12.78	88509	15131	0.0	459	764	—305	
			3p 42 —57	2	51 44.10	—0.98	12.52	89394	15946	0.0	430	738	—308	
37	Janikow I	» » 30	11a 26 —34	H1	44 40.05	—0.15	15.78	9.84720	9.11639	—1.3	0.18585	0.18777	—192	0.18639[1]
			11a 36 —43	2	43 18.61	+0.01	15.49	83648	10589	—1.3	594	777	—183	
			11a 46 —55	D1	49 42.04	0.00	15.55	88250	15130	—1.2	568	779	—211	
			11a 57 —67	2	50 58.20	—0.02	15.99	89069	15946	—1.2	565	779	—214	
38	Lange Berg	» Okt. 1	0p 31 —40	H1	44 31.16	—0.01	17.20	9.84658	9.11639	—0.7	0.18612	0.18779	—167	0.18684
			0p 44 —54	2	43 11.38	+0.12	17.00	83608	10588	—0.6	611	779	—168	
			1p 5 —15	D1	49 28.62	+0.04	17.22	88158	15129	—0.6	607	778	—171	
			1p 17 —33	2	50 44.82	—0.03	16.90	88965	15945	—0.5	612	780	—168	
39	Zühlsdorf III	» » 2	10a 20 —29	H1	44 22.38	—0.37	12.92	9.84391	9.11638	—0.1	0.18727	0.18783	— 56	0.18766[1]
			10a 32 —39	2	43 1.70	+0.12	12.88	83322	10588	—0.4	735	781	— 46	
			10a 46 —55	D1	49 21.95	—0.04	13.08	87959	15129	—0.7	693	779	— 86	
			10a 58 —69	2	50 39.48	+0.06	13.22	88773	15945	—0.9	694	781	— 87	
40	Dragebruch	» » 3	1p 8 —19	H1	43 52.56	+0.14	18.74	9.84212	9.11638	—1.0	0.18803	0.18790	13	0.18865
			1p 22 —31	2	42 35.42	—0.12	18.02	83155	10587	—0.7	806	790	16	
			1p 49 —66	D1	48 42.94	+0.06	18.30	87691	15128	—0.6	808	796	12	
			2p 8 —19	2	49 56.40	+0.05	18.02	88501	15944	—0.6	811	801	10	
41	Penckowo	» » 4	11a 25 —32	H1	43 45.35	—0.08	15.05	9.83986	9.11638	—0.8	0.18902	0.18773	129	0.18978
			11a 34 —42	2	42 28.80	+0.08	14.76	82944	10587	—0.8	898	774	124	

[1] H₁ und H₂ bei der Mittelbildung nicht berücksichtigt.

C. Beobachtungen der Horizontalintensität.

Lfde. Nr.	Namen der Station	Zeit der Beobachtung — Datum	Pdm. O.-Zt.	Magnet	Abl.-W. φ	$\frac{\Delta\delta}{\Delta\varphi}-\Delta\Delta\varphi^2$	Temp. t	log sin φ₀	log C	Var. Korr.	Hor.-Intensität a. d. Station	Hor.-Intensität in Potsdam	Diff. St.-Pdm.	Hor.-Int. 1901.0
41	Penckowo	1898 Okt. 4	11a 46m —55m	D 1	48 33.62	+0.01	14.80	9.87480	9.15127	—0.7	0.18899	0.18774	125	0.18978
			11a 58 —66	2	49 48.49	+0.10	14.76	88295	15944	—1.4	900	776	124	
42	Minikowo	» » 5	4p 33 —42	H 1	43 13.80	+0.03	15.81	9.83593	9.11639	—0.3	0.19075	0.18805	270	0.19118
			4p 44 —51	2	41 59.25	—0.04	15.22	82549	10586	—0.3	071	804	267	
			4p 54 —65	D 1	47 57.16	0.00	15.56	87092	15126	—0.3	070	804	266	
			5p 7 —15	2	49 15.05	+0.01	14.23	87914	15943	—0.5	067	803	264	
		» » 6	1p 6 —14	H 1	43 21.15	+0.21	13.16	83602	11639	—1.1	070	805	265	
			1p 16 —25	2	42 5.99	—0.08	12.94	82557	10586	—1.0	066	801	265	
43	Meseritz I	» » 7	0p 58 —67	H 1	43 47.92	—0.49	13.35	9.83955	9.11639	—0.7	0.18915	0.18797	118	0.18976
			1p 9 —17	2	42 28.98	—0.14	13.30	82889	10586	—0.7	917	798	119	
			1p 22 —33	D 1	48 32.42	+0.05	13.52	87429	15125	—0.6	921	790	131	
			1p 35 —46	2	49 51.12	—0.12	12.92	88253	15942	—0.6	918	792	126	
44	Adamowo	» » 8	11a 41 —51	H 1	43 26.94	—0.07	12.68	9.83658	9.11640	—1.2	0.19046	0.18772	274	0.19129
			11a 53 —64	2	42 10.82	—0.10	12.18	82595	10587	—1.2	050	773	277	
			0p 10 —18	D 1	48 9.98	—0.02	11.76	87123	15124	—1.0	054	774	280	
			0p 20 —29	2	49 25.99	0.00	11.90	87946	15941	—1.0	051	774	277	
45	Priebisch	» » 9	1p 22 —31	H 1	42 57.10	+0.21	12.98	9.83273	9.11640	—0.8	0.19217	0.18775	442	0.19298
			1p 42 —50	2	41 45.60	+0.10	11.26	82210	10587	—0.7	220	775	445	
			1p 54 —64	D 1	47 38.32	0.00	11.44	86752	15122	—0.7	217	774	443	
			2p 7 —15	2	48 51.74	0.00	11.28	87549	15940	—0.6	226	774	452	
46	Zölling II	» » 10	11a 51 —62	H 1	42 48.85	—0.19	12.40	9.83134	9.11641	—0.9	0.19277	0.18783	494	0.19337[1]
			0p 6 —17	2	41 32.51	—0.05	12.76	82077	10588	—0.9	279	784	495	
			1p 54 —65	D 1	47 21.21	+0.06	13.15	86606	15121	—0.5	281	795	486	
			2p 7 —19	2	48 36.00	—0.12	12.82	87432	15939	—0.4	278	794	484	
47	Eugenienhof	» » 11	10a 25 —32	H 1	43 42.90	—0.15	7.74	9.83702	9.11642	—0.1	0.19028	0.18792	236	0.19085
			10a 34 —41	2	42 25.88	+0.12	8.10	82657	10589	—0.3	025	793	232	
			10a 45 —55	D 1	48 24.55	+0.02	8.52	87192	15120	—0.4	023	792	231	
			10a 59 —69	2	49 42.54	+0.02	8.39	87997	15937	—0.6	027	793	234	
48	Reppen I	» » 12	9a 30 —39	H 1	44 5.01	—0.13	8.59	9.84021	9.11643	+0.6	0.18890	0.18791	99	0.18951
			9a 42 —53	2	42 47.28	+0.33	8.64	82974	10590	+0.5	887	793	94	
			10a 9 —20	D 1	48 50.00	—0.09	8.94	87486	15118	+0.2	894	793	101	
			10a 24 —35	2	50 8.38	+0.21	9.05	88297	15936	—0.1	897	795	102	
49	Grunow II	» » 14	4p 18 —28	H 1	44 4.47	—0.16	4.76	9.83885	9.11644	0.0	0.18949	0.18796	153	0.19002
			4p 32 —40	2	42 49.12	—0.02	4.68	82849	10591	0.0	942	796	146	
			4p 46 —55	D 2	50 15.19	0.00	3.80	88178	15934	0.0	948	797	151	
50	Gr. Cammin I	» » 15	1p 0 —12	H 1	44 38.25	—0.08	2.79	9.84259	9.11645	—0.5	0.18786	0.18806	— 20	0.18836
			1p 17 —27	2	43 19.81	+0.06	2.76	83195	10592	—0.4	792	809	— 17	
			1p 33 —43	D 1	49 25.95	+0.03	3.22	87713	15116	—0.4	794	808	— 14	
			1p 46 —56	2	50 48.57	—0.04	3.86	88526	15933	—0.4	796	808	— 12	
51	Gralow I	» » 17	11a 5 —15	H 1	44 36.10	0.00	2.55	9.84224	9.11646	—0.6	0.18803	0.18794	9	0.18860
			11a 18 —27	2	43 19.55	+0.07	2.50	83183	10593	—0.7	796	793	3	
			11a 34 —45	D 1	49 24.94	+0.06	2.75	87689	15114	—0.8	803	794	9	
			11a 49 —60	2	50 50.20	+0.02	2.59	88499	15931	—0.7	806	795	11	
52	Rehfelde I	» » 18	9a 15 —24	H 1	44 45.64	—0.16	2.22	9.84333	9.11647	+0.4	0.18756	0.18797	— 41	0.18814
			9a 29 —37	2	43 27.72	+0.03	2.46	83289	10594	+0.4	752	795	— 43	
			9a 49 —58	D 1	49 33.66	—0.01	2.91	87787	15113	+0.3	761	795	— 34	
			10a 2 —12	2	50 58.78	+0.05	3.14	88606	15929	+0.2	760	795	— 35	
53	Willenberg I	1899 Juli 13	4p 39 —49	H 1	45 9.74	+0.03	26.99	9.85500	9.12066	—0.5	0.18436	0.18820	—384	0.18477
			4p 52 —60	2	43 59.95	—0.09	24.94	84555	11148	—0.7	446	820	—374	
			5p 0 — 9	2	44 2.70	+0.01	23.72	84544	11148	—0.5	451	821	—370	
			1p 26 —47	D 1	49 33.92	—0.08	26.56	88503	15067	—1.9	433	810	—377	
			1p 53 —72	2	50 45.66	+0.08	26.04	89322	15888	—1.4	435	814	—379	
			2p 36 —43	1	49 27.72	—0.15	26.75	88442	15067	—1.2	460	832	—372	
			2p 48 —55	2	50 38.85	—0.02	26.88	89263	15888	—1.2	460	828	—368	
		» Aug. 16	5p 2 — 7	H 1	45 8.50	—0.01	26.36	9.85460	9.12066	—0.7	0.18452	0.18827	—375	0.18483
			6p 35 —41	2	44 4.50	+0.04	22.60	84525	11148	—1.4	459	830	—371	
			3p 32 —39	D 1	49 23.20	+0.04	28.16	88441	15067	0.0	461	825	—364	
			3p 43 —49	2	50 27.46	0.00	29.39	89263	15888	+0.2	461	826	—365	
		» » 22	2p 15 —28	H 1	45 14.84	+0.04	23.76	9.85447	9.12066	—1.2	0.18457	0.18830	—373	0.18486
			4p 53 —58	2	44 10.08	—0.04	21.28	84547	11148	—0.5	451	813	—362	
			1p 27 —34	D 1	49 37.35	0.00	23.03	88431	15067	—2.4	463	826	—363	
			1p 48 —56	2	50 50.42	—0.01	23.14	89259	15888	—1.9	460	827	—367	
		» » 28	5p 40 — 45	H 1	45 43.50	—0.01	13.71	9.85445	9.12066	—1.0	0.18458	0.18836	—378	0.18476
			5p 50 —55	2	44 29.04	+0.02	14.08	84519	11148	—1.1	461	841	—380	
			4p 44 —50	D 1	49 57.60	+0.02	15.66	88420	15067	—0.3	470	840	—370	
			4p 59 —65	2	51 16.28	—0.04	16.40	89267	15888	—0.5	458	834	—376	
		» » 30	4p 59 —74	H 1	45 33.35	—0.01	18.02	9.85471	9.12066	—0.5	0.18447	0.18825	—378	0.18480
			6p 17 —25	2	44 29.17	—0.08	14.21	84524	11148	—1.1	459	828	—369	
			2p 49 —57	D 1	49 46.84	0.00	20.23	88445	15067	—0.6	459	830	—371	
			3p 1 —16	2	51 2.65	+0.04	20.14	89271	15888	—0.6	456	828	—372	
		1900 Juli 25	2p 28 —38	H 1	44 41.67	—0.01	28.56	9.85202	9.11866	—0.8	0.18476	0.18861	—385	0.18470[2]
			2p 43 —52	2	43 37.18	—0.05	29.11	84418	11093	—0.6	481	866	—385	
			2p 58 —67	E 1	42 42.35	—0.12	28.26	83359	10041	—0.5	485	866	—	
			3p 13 —22	2	38 11.27	0.00	27.78	79276	05953	—0.5	483	864	—	
			1p 53 —62	D 1	49 9.86	+0.04	28.88	88317	15013	—1.0	490	867	—377	
			2p 7 —17	2	50 21.76	—0.06	28.72	89176	15855	—0.8	483	864	—381	

[1] H₁ und H₂ nicht berücksichtigt. [2] E₁ und E₂ nicht berücksichtigt.

C. Beobachtungen der Horizontalintensität.

Lfde. Nr.	Namen der Station	Zeit der Beobachtung		Magnet	Abl.-W. φ	$\Delta\delta - \Delta\Delta\varphi^2$	Temp. t	log sin φ_0	log C	Var. Korr.	Hor.-Intensität a. d. Station	Hor.-Intensität in Potsdam	Diff. St.-Pdm.	Hor.-Int. 1901.0
		Datum	Pdm. O.-Zt.											
54	Kickelhof	1899 Juli 16	1P 11m —20m	H1	46 27.56	—0.06	26.02	9.86419	9.12066	—2.3	0.18048	0.18816	— 768	0.18081
			1P 23 —34	2	45 9.49	+0.03	26.39	85504	11148	—2.1	047	816	— 769	
			1P 40 —51	D1	51 0.90	—0.01	26.84	89427	15067	—1.8	046	819	— 773	
			1P 58 —69	2	52 15.18	+0.04	26.28	90230	15888	—1.6	052	825	— 773	
55	Liebstadt I	» » 17	6P 34 —42	H1	45 55.51	—0.10	20.58	9.85833	9.12066	—1.7	0.18293	0.18833	— 540	0.18313
			6P 49 —56	2	44 42.74	+0.06	19.89	84916	11148	—1.1	294	832	— 538	
			6P 59 —63	1	45 57.00	—0.01	19.76	85824	12066	—0.8	298	835	— 537	
			3P 54 —65	D1	50 2.96	+0.05	27.57	88847	15067	—0.8	288	828	— 540	
			4P 7 —18	2	51 17.41	—0.06	26.90	89678	15888	—0.8	284	826	— 542	
56	Zinten I	» » 18	4P 39 —47	H1	46 1.58	+0.02	25.83	9.86098	9.12066	—0.6	0.18183	0.18830	— 647	0.18198
			6P 48 —56	2	44 50.48	—0.04	24.14	85177	11148	—1.2	184	832	— 648	
			3P 44 —56	D1	50 35.15	+0.04	25.74	89126	15067	—0.9	171	830	— 659	
			4P 2 —14	2	51 46.75	0.00	26.24	89948	15888	—0.9	171	833	— 662	
57	Kalkstein	» » 19	6P 34 —42	H1	45 53.02	+0.02	21.66	9.85843	9.12066	—1.7	0.18289	0.18830	— 541	0.18308
			6P 48 —57	2	44 39.04	—0.10	21.08	84911	11148	—1.1	296	834	— 538	
			6P 10 —23	D1	50 18.27	0.00	23.00	88864	15067	—2.2	276	827	— 551	
			5P 53 —64	2	51 33.20	0.00	23.16	89694	15888	—2.0	280	825	— 545	
58	Friedland	» » 21	10a 42 —61	H1	45 32.92	—0.20	26.23	9.85759	9.12066	—1.6	0.18324	0.18802	— 478	0.18374
			11a 3 —12	2	44 15.64	—0.17	26.44	84821	11148	—1.6	333	806	— 473	
			11a 20 —29	D1	49 55.72	—0.03	27.00	88752	15067	—2.2	327	810	— 483	
			11a 33 —42	2	51 6.60	+0.09	26.67	89561	15888	—2.6	332	811	— 479	
59	Fuchsberg II	» » 22	10a 22 —33	H1	46 9.58	—0.10	24.16	9.86134	9.12066	—1.2	0.18168	0.18816	— 648	0.18206
			10a 42 —51	2	44 54.55	—0.09	23.10	85189	11148	—1.5	178	818	— 640	
			10a 59 —68	D1	50 38.60	—0.04	24.59	89126	15067	—1.5	170	818	— 648	
			11a 16 —27	2	51 54.56	+0.05	24.28	89950	15888	—1.8	169	819	— 650	
60	Rossitten	» » 25	10a 14 —26	H1	46 43.12	—0.22	25.47	9.86583	9.12066	—0.9	0.17981	0.18801	— 820	0.18028
			10a 29 —41	2	45 23.34	+0.21	26.42	85681	11148	—1.2	974	799	— 825	
			10a 53 —63	D1	51 12.38	—0.03	28.44	89593	15067	—1.6	976	802	— 826	
			11a 5 —13	2	52 31.02	+0.06	26.78	90405	15888	—1.9	980	806	— 826	
61	Neu-Schwarzort	» » 26	11a 46 —59	H1	47 59.62	—0.23	21.98	9.87347	9.12066	—3.2	0.17665	0.18804	—1139	0.17711
			0P 3 —13	2	46 38.69	—0.19	22.01	86424	11148	—3.8	666	800	—1134	
			0P 21 —36	D1	52 47.99	—0.04	22.50	90350	15067	—4.2	663	809	—1146	
			0P 42 —54	2	54 10.17	—0.06	22.30	91163	15888	—3.8	667	812	—1145	
62	Taureggen-Bendig II	» » 27	1P 27 —38	H1	51 6.82	+0.13	18.75	9.89254	9.12066	—2.9	0.16906	0.18810	—1904	0.16952
			1P 40 —48	2	49 31.35	—0.04	20.02	88308	11148	—2.6	917	813	—1896	
			1P 52 —64	D1	56 23.69	+0.03	20.80	92230	15067	—1.9	914	816	—1902	
			2P 7 —17	2	57 57.42	+0.04	20.81	93040	15888	—1.6	921	820	—1899	
63	Algeberg	» » 31	2P 43 —53	H1	47 15.61	+0.05	21.81	9.86837	9.12066	—1.7	0.17875	0.18832	— 957	0.17896
			2P 57 —67	2	45 56.02	—0.12	21.74	85900	11148	—1.4	884	833	— 949	
			3P 11 —23	D1	51 53.52	+0.08	23.00	89836	15067	—1.0	877	835	— 958	
			3P 28 —40	2	53 11.42	—0.03	23.23	90653	15888	—0.7	878	834	— 956	
			6P 27 —39	1	52 6.80	—0.01	19.10	89845	15067	—2.0	872	834	— 962	
			6P 43 —61	2	53 32.55	+0.03	18.00	90654	15888	—1.7	877	833	— 956	
		» Aug. 1	6a 47 —60	H1	47 35.91	—0.13	15.71	9.86854	9.12066	+4.1	0.17874	0.18830	— 956	0.18903
			7a 0 — 9	1	35.66	—0.01	15.74	86854	12066	+4.1	874	830	— 956	
			10a 13 —23	1	11.67	—0.16	24.26	86877	12066	+4.4	864	805	— 941	
			10a 24 —35	1	11.63	+0.17	24.12	86876	12066	+4.4	865	807	— 942	
			10a 45 —58	H2	45 51.14	—0.09	24.43	85944	11148	+4.1	871	807	— 936	
			11a 4 —14	2	52.48	+0.12	24.26	85956	11148	—1.7	860	801	— 941	
			0P 46 —55	2	58.28	—0.12	22.21	85945	11148	—4.1	862	807	— 945	
			2P 0 —10	D1	51 58.12	+0.02	22.60	89868	15067	—2.0	863	824	— 961	
			2P 11 —21	2	53 18.70	—0.03	22.38	90690	15888	—1.7	862	825	— 963	
64	Schmalleningken II	» » 2	4P 46 —58	H1	45 56.86	+0.30	19.65	9.85823	9.12066	—0.8	0.18298	0.18827	— 529	0.18326
			5P 0 — 8	2	44 41.54	—0.05	19.71	84891	11148	—1.1	304	829	— 525	
			5P 14 —24	D1	50 21.44	—0.01	20.17	88809	15067	—1.9	303	830	—.527	
			5P 26 —36	2	51 37.58	—0.02	20.14	89624	15888	—2.3	306	831	— 525	
65	Ober-Eissuln	» » 3	11a 29 —43	H1	45 35.36	—0.29	24.18	9.85713	9.12066	—3.2	0.18343	0.18844	— 501	0.18349
			11a 47 —63	2	44 30.34	+0.11	23.28	84847	11148	—4.0	320	816	— 496	
			10a 24 —39	D1	50 13.22	—0.16	22.42	84791	15067	—1.1	312	817	— 505	
			10a 56 —67	2	51 12.62	+0.06	23.92	89618	15888	—1.5	309	817	— 508	
66	Alexen	» » 4	0P 11 —23	H1	45 41.08	—0.13	25.61	9.85837	9.12066	—4.4	0.18289	0.18809	— 520	0.18331
			0P 41 —50	2	44 23.47	—0.04	25.64	84889	11148	—4.4	302	820	— 518	
			0P 59 —70	D1	49 59.39	—0.08	27.27	88798	15067	—4.1	306	825	— 519	
			1P 17 —30	2	51 12.84	—0.12	26.84	89630	15888	—3.4	302	828	— 526	
67	Berninglauken	» » 5	9a 38 —55	H1	45 9.96	—0.13	28.05	9.85540	9.12066	—0.4	0.18419	0.18805	— 386	0.18463
			1P 24 —36	2	43 49.71	—0.73	28.96	84569	11148	—3.4	438	826	— 386	
			11a 20 —32	D1	49 43.90	—0.22	23.66	88518	15067	—3.0	425	815	— 390	
			11a 36 —48	2	50 57.23	—0.02	24.33	89374	15888	—3.8	410	805	— 395	
68	Gr. Schilleningken	» » 6	0P 57 —70	H1	45 10.48	+0.10	25.99	9.85474	9.12066	—4.7	0.18442	0.18808	— 366	0.18486
			1P 19 —30	2	43 55.63	—0.02	26.32	84553	11148	—3.6	444	808	— 364	
			1P 37 —48	D1	49 29.80	—0.01	26.40	88471	15067	—2.9	445	812	— 367	
			1P 51 —67	2	50 40.20	+0.15	16.67	89291	15888	—2.5	447	813	— 366	
69	Steinau	» » 7	5P 29 —36	H1	43 6.85	0.00	17.02	9.83542	9.12066	—1.8	0.19284	0.18825	459	0.19312
			5P 38 —44	2	41 59.36	—0.08	16.81	82609	11148	—1.8	291	825	466	
			7P 8 —18	D1	47 8.55	+0.01	15.70	86534	15067	—1.1	289	833	456	

C. Beobachtungen der Horizontalintensität.

Lfde. Nr.	Namen der Station	Datum	Pdm. O.-Zt.	Magnet	Abl.-W. φ	δ—Δφ²	Temp. t	log sin φ₀	log C	Var. Korr.	Hor.-Int. a. d. Station	Hor.-Int. in Potsdam	Diff. St.-Pdm.	Hor.-Int. 1901.0
70	Soltmahnen	1899 Aug. 8	1P 22m —29m	H1	44 22.60	—0.04	17.76	9.84568	9.12066	—3.7	0.18832	0.18808	24	0.18873
			1P 33 —41	2	43 11.35	+0.04	18.02	83646	11148	—3.3	834	811	23	
			2P 0 —11	D1	48 30.76	—0.01	18.51	87561	15067	—1.8	837	816	21	
			2P 14 —26	2	49 44.60	0.00	18.41	88389	15888	—1.8	834	818	16	
71	Johannisburg I	» » 9	11a 24 —34	H1	43 38.01	—0.17	19.92	9.84057	9.12066	—2.8	0.19056	0.18806	250	0.19099
			11a 37 —48	2	42 27.35	+0.11	20.56	83143	11148	—3.5	054	806	248	
			11a 55 —66	D1	47 39.14	—0.09	21.38	87063	15067	—4.2	053	805	248	
			0P 10 —23	2	48 47.76	+0.04	21.37	87884	15888	—4.9	052	909	243	
72	Beutnersdorf I	» » 10	5P 35 —44	H1	43 57.81	+0.10	19.36	9.84303	9.12066	—2.2	0.18949	0.18825	124	0.18976
			5P 44 —51	1	43 58.21	—0.02	19.13	84298	12066	—2.2	951	826	125	
			7P 17 —25	1	44 9.94	—0.03	14.28	84282	12066	—1.3	959	832	127	
			5P 14 —22	D1	48 3.45	+0.04	20.61	87318	15067	—1.6	943	823	120	
		» » 11	7a 29 —37	H2	42 53.30	0.00	18.44	9.83417	9.11148	+4.2	0.18941	0.18808	133	0.18984
			7a 38 —44	2	42 51.48	+0.02	19.39	83429	11148	+4.2	936	808	128	
			9a 41 —49	2	42 36.42	—0.06	25.02	83439	11148	—0.3	927	791	136	
			9a 50 —61	2	42 37.70	+0.10	24.70	83445	11148	—0.6	924	790	134	
			0P 3 —15	H1	43 53.17	—0.11	22.10	84337	12066	—4.2	932	800	132	
			0P 16 —23	1	43 53.90	—0.10	21.71	84335	12066	—4.5	932	802	130	
			0P 40 —49	D2	49 0.58	+0.08	24.65	9.88150	9.15888	—4.5	0.18936	0.18810	126	0.18977
			0P 51 —58	2	48 57.28	0.00	25.06	88128	15888	—4.2	946	812	134	
			1P 8 —16	1	47 48.53	0.00	26.09	87319	15067	—3.8	940	816	124	
			3P 37 —44	1	48 2.72	—0.04	19.94	87290	15067	0.0	957	836	121	
			3P 47 —50	2	49 13.52	—0.04	20.02	88113	15888	+0.3	956	836	120	
73	Grondischken	» » 13	10a 36 —44	H1	45 10.65	—0.11	19.44	9.85237	9.12066	—1.0	0.18547	0.18803	—256	0.18594
			10a 48 —58	2	43 59.31	+0.13	18.85	84316	11148	—1.4	548	804	—256	
			11a 4 —16	D1	49 30.40	—0.02	19.00	88231	15067	—1.8	549	808	—259	
			11a 23 —36	2	50 43.42	+0.12	19.34	89044	15888	—2.8	551	810	—259	
74	Mniechen I	» » 14	11a 35 —44	H1	45 30.38	—0.07	21.28	9.85550	9.12066	—3.5	0.18411	0.18801	—390	0.18469
			11a 47 —53	2	44 15.44	+0.04	20.90	84603	11148	—3.8	423	803	—380	
			0P 1 —13	D1	49 49.69	0.00	21.90	88527	15067	—4.6	420	800	—380	
			0P 21 —28	2	51 2.77	+0.04	22.24	89342	15888	—5.2	422	805	—383	
75	Rastenburgfelde	» » 15	11a 25 —34	H1	45 36.74	—0.24	20.22	9.85589	9.12066	—2.6	0.18395	0.18803	—408	0.18446
			11a 42 —50	2	44 21.00	+0.08	20.71	84667	11148	—3.3	397	802	—405	
			0P 3 —13	D1	49 54.90	—0.09	21.62	88572	15067	—4.0	402	807	—405	
			0P 21 —29	2	51 11.25	—0.03	21.12	89394	15888	—4.6	400	808	—408	
76	Petershof	» » 17	4P 31 —40	H1	45 36.24	+0.02	20.48	9.85595	9.12066	0.0	0.18395	0.18820	—425	0.18426
			4P 46 —53	2	44 21.95	0.00	20.32	84663	11148	—0.6	400	823	—423	
			5P 1 — 8	D1	49 58.32	+0.02	21.48	88606	15067	—1.2	390	820	—430	
			5P 10 —18	2	51 11.02	+0.04	21.37	89403	15888	—1.2	400	827	—427	
77	Neuhoff II	» » 18	10a 25 —31	H1	45 28.55	—0.11	19.98	9.85480	9.12066	—2.4	0.18442	0.18803	—361	0.18494
			10a 35 —41	2	44 17.32	+0.08	18.99	84554	11148	—2.7	445	805	—360	
			10a 48 —62	D1	49 51.48	—0.04	18.98	88455	15067	—3.3	452	809	—357	
			0P 7 —14	2	51 4.85	+0.05	19.36	89263	15888	—4.2	457	811	—354	
78	Neidenburg I	» » 19	1P 17 —24	H1	44 50.52	+0.07	18.31	9.84946	9.12066	—3.5	0.18668	0.18830	—162	0.18696
			1P 29 —36	2	43 37.78	—0.08	18.69	84023	11148	—2.9	672	829	—157	
			1P 43 —56	D1	49 5.99	+0.03	18.13	87941	15067	—2.3	673	829	—156	
			2P 12 —31	2	50 20.53	—0.06	17.91	88749	15888	—1.4	680	829	—149	
79	Michlau	» » 20	2P 35 —44	H1	44 42.18	—0.54	16.84	9.84779	9.12066	—1.0	0.18742	0.18832	— 90	0.18769
			2P 48 —54	2	43 35.56	+0.10	15.98	83894	11148	—1.0	729	811	— 82	
			3P 3 —14	D1	49 7.05	+0.16	16.32	87896	15067	—0.8	693	772	— 79	
			3P 37 —47	2	50 13.96	+0.16	17.16	88654	15888	0.0	721	801	— 80	
80	Schönhof	» » 21	1P 12 —21	H1	44 44.10	+0.25	16.20	9.84792	9.12066	—3.1	0.18736	0.18820	— 84	0.18775
			1P 25 —42	2	43 23.98	+0.02	18.92	83849	11148	—2.6	747	820	— 73	
			3P 44 —53	1	44 47.46	+0.62	15.58	84817	12066	0.0	728	808	— 80	
			4P 12 —20	2	43 30.17	+0.17	16.76	83851	11148	0.0	749	821	— 72	
			1P 50 —58	D1	48 46.36	+0.06	20.17	87787	15067	—2.1	739	818	— 79	
			2P 2 —15	2	50 4.06	—0.10	18.64	88604	15888	—1.6	741	817	— 76	
81	Hela III	» » 23	1P 47 —61	H1	45 57.90	+0.13	20.94	9.85879	9.12066	—1.8	0.18274	0.18818	—544	0.18309
			2P 6 —14	2	44 42.76	—0.10	21.29	84968	11148	—1.4	272	819	—547	
			2P 27 —39	D1	50 25.30	+0.02	21.13	88880	15067	—0.9	275	814	—539	
			2P 44 —51	2	51 23.78	—0.04	21.00	89697	15888	—0.9	276	819	—543	
82	Bohnsack	» » 24	3P 37 —46	H1	46 51.50	—0.08	16.72	9.86371	9.12066	—0.2	0.18070	0.18844	—774	0.18079
			3P 48 —56	2	45 38.32	—0.11	16.26	85473	11148	0.0	061	836	—775	
			4P 3 —11	D1	51 31.22	+0.10	16.18	89403	15067	0.0	057	828	—771	
			4P 14 —22	2	52 56.40	—0.04	15.70	80226	15888	0.0	056	827	—771	
83	Neu-Klinsch	» » 25	0P 18 —26	H1	45 32.46	+0.09	12.62	9.85274	9.12066	—2.6	0.18530	0.18796	—266	0.18592
			0P 30 —37	2	44 18.32	+0.11	12.63	84329	11148	—2.8	540	800	—260	
			0P 44 —57	D1	49 47.97	+0.01	12.80	88232	15067	—2.8	547	805	—258	
			1P 1 — 9	2	51 8.86	+0.01	12.40	89044	15888	—2.6	551	807	—256	
84	Kokoschken	» » 26	2P 13 —29	H1	45 37.36	+0.02	15.69	9.85440	9.12066	—1.3	0.18460	0.18824	—364	0.18493
			2P 45 —55	2	44 22.50	+0.06	15.48	84488	11148	—0.9	475	829	—354	
			3P 2 —23	D1	49 58.59	+0.06	15.31	88420	15067	—0.7	469	830	—361	
			3P 26 —42	2	51 21.75	—0.03	14.10	89238	15888	—0.4	471	829	—358	
85	Roggenhausen II	» » 27	4P 42 —50	H1	45 10.95	+0.11	13.42	9.85034	9.12066	—0.5	0.18634	0.18838	—204	0.18652
			4P 55 —61	2	43 59.30	—0.08	13.35	84105	11148	—0.7	638	837	—199	
			5P 7 —20	D1	49 28.24	+0.02	13.09	88029	15067	—1.0	636	833	—197	
			5P 24 —32	2	50 47.92	+0.01	12.96	88850	15888	—1.0	636	835	—199	

C. Beobachtungen der Horizontalintensität.

Lfde. Nr.	Namen der Station	Datum	Pdm. O.-Zt.	Magnet	Abl.-W. φ	Δδ—AΔφ²	Temp. t	log sin φ0	log C	Var. Korr.	Hor.-Int. a. d. Station	Hor.-Int. in Potsdam	Diff. St.-Pdm.	Hor.-Int. 1901.0
86	Farnstädt	1899 Sept. 5	8ᵃ 50ᵐ —90ᵐ	H 1	43 42.12	—0.08	19.44	9.84097	9.12066	—0.5	0.19040	0.18794	246	0.19101
			9ᵃ 35 —44	2	42 31.22	+0.10	19.64	83162	11140	—0.4	045	793	252	
			2ᵖ 30 —40	1	43 15.71	+0.28	27.26	84033	12066	+0.3	069	825	244	
			2ᵖ 43 —52	2	42 4.68	—0.11	27.75	83104	11140	+0.2	070	825	245	
			4ᵖ 30 —40	1	43 16.25	+0.12	26.41	84006	12066	+0.1	081	830	251	
			4ᵖ 44 —55	2	42 7.82	—0.02	26.01	83081	11140	+0.2	081	827	254	
87	Clausthal	» » 8	3ᵖ 9 —19	H 1	44 14.05	+0.11	18.98	9.84501	9.12066	+0.4	0.18865	0.18823	42	0.18896
			3ᵖ 21 —31	2	43 2.20	0.00	19.14	83565	11140	+0.4	869	826	43	
			5ᵖ 0 —10	1	44 13.38	—0.09	18.85	84486	12066	+0.3	871	829	42	
			5ᵖ 13 —24	2	43 3.25	—0.14	18.64	83558	11140	+0.4	872	824	48	
		» » 9	8ᵃ 15 —26	1	44 30.85	—0.12	13.65	84528	12066	—1.4	852	810	42	
			8ᵃ 29 —40	2	43 20.53	+0.04	13.62	83603	11140	—1.4	852	808	44	
88	Wilhelmshaven	» » 12	9ᵃ 27 —36	H 1	46 59.30	—0.11	15.62	9.86425	9.12066	—2.1	0.18045	0.18795	— 750	0.18115
			9ᵃ 40 —49	2	45 42.10	+0.12	15.44	85493	11140	—1.7	050	797	— 747	
			0ᵖ 9 —19	1	46 59.02	—0.30	15.95	86431	12066	+2.3	047	793	— 746	
			0ᵖ 22 —32	2	45 41.06	—0.15	16.21	85504	11140	+2.3	047	789	— 742	
			5ᵖ 32 —41	1	46 48.25	—0.01	16.00	86309	12066	+1.0	096	817	— 721	
			5ᵖ 43 —53	2	45 30.44	+0.12	16.31	85380	11140	+1.0	098	817	— 719	
		1901 Sept. 8	9ᵃ 21 —32	H 1	46 32.98	—0.06	14.29	9.86067	9.11859	—1.0	0.18109	0.18853	— 744	0.18111
			11ᵃ 19 —29	2	45 27.60	+0.01	14.71	85283	11104	+1.6	124	859	— 735	
			11ᵃ 46 —55	E 1	44 2.10	—0.15	14.74	84198	09994	+2.0	114	860	— 746	
			0ᵖ 1 —10	2	39 0.20	—0.02	15.15	79892	05703	+2.4	120	861	—	
			0ᵖ 19 —30	D 1	51 2.82	0.00	16.10	89112	14930	+2.4	123	864	— 741	
			0ᵖ 37 —47	2	52 26.60	0.00	16.34	89964	15789	+2.4	126	867	— 741	
89	Twedt	1899 Sept. 19	10ᵃ 15 —26	H 1	48 54.31	—0.14	13.31	9.87655	9.12066	—1.0	0.17542	0.18790	—1248	0.17607
			10ᵃ 29 —43	2	47 31.94	+0.18	12.98	86713	11140	—0.6	549	792	—1243	
			0ᵖ 25 —44	1	48 55.79	—0.19	12.11	87630	12066	+1.9	555	801	—1246	
			0ᵖ 36 —45	2	47 32.35	—0.08	12.44	86694	11140	+1.9	559	803	—1244	
		1901 Aug. 24	9ᵃ 5 —11	E 1	45 37.72	—0.29	15.39	9.85422	9.09997	—1.0	0.17609	0.18847	—1238	0.17616
			9ᵃ 16 —22	2	40 20.80	0.00	16.01	81129	05710	—0.8	611	848	—	
			9ᵃ 55 —65	H 1	48 2.65	—0.20	18.80	87268	11859	+0.2	616	849	—1233	
			10ᵃ 9 —16	2	46 58.04	+0.06	18.26	86513	11100	+0.3	614	849	—1235	
			10ᵃ 23 —31	D 1	53 2.65	—0.02	18.26	90359	14936	+0.5	610	850	—1240	
			10ᵃ 35 —42	2	54 30.42	+0.08	18.64	91210	15801	+0.6	617	851	—1234	
90	Kgl. Kattun	1900 Juli 12	6ᵖ 20 —29	H 1	43 50.57	—0.03	22.22	9.84309	9.11864	—0.3	0.18860	0.18849	11	0.18866
			6ᵖ 34 —43	2	42 51.78	0.00	21.87	83528	11086	—0.3	862	849	13	
			5ᵖ 39 —54	E 1	41 51.15	—0.26	23.24	82558	10128	—0.2	867	850	—	
			6ᵖ 2 —12	2	37 32.30	—0.02	22.85	78576	06144	—1.0	865	849	—	
			11ᵃ 21 —32	D 1	48 16.16	+0.06	22.28	87514	15017	—1.0	837	827	10	
			0ᵖ 14 —32	1	48 12.02	—0.10	23.51	87504	15017	—1.5	841	829	12	
			2ᵖ 29 —40	2	48 3.21	+0.05	24.87	87448	15017	—0.8	865	851	14	
			11ᵃ 43 —56	D 2	49 25.08	+0.07	22.96	88352	15859	—1.4	839	824	15	
			1ᵖ 55 —67	2	49 14.44	—0.08	24.51	88294	15859	—1.1	864	847	17	
			2ᵖ 8 —19	2	49 13.24	+0.03	24.64	88288	15859	—1.0	866	850	16	
		» » 13	10ᵃ 45 —55	H 1	43 40.08	—0.19	27.31	9.84353	9.11864	—0.6	0.18840	0.18830	10	0.18872
			0ᵖ 4 —15	1	43 34.68	+0.05	28.71	84335	11864	—1.5	848	829	19	
			0ᵖ 48 —65	H 2	42 29.20	0.00	29.99	83535	11087	—1.4	858	836	22	
			2ᵖ 12 —20	2	42 24.78	—0.18	30.74	83500	11087	—1.0	873	845	28	
			2ᵖ 26 —38	E 1	41 40.50	—0.24	30.95	82543	10104	—0.8	862	846	—	
			3ᵖ 37 —53	1	41 39.73	—0.39	30.97	82531	10106	—0.1	869	852	—	
			4ᵖ 2 —15	E 2	37 23.43	+0.10	31.98	78558	06133	0.0	869	852	—	
			6ᵖ 1 —11	2	37 26.84	—0.01	28.41	78560	06124	—0.3	864	847	—	
		» Aug. 4	1ᵖ 17 —30	H 1	43 42.07	—0.11	25.71	9.84321	9.11868	—1.1	0.18856	0.18844	12	0.18860
			1ᵖ 34 —44	1	43 38.52	+0.10	26.94	84323	11868	—0.8	855	845	10	
			0ᵖ 32 —46	2	42 42.33	—0.08	26.18	83563	11097	—1.5	850	844	6	
			0ᵖ 50 —68	. 2	42 37.60	+0.13	27.59	83557	11097	—1.4	853	845	8	
			1ᵖ 57 —70	E 1	41 39.88	—0.25	27.32	82470	10017	—1.3	856	849	—	
			2ᵖ 13 —31	1	41 40.12	—0.33	27.21	82470	10017	—1.1	856	849	—	
			2ᵖ 37 —48	2	37 14.46	0.00	27.92	78350	05893	—0.8	854	847	—	
			2ᵖ 52 —57	2	37 16.20	—0.02	26.14	78353	05898	—0.4	856	848	—	
			4ᵖ 20 —33	D 1	48 3.64	+0.04	25.25	87465	15010	+0.1	856	849	7	
			4ᵖ 36 —48	2	49 14.65	—0.04	24.74	88307	15852	0.0	856	851	5	
			5ᵖ 2 —12	H 1	43 48.28	+0.08	23.29	84319	11869	—0.1	858	851	7	
			5ᵖ 18 —36	2	42 48.55	—0.03	23.42	83543	11098	—0.3	860	852	8	
91	Schulzendorf II	» Juli 14	1ᵖ 49 —56	H 1	43 43.22	—0.09	29.85	9.84490	9.11864	—1.1	0.18781	0.18836	— 55	0.18797
			2ᵖ 0 —8	2	42 42.98	—0.09	29.73	83712	11088	—1.1	777	835	— 58	
			2ᵖ 15 —24	E 1	41 56.32	—0.18	30.04	82751	10118	—1.1	778	833	—	
			2ᵖ 38 —46	2	37 37.22	—0.08	30.36	78759	06135	—0.8	782	837	—	
			1ᵖ 8 —19	D 1	48 7.44	—0.05	29.89	87655	15016	—1.3	775	830	— 55	
			1ᵖ 29 —39	2	49 11.36	+0.02	30.36	88488	15858	—1.1	779	831	— 52	
92	Lottin III	» » 15	1ᵖ 31 —40	H 1	43 52.93	—0.15	30.59	9.84644	9.11864	—1.1	0.18714	0.18844	— 130	0.18724
			1ᵖ 55 —63	2	42 52.39	+0.02	30.40	83868	11088	—1.1	714	845	— 131	
			2ᵖ 13 —24	E 1	42 3.09	—0.25	30.66	82856	10084	—1.0	718	846	—	
			2ᵖ 30 —41	2	37 44.01	—0.01	30.90	78878	06113	—0.8	721	849	—	
			0ᵖ 58 —69	D 1	48 19.40	+0.01	30.52	87811	15016	—1.4	708	837	— 129	
			1ᵖ 14 —24	2	49 22.12	0.00	31.13	88635	15858	—1.3	716	839	— 123	

C. Beobachtungen der Horizontalintensität.

Lfd. Nr.	Namen der Station	Datum	Pdm. O.-Zt.	Magnet	Abl.-W. φ	$\Delta\zeta - A\Delta\varphi^2$	Temp. t	$\log \sin \varphi_0$	$\log C$	Var. Korr.	Hor.-Int. a. d. Station	Hor.-Int. in Potsdam	Diff. St.-Pdm.	Hor.-Int. 1901.0
93	Schwartow	1900 Juli 16	8^a 24^m —34^m	H I	44 47.06	—0.02	25.00	9.85140	9.11865	+1.3	0.18504	0.18830	—326	0.18529
			8^a 41 —39	2	43 46.39	+0.08	24.66	84367	11089	+1.3	503	826	—323	
			8^a 55 —63	E I	42 46.64	—0.20	25.30	83365	10087	+1.2	503	826	—	
			9^a 6 —13	2	38 20.12	+0.04	25.48	79388	06108	+1.0	502	825	—	
			9^a 19 —28	D I	49 13.20	0.00	27.27	88302	15016	+0.9	500	825	—325	
			9^a 35 —44	2	50 24.44	+0.08	26.91	89135	15858	+0.8	503	823	—320	
94	Techlipp II	» » 17	0^p 9 —22	H I	45 7.92	—0.16	22.99	9.85330	9.11865	—1.6	0.18421	0.18830	—409	0.18442
			0^p 30 —41	2	44 4.75'	+0.04	22.92	84541	11089	—1.6	426	838	—412	
			0^p 48 —67	E I	43 1.07	—0.20	22.51	83513	10073	—1.5	431	842	—	
			1^p 10 —21	2	38 31.08	—0.02	22.24	79518	06087	—1.4	436	846	—	
			1^p 28 —36	D I	49 38.90	+0.04	23.13	88450	15015	—1.2	434	848	—414	
			1^p 40 —51	2	50 51.32	+0.02	23.25	89272	15857	—1.2	443	849	—406	
95	Adl. Bütow	» » 18	2^p 35 —48	H I	45 45.60	+0.06	20.31	9.85705	9.11865	—0.9	0.18263	0.18852	—589	0.18265
			2^p 52 —63	2	44 42.70	—0.16	20.17	84923	11089	—0.7	266	852	—586	
			3^p 10 —17	E I	43 35.46	—0.20	20.16	83935	10102·	—0.5	267	853	—	
			3^p 22 —29	2	39 0.55	—0.08	19.32	79947	06116	—0.4	268	854	—	
			2^p 0 —11	D I	50 26.12	+0.03	20.56	88870	15015	—1.4	257	843	—586	
			2^p 16 —27	2	51 40.44	—0.04	21.48	89702	15857	—1.1	261	848	—587	
96	Zizow	» » 19	9^a 39 —51	H I	45 22.38	+0.12	21.54	9.85462	9.11865	+0.7	0.18368	0.18838	—470	0.18380
			9^a 56 —64	2	44 19.86	+0.04	21.69	84690	11090	+0.5	365	839	—474	
			10^a 17 —28	E I	43 14.88	—0.07	22.77	83706	10086	0.0	357	829	—	
			10^a 31 —38	2	38 43.51	+0.04	22.40	79717	06092	—0.3	355	827	—	
			10^a 46 —55	D I	49 57.20	+0.02	23.12	88646	15015	—0.6	351	827	—476	
			11^a 3 —10	2	51 10.46	+0.06	21.97	89458	15857	—0.7	364	834	—470	
97	Stolpmünde II	» » 20	11^a 36 —45	H I	45 28.94	—0.24	27.88	9.85769	9.11865	—1.4	0.18236	0.18821	—585	0.18270
			11^a 53 —62	2	44 22.78	+0.05	28.31	84985	11090	—1.5	239	821	—582	
			0^p 12 —22	E I	43 29.08	—0.34	28.15	83986	10091	—1.6	239	822	—	
			0^p 28 —35	2	38 54.65	+0.03	29.07	79982	06097	—1.6	243	826	—	
			10^a 58 —70	D I	50 5.13	—0.06	28.90	88911	15014	—0.8	239	823	—584	
			11^a 14 —23	2	51 16.88	+0.08	28.68	89741	15856	—1.0	244	821	—577	
98	Schurow	» » 21	1^p 52 —84	H I	45 26.78	—0.06	28.84	9.85780	9.11866	—1.3	0.18657	0.18840	—183	0.18667
			2^p 3 —10	2	44 23.95	0.00	28.68	85013	11091	—1.3	653	842	—189	
			2^p 24 —31	E I	43 26.02	—0.27	28.14	83946	10037	—0.9	659	844	—	
			2^p 34 —42	2	38 47.10	—0.02	27.69	79844	05935	—0.9	659	844	—	
			11^a 5 —32	D I	50 9.38	—0.02	28.61	88948	15014	—1.4	648	826	—178	
			3^p 9 —19	2	51 21.62	—0.06	27.82	89757	15856	—0.5	663	851	—188	
99	Neuhoff II	» » 22	10^a 15 —25	H I	45 22.86	—0.19	23.45	9.85533	9.11866	—0.2	0.18337	0.18840	—503	0.18348
			10^a 37 —44	2	44 22.11	+0.01	23.09	84769	11091	—0.5	333	839	—506	
			10^a 58 —66	E I	43 14.24	—0.32	23.82	83712	10033	—1.1	331	834	—	
			11^a 9 —17	2	38 36.10	+0.05	23.51	79616	05935	—1.3	330	833	—	
			11^a 36 —46	D I	49 59.94	—0.08	23.41	88683	15014	—1.8	334	837	—503	
			11^a 50 —58	2	51 16.05	—0.01	23.27	89525	15856	—2.0	334	836	—502	
100	Bohlschau I	» » 23	1^p 12 —20	H I	45 56.64	—0.04	22.52	9.85918	9.11866	—1.8	0.18597	0.18854	—257	0.18595
			1^p 24 —30	2	44 53.70	0.00	22.29	85147	11092	—1.6	595	854	—259	
			1^p 36 —44	E I	43 44.18	—0.28	22.21	84084	10024	—1.4	594	851	—	
			1^p 49 —56	2	39 1.98	—0.02	22.28	80004	05944	—1.4	594	851	—	
			2^p 5 —13	D I	50 38.30	0.00	22.74	89065	15013	—1.4	598	852	—254	
			2^p 16 —25	2	51 57.98	+0.01	22.32	89909	15855	—1.2	597	855	—258	
101	Kl. Starzin	» » 24	9^a 54 —65	H I	45 37.91	—0.06	26.01	9.85813	9.11866	+0.4	0.18219	0.18837	—618	0.18232
			10^a 11 —19	2	44 33.72	—0.08	26.60	85057	11092	—0.2	212	833	—621	
			10^a 30 —37	E I	43 29.55	—0.42	28.18	83992	10030	—0.6	212	831	—	
			10^a 49 —69	2	38 52.02	+0.79	24.22	79886	05921	—1.3	211	830	—	
			11^a 22 —32	D I	50 23.87	—0.04	24.39	88666	15013	—1.9	215	834	—619	
			11^a 36 —44	2	51 38.40	—0.12	25.26	89826	15855	—2.1	207	827	—620	
102	Czersk II	» » 26	4^p 53 —67	H I	44 26.64	+0.21	20.77	9.84730	9.11867	—0.4	0.18680	0.18851	—171	0.18679
			5^p 10 —16	2	43 20.88	—0.04	23.59	83959	11093	—0.4	678	852	—174	
			5^p 24 —31	E I	42 15.25	—0.30	23.46	82900	10037	—0.6	679	852	—	
			5^p 35 —44	2	37 45.38	—0.06	23.04	78792	05926	—0.4	678	850	—	
103	Tuchel II	» » 27	1^p 58 —69	H I	43 46.58	+0.06	25.36	9.84370	9.11867	—1.1	0.18834	0.18859	— 25	0.18828
			2^p 13 —21	2	42 48.10	—0.06	25.18	83605	11094	—1.0	831	857	— 26	
			2^p 30 —39	E I	41 47.30	—0.26	25.20	82539	10033	—1.0	833	857	—	
			2^p 44 —54	2	37 22.19	—0.05	24.93	78436	05930	—0.8	833	857	—	
			3^p 3 —18	D I	48 9.30	+0.04	24.89	87518	15012	—0.6	834	858	— 24	
			3^p 23 —34	2	49 18.28	—0.14	24.88	88349	15854	—0.2	839	858	— 19	
104	Schlochau	» » 28	9^a 40 —54	H I	44 2.92	—0.22	20.74	9.84415	9.11867	+0.3	0.18816	0.18833	— 17	0.18837
			10^a 7 —14	2	43 2.25	+0.05	21.16	83642	11094	0.0	816	829	— 13	
			10^a 25 —32	E I	41 53.70	—0.28	21.97	82573	10025	—0.7	815	830	—	
			10^a 39 —47	2	37 26.64	+0.09	21.37	78466	05912	—0.8	812	827	—	
			11^a 1 —13	D I	48 16.35	—0.14	23.72	87559	15012	—1.2	815	828	— 13	
			11^a 19 —32	2	49 27.27	+0.25	23.19	88387	15854	—1.7	816	833	— 17	
105	Vandsburg I	» » 29	8^a 37 —41	H I	43 53.40	—0.29	19.90	9.84258	9.11867	+1.8	0.18884	0.18834	50	0.18903
			8^a 53 —62	2	42 52.07	+0.13	20.49	83481	11095	+1.3	887	836	51	
			9^a 19 —28	E I	41 43.00	—0.36	21.35	82410	10034	+0.7	889	837	—	
			9^a 34 —41	2	37 16.72	+0.09	21.73	78307	05928	+0.5	890	838	—	
			9^a 49 —58	D I	48 4.30	—0.02	22.66	87391	15012	+0.2	889	838	51	
			10^a 7 —16	2	49 14.06	0.00	23.12	88238	15854	—0.7	890	837	53	

C. Beobachtungen der Horizontalintensität.

Lfde. Nr.	Namen der Station	Datum	Pdm. O.-Zt.	Magnet	Abl.-W. φ	Δδ—ΑΔφ²	Temp. t	log sin φ0	log C	Var. Korr.	Hor.-Int. a. d. Station	Hor.-Int. in Potsdam	Diff. St.-Pdm.	Hor.-Int. 1901.0
106	Karlsdorf	1900 Juli 30	4p 18m —27m	H 1	43 23.54	0.00	24.06	9.84017	9.11867	+0.2	0.18989	0.18857	132	0.18983
			4p 34 —40	2	42 27.19	—0.01	23.44	83252	11095	+0.2	986	856	130	
			4p 48 —54	E 1	41 12.62	—0.22	24.94	82039	09887	—0.2	988	857	—	
			4p 57 —64	2	37 0.48	+0.01	24.73	78072	05915	—0.2	986	855	—	
107	Gremboczin II	» » 31	1p 50 —62	H 1	43 17.86	+0.16	23.00	9.83905	9.11868	—1.4	0.19037	0.18855	182	0.19034
			2p 9 —22	2	42 21.00	—0.11	22.54	83130	11096	—1.2	039	859	180	
			2p 30 —38	E 1	41 17.41	—0.13	21.74	82055	10029	—0.9	042	859	—	
			2p 43 —50	2	36 54.10	—0.09	22.62	77937	05915	—0.7	044	861	—	
			3p 9 —17	D 1	47 38.05	—0.03	20.77	87032	15011	—1.2	044	861	183	
			3p 28 —36	2	48 52.30	+0.07	19.84	87876	15853	—0.9	044	859	185	
108	Emmowo	» Aug. 1	1p 5 —24	H 1	43 0.34	—0.05	20.49	9.83576	9.11868	—1.7	0.19181	0.18871	310	0.19164
			1p 29 —38	2	42 5.00	+0.06	19.75	82802	11096	—1.5	182	872	310	
			1p 46 —54	E 1	40 56.88	—0.28	19.39	81717	10018	—1.3	186	874	—	
			1p 58 —64	2	36 37.62	—0.01	19.41	77619	05903	—1.0	183	871	—	
			2p 19 —29	D 1	47 14.98	—0.01	19.30	86720	15011	—0.8	182	868	314	
			2p 34 —43	2	48 24.22	—0.02	19.71	87556	15853	—0.8	184	871	313	
109	Podgorzyn	» » 2	0p 48 —56	H 1	43 7.36	—0.04	26.83	9.83900	9.11868	—1.9	0.19039	0.18851	188	0.19041
			1p 2 —10	2	42 7.52	—0.02	27.38	83130	11096	—1.5	039	851	188	
			1p 20 —32	E 1	41 11.18	—0.27	27.48	82061	10029	—1.3	040	851	—	
			1p 35 —41	2	36 50.42	—0.06	27.16	77935	05903	—1.1	040	851	—	
			1p 51 —62	D 1	47 18.48	—0.02	28.28	87041	15011	—1.0	040	853	187	
			2p 9 —18	2	48 23.52	—0.02	28.06	87868	15853	—0.8	047	855	192	
110	Runowo	» » 3	9a 25 —34	H 1	43 40.28	—0.11	19.09	9.84060	9.11868	+0.6	0.18972	0.18834	138	0.18988
			9a 38 —45	2	42 40.02	+0.14	19.66	83280	11097	+0.3	974	835	139	
			9a 52 —60	E 1	41 31.00	—0.35	20.30	82222	10029	+0.2	970	834	—	
			10a 4 —10	2	37 5.63	+0.01	20.29	78103	05907	—0.2	969	833	—	
			10a 18 —26	D 1	47 52.46	—0.04	21.14	87209	15010	—0.5	966	832	134	
			10a 29 —37	2	49 4.81	+0.05	20.91	88053	15852	—0.6	966	833	133	
111	Winiary	» » 6	11a 13 —23	H 1	43 8.09	—0.19	23.28	9.83778	9.11869	—1.8	0.19093	0.18845	248	0.19097
			11a 36 —41	2	42 9.22	+0.00	23.52	83005	11098	—2.0	093	850	243	
			8a 29 —39	E 1	41 14.74	—0.37	19.19	81975	10035	+1.8	083	834	—	
			8a 44 —52	2	36 51.72	+0.03	19.47	77860	05916	+1.4	080	832	—	
			11a 50 —59	D 1	47 17.38	—0.02	24.62	86913	15010	—2.2	095	852	243	
			0p 4 —11	2	48 19.98	+0.02	25.88	87746	15852	—2.0	099	854	245	
112	Staw	» » 7	11a 43 —52	H 1	42 53.62	—0.35	24.77	9.83635	9.11869	—2.3	0.19156	0.18832	324	0.19176
			11a 59 —66	2	41 52.30	+0.06	25.82	82858	11098	—2.3	158	836	322	
			0p 12 —20	E 1	40 51.92	—0.45	27.05	81772	10025	—2.3	164	840	—	
			0p 26 —37	2	36 33.80	+0.10	26.30	77645	05905	—2.3	167	843	—	
			1p 46 —54	D 1	46 56.68	—0.04	26.31	86719	15010	—1.0	182	856	326	
			1p 57 —64	2	48 0.95	—0.05	26.46	87552	15851	—0.8	185	859	326	
113	Radlin I	» » 8	10a 17 —26	H 1	42 29.06	—0.15	28.15	9.83426	9.11869	—0.7	0.19249	0.18833	416	0.19272
			10a 32 —39	2	41 28.48	+0.16	28.72	82634	11099	—1.1	259	836	423	
			10a 53 —61	E 1	40 35.28	—0.29	28.94	81563	10028	—1.6	258	838	—	
			11a 6 —13	2	36 19.32	+0.01	29.44	77439	05898	—1.8	255	835	—	
			11a 24 —37	D 1	46 31.33	—0.02	29.95	86538	15009	—2.0	260	838	422	
			11a 42 —50	2	47 33.46	+0.03	30.39	87391	15851	—2.2	256	835	421	
114	Wyganow I	» » 9	9a 56 —63	H 1	42 35.00	—0.08	20.02	9.83213	9.11870	—0.2	0.19345	0.18822	523	0.19375
			10a 8 —15	2	41 37.48	+0.08	20.51	82442	11099	—0.5	344	822	522	
			10a 22 —30	E 1	40 29.14	—0.31	21.14	81338	09999	—0.8	346	823	—	
			10a 36 —43	2	36 11.14	+0.05	21.06	77187	05855	—1.2	349	826	—	
			10a 54 —63	D 1	46 34.96	—0.06	22.23	86337	15009	—1.5	350	826	524	
			11a 9 —18	2	47 40.50	+0.05	22.76	87177	15851	—1.7	351	828	523	
115	Neu-Kamienice	» » 10	8a 33 —39	H 1	42 22.24	—0.03	20.07	9.83040	9.11870	+1.7	0.19424	0.18836	588	0.19436
			8a 41 —47	2	41 24.20	+0.05	21.21	82279	11100	+1.5	420	836	584	
			8a 58 —66	E 1	40 16.84	—0.24	22.53	81179	10000	+1.1	419	834	—	
			9a 10 —16	2	36 1.37	+0.07	22.96	77042	05863	+1.0	419	834	—	
			9p 24 —31	D 1	46 20.75	—0.02	22.72	86183	15009	+0.6	421	834	587	
			9p 37 —47	2	47 23.14	+0.12	24.48	87043	15850	+0.2	412	833	579	
116	Podsamtsche	» » 11	0p 17 —30	H 1	42 5.73	—0.11	20.73	9.82832	9.11870	—2.4	0.19514	0.18844	670	0.19520
			0p 37 —46	2	41 8.44	+0.02	21.50	82064	11100	—2.0	513	849	664	
			1p 0 — 9	E 1	40 5.08	—0.22	19.36	80951	10006	—1.8	521	853	—	
			1p 12 —20	2	35 50.50	+0.03	20.42	76820	05875	—1.6	521	853	—	
			2p 38 —52	D 1	46 15.53	+0.02	17.25	85951	15008	—0.4	524	854	670	
			2p 58 —72	2	47 23.11	—0.04	17.77	86787	15850	—0.4	527	857	670	
117	Bogschütz	» » 12	3p 39 —46	H 1	42 7.87	+0.01	17.21	9.82738	9.11870	0.0	0.19558	0.18854	704	0.19556
			3p 49 —55	2	41 12.92	—0.09	17.26	81965	11100	+0.2	559	856	703	
			3p 58 —66	E 1	40 0.18	—0.11	17.81	80853	10001	+0.3	565	861	—	
			4p 9 —15	2	35 45.62	—0.19	17.67	76698	05839	+0.3	562	858	—	
118	Goslawitz I	» » 14	7a 59 —66	H 1	41 21.66	+0.06	18.82	9.82142	9.11871	+2.4	0.19830	0.18838	992	0.19847
			8a 13 —20	2	40 29.18	+0.18	18.30	81370	11101	+2.2	831	842	989	
			8a 25 —31	E 1	39 18.94	—0.18	18.76	80239	09989	+2.0	840	844	—	
			8a 52 —58	2	35 9.99	+0.06	18.53	76080	05832	+1.2	840	845	—	
			9a 14 —21	D 1	45 10.03	+0.04	20.30	85250	15008	+0.6	843	842	1001	
			9a 30 —37	2	46 15.89	—0.01	20.55	86095	15849	+0.2	840	842	998	
119	Giesdorf	» » 15	8a 50 —58	H 1	42 2.03	—0.18	18.26	9.82691	9.11871	+1.1	0.19580	0.18825	755	0.19610
			9a 3 —11	2	41 5.80	+0.15	18.74	81922	11102	+0.8	580	825	755	
			10a 18 —26	E 1	39 54.73	—0.36	19.26	80791	09981	—1.1	583	826	—	

C. Beobachtungen der Horizontalintensität.

Lfde. Nr.	Namen der Station	Datum	Pdm. O.-Zt.	Magnet	Abl.-W. φ	Δδ − Δφᵀ	Temp. t	log sin φ_0	log C	Var. Korr.	Hor.-Int. a. d. Station	Hor.-Int. in Potsdam	Diff. St.-Pdm.	Hor.-Int. 1901.0
119	Giesdorf	1900 Aug. 15	10^n 29^m —40^m	E 2	35 40.08	+0.17	19.12	9.76623	9.05815	—1.3	0.19584	0.18827	—	0.19610
			10^a 53 —63	D 1	45 53.50	—0.01	21.11	85801	15007	—1.9	589	827	762	
			11^n 29 —31	1	45 52.35	—0.05	21.52	85800	15007	—2.3	590	831	759	
			11^n 11 —24	2	46 56.53	+0.19	22.33	86650	15849	—2.3	586	·829	757	
120	Rosenberg I	» » 16	1^p 30 —38	H 1	41 10.54	+0.09	25.13	9.82209	9.11871	—1.3	0.19797	0.18851	945	0.19797
			1^p 44 —52	2	40 16.78	0.00	25.21	81448	11102	—0.8	793	851	942	
			2^p 0 — 7	E 1	39 17.45	—0.14	25.52	80331	09996	—0.6	796	851	—	
			2^p 22 —40	2	35 10.10	—0.07	25.71	76171	05843	—0.4	797	851	—	
			2^p 41 —49	D 1	45 3.78	+0.04	26.31	85346	15007	—0.4	798	851	947	
			2^p 54 —64	2	46 7.45	—0.07	25.75	86191	15848	—0.4	796	850	946	
121	Lublinitz I	» » 17	8^a 42 —50	H 1	41 11.30	—0.15	20.67	9.82056	9.11871	+1.8	0.19869	0.18831	1038	0.19892
			8^a 53 —61	2	40 16.00	+0.15	21.14	81282	11102	+1.3	871	830	1041	
			9^a 7 —13	E 1	39 12.04	—0.34	21.64	80178	09996	+0.9	870	829	—	
			9^a 17 —24	2	35 4.82	+0.07	21.82	76028	05843	+0.4	868	828	—	
			9^a 34 —42	D 1	45 0.68	—0.05	22.51	85187	15007	0.0	870	829	1041	
			9^a 47 —56	2	46 3.04	+0.04	22.93	86030	15848	—0.4	869	829	1040	
122	Alt-Gleiwitz I	» » 18	8^a 42 —50	H 1	40 43.20	—0.08	21.26	9.81669	9.11871	+1.8	0.20048	0.18832	1216	0.20070
			9^a 17 —15	2	39 47.55	+0.02	22.15	80891	11102	+0.7	051	831	1220	
			9^a 32 —41	E 1	38 44.74	—0.35	23.08	79776	09987	0.0	050	832	—	
			9^a 45 —54	2	34 40.83	+0.18	23.77	75620	05836	—0.4	052	834	—	
			10^a 6 —17	D 1	44 20.90	—0.07	26.05	84790	15006	—0.9	051	835	1216	
			10^a 22 —35	2	45 20.20	—0.06	26.00	85619	15848	—1.5	057	837	1220	
123	Rudoltowitz II	» » 19	8^a 35 —44	H 1	40 1.81	—0.11	23.16	9.81121	9.11872	+1.9	0.20303	0.18831	1472	0.20325
			9^a 35 —42	2	39 4.34	+0.15	25.40	80354	11103	0.0	300	827	1473	
			10^a 6 —15	E 1	38 7.89	—0.29	25.39	79230	09981	—1.0	300	828	—	
			10^a 19 —24	2	34 10.18	+0.03	25.05	75069	05820	—1.4	300	828	—	
			10^a 34 —43	D 1	43 38.15	—0.09	26.64	84248	15006	—1.9	302	830	1472	
			10^a 47 —60	2	44 36.72	+0.01	26.35	85082	15848	—2.4	306	832	1474	
124	Dt. Krawarn I	» » 20	2^p 7 —15	H 1	40 .5.52	—0.01	26.44	9.81299	9.11872	—0.4	0.20218	0.18852	1366	0.20214
			2^p 18 —25	2	39 11.46	+0.20	27.19	80536	11103	—2.2	213	854	1359	
			2^p 31 —38	E 1	38 16.12	—0.10	27.18	79396	09979	—2.2	220	859	—	
			2^p 42 —49	2	34 18.84	—0.06	26.49	75248	05821	—2.2	216	855	—	
			2^p 56 —65	D 1	43 51.60	+0.10	26.72	84431	15006	—2.2	217	857	1360	
			3^p 11 —20	2	44 50.02	—0.08	26.72	85266	15847	0.0	221	858	1363	
125	Alt-Kuttendorf	» » 21	9^a 1 —11	H 1	40 54.15	—0.24	23.58	9.81910	9.11872	+0.8	0.19936	0.18809	1127	0.19977
			9^a 22 —34	2	39 59.30	—0.01	24.32	81152	11103	+0.4	930	809	1121	
			9^a 42 —53	E 1	38 57.65	—0.44	24.99	80009	09989	—0.2	937	812	—	
			9^a 57 —65	2	34 53.52	+0.12	23.67	75850	05818	—0.4	938	813	—	
			10^a 14 —31	D 1	44 42.34	+0.04	24.86	85029	15006	—1.1	941	814	1127	
			10^a 36 —46	2	45 41.50	+0.14	25.42	85863	15847	—1.5	944	819	1125	
126	Heinersdorf II	» » 22	2^p 52 —66	H 1	40 44.42	—0.14	26.44	9.81874	9.11872	—0.2	0.19952	0.18852	1100	0.19950
			3^p 11 —19	2	39 53.35	—0.02	25.32	81100	11104	—0.2	954	855	1099	
			3^p 23 —31	E 1	38 55.20	—0.04	24.84	79975	09967	0.0	949	851	—	
			3^p 35 —41	2	34 51.25	—0.13	24.82	75817	05809	+0.2	949	851	—	
			3^p 50 —60	D 1	44 36.89	0.00	26.76	85018	15005	+0.2	947	850	1097	
			4^p 6 —15	2	45 37.38	—0.08	26.82	85864	15846	+0.3	945	850	1095	
127	Ebersdorf I	» » 23	8^a 42 —50	H 1	40 0.05	—0.07	20.51	9.81888	9.11873	+1.2	0.19947	0.18822	1125	0.19976
			8^a 56 —63	2	40 5.18	+0.06	21.28	81124	11104	+0.9	944	822	1122	
			9^a 9 —18	E 1	38 58.92	—0.31	22.20	79984	09967	+0.6	946	821	—	
			9^a 25 —32	2	34 52.90	+0.09	22.66	75825	05808	+0.3	945	821	—	
			9^a 41 —50	D 1	44 45.03	—0.06	23.47	85019	15005	0.0	946	822	1124	
			9^a 55 —64	2	45 45.92	+0.06	23.77	85853	15846	—0.3	949	823	1126	
128	Annaberg	» » 24	11^n 2 — 8	H 1	40 47.38	—0.04	25.48	9.81883	9.11873	—1.5	0.19947	0.18847	1100	0.19952
			11^n 13 —21	2	39 53.28	+0.12	25.52	81109	11104	—1.6	948	850	1098	
			11^n 27 —37	E 1	38 53.77	—0.24	25.79	79966	09971	—1.8	953	853	—	
			11^n 42 —49	2	34 49.40	+0.01	25.96	75802	05814	—2.0	956	856	—	
			0^p 0 — 9	D 1	44 32.86	—0.04	27.16	84980	15005	—2.0	962	860	1102	
			0^p 13 —21	2	45 31.58	—0.04	27.46	85816	15846	—2.0	964	863	1101	
129	Schildau I	» » 25	8^a 52 —59	H 1	41 40.95	—0.45	24.90	9.82629	9.11873	+0.8	0.19609	0.18830	779	0.19629
			9^a 2 —11	2	40 46.08	—0.03	25.33	81885	11104	+0.6	598	825	773	
			9^a 17 —23	E 1	39 46.15	—0.35	23.68	80736	09966	+0.5	602	826	—	
			9^a 27 —34	2	35 33.93	+0.22	23.92	76569	05797	+0.4	601	825	—	
			9^a 42 —50	D 1	45 44.45	—0.12	24.23	85786	15005	+0.1	597	819	778	
			9^a 55 —62	2	46 47.41	+0.04	25.63	86666	15846	+0.1	597	820	777	
130	Ebersdorf	» » 27	2^p 3 — 9	H 1	41 44.01	+0.07	21.27	9.82548	9.11873	—0.3	0.19645	0.18852	793	0.19646
			2^p 13 —20	2	40 48.69	—0.12	21.44	81773	11105	—0.1	648	853	795	
			2^p 18 —45	E 1	39 41.96	—0.18	20.59	80623	09961	0.0	651	857	—	
			2^p 26 —33	2	35 29.96	—0.01	21.22	76467	05792	—0.1	645	851	—	
			2^p 53 —64	D 1	45 41.62	+0.01	21.43	85664	15004	0.0	652	858	794	
			3^p 12 —22	2	46 47.08	—0.04	21.29	86497	15845	0.0	655	862	793	
131	Exau	» » 29	11^n 24 —31	H 1	42 31.72	—0.06	18.77	9.83123	9.11874	—1.9	0.19385	0.18824	561	0.19406
			11^n 35 —42	2	41 37.40	—0.01	18.52	82364	11105	—1.9	380	824	556	
			11^n 52 —58	E 1	40 23.52	—0.37	19.38	81225	09965	—2.1	380	826	—	
			6^p 8 —15	2	36 3.54	+0.03	19.56	77037	05777	—2.1	380	826	—	
			0^p 27 —37	D 1	46 34.72	—0.10	20.11	86267	15004	—1.9	379	832	547	
			0^p 43 —59	2	47 42.82	+0.01	19.73	87088	15845	—1.6	388	836	552	

C. Beobachtungen der Horizontalintensität.

Lfde. Nr.	Namen der Station	Datum	Pdm. O.-Zt.	Magnet	Abl.-W. φ	$\Delta\delta-\Delta\Delta\varphi^2$	Temp. t	log ϰin φ_0	log C	Var. Korr.	Hor.-Int. a. d. Station	in Potsdam	Diff. St.-Pdm.	Hor.-Int. 1901.0
132	Mallmitz I	1900 Aug. 30	10^a 44 —54	H I	42 22.40	—0.11	20.63	9.83060	9.11874	—1.0	0.19414	0.18819	595	0.19446
			10^a 58 —69	2	41 25.41	+0.19	20.83	82284	11105	—1.4	417	820	597	
			11^a 18 —30	E I	40 14.72	—0.29	22.35	81144	09971	—1.7	419	825	—	
			11^a 36 —43	2	35 57.32	+0.15	22.71	76970	05799	—1.7	420	826	—	
			11^a 54 —61	D I	46 17.49	—0.02	23.62	86172	15004	—1.8	421	830	595	
			0^p 7 —14	2	47 18.78	+0.06	24.86	87006	15844	—1.8	424	835	589	
133	Wolfshain I	» » 31	9^a 34 —43	H I	42 11.82	—0.28	20.71	9.82914	9.11874	+0.2	0.19480	0.18825	655	0.19506
			11^a 6 —15	2	41 8.56	+0.14	23.72	82152	11105	—1.1	476	816	660	
			11^a 26 —34	E I	40 5.90	—0.38	23.45	81030	09969	—1.3	470	819	—	
			11^a 38 —46	2	35 50.86	+0.08	22.49	76854	05797	—1.3	472	821	—	
			11^a 57 —69	D I	46 7.30	—0.04	23.80	86053	15003	—1.4	475	823	652	
			0^p 14 —28	2	47 7.22	+0.06	25.56	86897	15844	—1.4	474	826	648	
134	Saganer Forst II	» Sept. 1	9^a 14 —21	H I	42 38.31	—0.05	20.41	9.83272	9.11894	+0.4	0.19321	0.18823	498	0.19352
			9^a 28 —34	2	41 38.87	+0.13	21.26	82492	11106	+0.2	326	828	498	
			9^a 41 —47	E I	40 27.90	—0.28	22.06	81335	09958	+0.2	330	830	—	
			9^a 53 —59	2	36 8.27	+0.06	22.50	77157	05784	+0.1	332	832	—	
			10^a 6 —14	D I	46 35.55	—0.04	23.06	86370	15003	—0.2	334	833	501	
			10^a 19 —25	2	47 40.55	+0.05	23.30	87199	15844	—0.3	340	836	504	
135	Guben II	» » 2	9^a 3 —10	H I	43 29.64	—0.12	14.34	9.83752	9.11974	+0.4	0.19108	0.18828	280	0.19132
			9^a 16 —23	2	42 32.90	+0.07	14.38	82986	11106	+0.4	107	828	279	
			9^a 29 —35	E I	41 10.31	—0.29	14.69	81834	09948	+0.2	109	829	—	
			9^a 45 —46	2	36 43.74	+0.07	14.56	77669	05785	+0.1	110	830	—	
			9^a 55 —64	D I	47 39.92	—0.04	14.86	86874	15003	—0.1	111	832	279	
			10^a 8 —16	2	48 51.06	+0.07	15.68	87705	15843	—0.1	115	832	283	
136	Slamen	» » 3	8^a 7 —22	H I	43 8.88	—0.19	13.46	9.83443	9.11874	+0.6	0.19246	0.18837	409	0.19263
			8^a 32 —38	2	42 12.31	+0.19	13.68	82673	11106	+0.4	246	834	412	
			8^a 43 —56	E I	40 49.88	—0.30	13.87	81525	09950	+0.2	242	831	—	
			9^a 5 —15	2	36 24.87	+0.11	14.87	77352	05772	+0.3	240	829	—	
			9^a 29 —43	D I	47 12.05	—0.13	15.94	86581	15003	+0.2	241	827	414	
			9^a 51 —60	2	48 25.10	+0.03	16.15	87434	15843	0.0	235	826	409	
137	Suschow	» » 4	8^a 13 —21	H I	43 27.02	+0.07	13.99	9.83707	9.11874	+0.4	0.19128	0.18840	288	0.19142
			8^a 27 —33	2	42 29.14	+0.04	14.40	82934	11106	+0.4	130	841	289	
			8^a 43 —55	E I	41 5.62	—0.42	15.21	81772	09941	+0.3	129	839	—	
			8^a 57 —65	2	36 39.97	+0.05	15.23	77611	05776	+0.3	127	837	—	
			9^a 14 —24	D I	47 34.55	—0.10	15.66	86834	15002	+0.2	128	836	292	
			9^a 28 —38	2	48 48.60	+0.03	15.72	87680	15842	+0.1	126	835	291	
138	Wittenberge	» » 14	3^p 39 —48	H I	44 53.92	—0.01	18.71	9.85002	9.11874	+0.2	0.18566	0.18846	—280	0.18573
			4^p 49 —57	I	44 53.97	—0.09	18.37	84989	11874	0.0	572	845	—273	
			5^p 5 —12	H 2	43 54.59	+0.04	18.17	84227	11106	—0.1	569	848	—279	
			6^p 7 —14	2	44 0.88	0.00	15.57	84210	11106	—0.2	576	851	—275	
		» » 15	7^a 21 —29	H I	45 18.22	+0.11	9.71	9.84997	11874	—0.2	568	847	—279	
			8^a 54 —63	2	44 12.46	+0.07	12.11	84233	11106	+0.4	566	846	—280	
			9^a 18 —25	E I	42 42.79	—0.20	12.59	83103	09965	+0.2	562	841	—	
			9^a 26 —32	I	42 41.84	—0.15	13.16	83100	09967	+0.2	564	843	—	
			9^a 43 —51	E 2	38 0.85	+0.02	13.49	78932	05788	+0.1	559	838	—	
			9^a 54 —60	2	37 59.58	+0.03	14.28	78920	05776	0.0	559	838	—	
			10^a 9 —18	D I	49 35.34	—0.04	14.41	88143	15002	0.0	561	837	—276	
			10^a 23 —29	I	49 33.72	—0.03	15.12	88149	15002	—0.1	558	837	—279	
			10^a 38 —47	D 2	50 57.30	+0.03	14.28	88996	15840	—0.2	554	835	—281	
			10^a 50 —58	2	50 49.91	+0.04	16.66	89009	15840	—0.3	549	833	—284	
139	Eissendorf	» » 17	10^a 18 —27	H I	45 57.39	—0.09	18.01	9.85766	9.11874	+0.1	0.18242	0.18831	—589	0.18265
			10^a 34 —41	I	45 55.64	—0.09	18.61	85765	11874	+0.4	243	829	—586	
			10^a 42 —47	H 2	44 46.80	—0.05	20.87	85004	11106	+1.4	241	827	—586	
			11^a 47 —54	2	44 46.22	+0.08	20.88	84998	11106	+1.6	244	829	—585	
			2^p 3 —11	2	44 34.04	+0.05	23.61	84947	11106	+0.2	264	849	—585	
			5^p 22 —30	E I	43 24.68	—0.25	20.50	83797	09959	+0.2	265	852	—	
			5^p 36 —42	2	38 38.64	—0.14	19.90	79607	05771	+0.5	266	853	—	
			5^p 48 —56	D I	50 23.18	+0.02	20.43	88836	15002	+0.5	268	854	—586	
			6^p 1 —12	2	51 44.74	—0.03	19.84	89683	15839	+0.5	262	853	—591	
140	Behrensen	» » 19	8^a 4 —13	H I	44 27.04	—0.07	15.27	9.84537	9.11874	—1.5	0.18764	0.18839	— 75	0.18781
			9^a 7 —15	I	44 22.16	—0.03	17.14	84540	11874	—1.1	764	832	— 68	
			5^p 16 —23	I	44 15.30	—0.03	18.45	84497	11874	+0.3	783	851	— 68	
			10^a 43 —52	H 2	43 6.99	—0.09	22.28	83749	11105	+0.6	775	839	— 64	
			0^p 8 —18	2	43 2.88	+0.02	22.55	83705	11105	+1.8	795	854	— 59	
			0^p 21 —30	2	43 0.54	0.00	23.90	83725	11105	+1.8	787	855	— 68	
			9^a 36 —43	E I	42 1.98	—0.24	18.14	82626	09954	—0.7	761	832	—	
			9^a 50 —57	I	41 59.69	—0.19	20.30	82630	09956	—0.4	761	831	—	
			10^a 4 —14	I	41 57.95	—0.40	22.33	82638	09973	—0.3	765	835	—	
		» » 20	7^a 40 —47	H 2	43 40.86	+0.02	10.79	9.83768	11105	—1.4	765	841	— 76	
			7^a 54 —62	E 2	37 32.18	—0.03	11.16	78439	05785	—1.5	769	840	—	
			8^a 3 — 9	2	37 32.30	—0.01	10.79	78438	05781	—1.5	768	839	—	
			8^a 10 —18	2	37 32.05	0.00	10.73	78433	05776	—1.3	768	839	—	
			8^a 32 —41	D I	48 57.21	—0.03	12.10	87660	15003	—1.4	768	838	— 70	
			8^a 43 —51	I	48 57.09	—0.02	12.31	87665	15003	—1.4	765	837	— 72	
			8^a 57 —65	I	48 54.66	0.00	13.21	87665	15003	—1.5	764	838	— 74	
			9^a 13 —22	D 2	50 11.08	+0.02	13.70	88505	15839	—1.0	764	838	— 74	

C. Beobachtungen der Horizontalintensität.

Lfde. Nr.	Namen der Station	Datum	Pdm. O.-Zt.	Magnet	Abl.-W. φ	Δλ—ΔΔφ²	Temp. t	log sin φ₀	log C	Var. Korr.	Hor.-Int. a. d. Station	Hor.-Int. in Potsdam	Diff. St.-Pdm.	Hor.-Int. 1901.0
140	Behrensen	1900 Sept. 20	9a 24m —32m	D2	50 9.62	+0.02	14.22	9.88498	9.15839	—0.8	0.18767	0.18839	—72	0.18781
			9a 40 —49	2	50 1.98	—0.02	16.89	88518	15839	—0.7	758	838	—80	
141	Sellen I	» 21	5p 58 —66	E1	42 25.74	—0.31	15.66	9.82916	9.09956	+0.9	0.18639	0.18851	—	0.18640
			6p 7 —16	1	42 26.07	—0.21	15.39	82917	09959	+0.9	640	852	—	
		» 22	10a 4 —15	E2	37 47.46	—0.12	17.60	9.78757	05763	—0.4	625	838	—	
			10a 19 —28	2	37 45.85	+0.11	18.67	78748	05760	—0.2	626	839	—	
			10a 39 —47	H1	44 41.84	—0.18	19.09	84860	11874	+0.2	627	839	—212	
			11a 50 —57	1	44 33.42	—0.01	21.64	84845	11874	+2.4	635	845	—210	
			0p 0 — 8	1	44 32.75	—0.09	21.72	84839	11874	+2.9	639	850	—211	
			1p 11 —18	H2	43 33.12	—0.06	21.20	84057	11104	+2.2	643	851	—208	
			1p 20 —26	2	43 32.90	+0.03	21.38	84062	11104	+1.8	641	849	—208	
			2p 39 —47	2	43 35.56	—0.13	20.93	84079	11104	—0.2	632	843	—211	
			3p 8 —16	D1	48 59.72	+0.02	21.53	87975	15003	—0.4	633	843	—210	
			3p 21 —32	1	49 0.32	+0.02	21.68	87986	15003	—0.7	627	843	—216	
			4p 1 — 4	D2	50 14.95	—0.02	21.36	88821	15838	—0.7	627	843	—216	
			4p 6 —14	2	50 13.78	0.00	21.72	88824	15838	—0.7	626	844	—218	
142	Engelsdorf	» 24	4p 42 —55	E1	41 1.02	—0.16	23.60	9.81849	9.09945	0.0	0.19097	0.18853	—	0.19097
			4p 57 —66	1	41 2.47	—0.25	23.07	81858	09952	+0.3	096	852	—	
			5p 17 —24	E2	36 38.40	—0.01	22.20	77668	05753	+0.5	092	848	—	
			5p 26 —32	2	36 39.64	+0.01	21.71	77682	05763	+0.5	091	846	—	
			2p 32 —41	D1	47 11.75	+0.16	26.14	86897	15004	+0.3	102	851	251	
			2p 42 —50	1	47 11.42	0.00	26.18	86892	15004	—0.3	104	853	251	
			3p 1 —14	D2	48 19.88	—0.06	26.03	87749	15837	—0.5	092	850	242	
			3p 16 —26	2	48 20.34	+0.02	25.77	87746	15837	—0.5	095	853	242	
		» » 25	10a 58 — 8	H1	43 35.14	—0.12	14.80	9.83841	11874	+1.1	070	824	246	
			0p 4 —14	1	43 34.11	0.00	14.96	83834	11874	+3.2	075	833	242	
			0p 16 —24	1	43 34.37	—0.05	14.85	83833	11874	+3.2	076	834	242	
			1p 26 —36	H2	42 35.70	—0.07	14.94	83042	11104	+2.2	084	841	243	
			1p 38 —46	2	42 36.88	+0.03	14.32	83039	11104	+1.6	085	842	243	
			2p 33 —47	2	42 36.25	—0.11	14.19	83023	11104	0.0	090	846	244	
		1902 Sept. 6	10a 58 —64	H1	43 18.45	—0.06	17.29	9.83706	9.11880	+1.9	0.19133	0.18872	261	0.19113
			11a 7 —20	2	42 22.17	—0.04	17.26	82945	11121	+2.4	134	872	262	
			11a 27 —34	E1	41 5.72	—0.19	17.22	81810	09992	+2.7	138	872	266	
			11a 37 —44	2	36 34.99	—0.19	17.73	77552	05721	+3.0	132	872	260	
			0p 4 —13	D1	47 28.65	+0.03	17.38	86820	14994	+3.5	135	879	256	
			0p 16 —37	2	48 43.10	0.00	17.76	87694	15877	+3.5	138	878	260	
143	Wehrshausen	1900 Sept. 27	9a 23 —34	H1	43 21.07	—0.02	10.34	9.83502	9.11873	—1.4	0.19218	0.18830	388	0.19244
			5p 41 —50	E1	40 50.90	—0.26	13.42	81533	09967	+0.7	247	854	—	
			5p 51 —76	H1	40 51.88	—0.24	12.74	81537	09971	+0.7	247	854	—	
		» » 28	8a 38 —46	H1	43 9.36	+0.10	14.79	9.83499	11874	—2.0	218	825	393	
			9a 48 —63	1	43 6.30	+0.04	16.59	83520	11874	—0.8	210	817	393	
			10a 28 —36	1	43 6.66	—0.07	16.69	83526	11874	0.0	208	813	395	
			11a 51 —60	H2	42 0.78	+0.15	20.09	82757	11103	+1.9	209	819	390	
			0p 5 —17	2	42 0.55	+0.09	20.22	82758	11103	+2.0	209	819	390	
			1p 58 —71	2	41 57.49	+0.05	20.55	82727	11103	+0.5	220	828	392	
		1903 Aug. 8	10a 11 —18	H1	42 50.89	0.08	19.74	9.83423	9.11859	+0.8	0.19248	0.18849	399	0.19251
			11a 28 —40	2	41 48.76	0.01	21.50	82640	11109	+2.2	263	861	402	
			11a 53 —59	E1	40 33.84	—0.21	21.65	81417	09894	+2.4	267	869	398	
			0p 7 —12	2	36 2.58	—0.01	22.29	77054	05543	+2.6	273	874	399	
			0p 24 —32	D1	46 45.18	0.02	22.78	86476	14974	+2.6	277	878	399	
			0p 36 —42	2	47 54.58	—0.02	23.72	87374	15873	+2.6	278	880	398	
144	Mölln I	1901 Aug. 6	4p 6 —24	H1	45 51.28	—0.02	16.70	9.85645	9.11859	+0.2	0.18287	0.18865	—579	0.18276
			4p 27 —36	2	44 51.80	+0.09	16.22	84892	11094	+0.2	282	866	—584	
			4p 47 —57	E1	43 27.96	—0.10	16.47	83776	10001	+0.2	292	867	—575	
			5p 4 —13	2	38 23.96	—0.02	16.47	79335	05559	+0.2	291	867	—	
			5p 26 —36	D1	50 26.55	0.00	15.72	88726	14944	+0.4	289	866	—577	
			5p 38 —47	2	51 51.79	0.00	15.01	89572	15817	+0.4	300	864	—564	
145	Kücknitz	» » 7	11a 53 —63	H1	46 24.51	—0.20	20.80	9.86193	9.11859	+0.8	0.18059	0.18857	—798	0.18054
			0p 14 —20	2	45 30.98	+0.01	17.89	85446	11094	+0.9	057	851	—794	
			0p 26 —34	E1	44 9.40	—0.20	18.76	84359	10001	+1.0	049	849	—800	
			1p 23 —31	2	38 57.41	+0.39	19.27	79903	05568	+0.9	058	856	—	
			1p 38 —54	D1	51 7.79	—0.04	20.10	89286	14944	+0.8	055	859	—804	
			1p 59 —22	2	52 30.33	—0.03	20.18	90144	15816	+0.6	061	856	—795	
146	Neustadt I	» » 8	9a 3 —10	H1	46 51.17	—0.26	15.41	9.86319	9.11859	—0.5	0.18005	0.18857	—852	0.18001
			9a 14 —22	2	45 46.68	—0.02	15.46	85547	11094	—0.3	008	856	—848	
			9a 26 —39	E1	44 21.70	—0.34	15.85	84468	10001	—0.2	002	855	—853	
			9a 43 —51	2	39 9.88	+0.11	16.60	80061	05591	0.0	001	851	—	
			10a 6 —16	D1	51 31.84	—0.10	16.82	89428	14943	+0.1	0.17995	850	—855	
			10a 19 —28	2	52 58.69	+0.12	16.31	90271	15815	+0.2	0.18007	852	—845	
147	Wulfen	» » 9	9a 52 —58	H1	47 0.58	—0.11	20.87	9.86626	9.11859	+0.1	0.17878	0.18840	—962	0.17892
			10a 3 —11	2	45 57.04	+0.16	20.12	85853	11095	+0.1	882	844	—962	
			10a 18 —26	E1	44 37.94	—0.19	21.40	84771	10001	+0.1	877	842	—965	
			10a 30 —40	2	39 27.97	+0.16	20.52	80386	05628	+0.2	882	843		
			11a 20 —30	D1	51 38.15	—0.11	22.60	89668	14943	+0.6	895	851	956	
			11a 40 —52	2	53 8.21	+0.03	21.31	90550	15814	+0.6	892	848	—956	
148a	Heidberg	» » 10	11a 6 —14	H1	46 24.75	—0.04	25.78	9.86377	9.11859	+0.8	0.17982	0.18848	866	0.17980
			11a 17 —24	2	45 19.06	+0.06	25.79	85602	11095	+0.9	987	848	—861	

C. Beobachtungen der Horizontalintensität.

Lfde. Nr.	Namen der Station	Datum	Pdm. O.-Zt.	Magnet	Abl.-W. ω	$\Delta\delta$—$\Lambda\Delta\varphi$	Temp. t	log sin φ_0	log C	Var. Korr.	Hor.-Int. a. d. Station	in Potsdam	Diff. St.-Pdm.	Hor.-Int. 1901.0
148^a	Heidberg	1901 Aug. 10	11^a 27^m —35^m	E1	44 13.16	—0.23	26.14	9.84532	9.10000	+1.0	0.17976	0.18849	— 873	0.17986
			11^a 40 —48	2	39 8.00	—0.01	26.60	80156	05637	+1.0	982	848	—	
			11^a 58 —67	D1	51 3.49	—0.01	27.20	89464	14942	+1.1	981	850	— 869	
			0^p 11 —18	2	52 20.80	0.00	27.19	90320	15813	+1.1	987	850	— 863	
			0^p 26 —39	H2	45 16.42	—0.06	26.78	85605	11095	+1.2	986	849	— 863	
148^b	Kiel, Sternwarte	» » 11	3^p 36 —46	H1	46 29.08	+0.05	25.33	9.86414	9.11859	+0.2	0.17966	0.18869	— 903	0.17948
			3^p 51 —59	2	45 27.22	—0.10	24.81	85662	11096	+0.2	961	866	— 905	
			4^p 2 —10	E1	44 19.32	—0.05	23.59	84570	10000	+0.1	960	865	— 905	
			4^p 14 —22	2	39 14.26	—0.05	23.20	80206	05637	+0.1	960	864	—	
149	Wasbek I	» » 12	0^p 49 —59	H1	46 12.97	—0.04	27.86	9.86311	9.11859	+1.3	0.18010	0.18858	— 848	0.18003
			1^p 2 —11	2	45 7.21	—0.04	28.29	85550	11096	+1.3	009	859	— 850	
			1^p 19 —26	E1	44 3.30	—0.16	28.62	84447	10000	+1.2	012	860	— 848	
			1^p 31 —37	2	39 2.32	+0.04	28.49	80094	05645	+1.1	011	860	—	
			2^p 42 —51	D1	50 46.36	+0.06	30.03	89379	14942	+1.0	016	867	— 851	
150^a	Altona, Diebsteich	» » 13	5^p 45 —54	H1	45 49.52	—0.03	18.72	9.85696	9.11859	+0.5	0.18265	0.18867	— 602	0.18249
			6^p 51 —59	2	44 47.20	0.00	18.36	84913	11096	+0.5	274	870	— 596	
			7^p 30 —39	E1	43 31.82	—0.16	17.76	83849	10000	+0.5	261	873	— 612	
			7^p 43 —49	2	38 32.31	+0.06	17.34	79479	05648	+0.4	268	871	—	
150^b	Hamburg, Seewarte	» » 14	2^p 47 —61	H1	46 23.12	+0.05	16.09	9.86012	9.11859	+0.5	0.18133	868	— 725	0.18120
			4^p 18 —28	2	45 16.94	—0.18	16.45	85213	11097	+0.1	148	876	— 728	
		» » 31	2^p 15 —60	1	46 26.96	—0.02	15.44	86034	11859	+0.2	124	868	— 744	
			6^p 6 —15	2	45 20.88	—0.06	15.58	85232	11102	+0.5	143	863	— 720	
151	Sommerland II	» » 14	4^p 59 —72	H1	46 10.28	—0.18	22.78	9.86091	9.11859	+0.3	0.18100	0.18857	— 757	0.18100
			5^p 19 —25	2	45 3.38	+0.14	22.67	85284	11097	+0.4	119	867	— 748	
			5^p 31 —38	E1	43 53.40	—0.35	22.05	84202	09999	+0.5	113	865	— 752	
			5^p 43 —50	2	38 53.84	—0.02	21.44	79866	05639	+0.5	103	855	—	
			5^p 56 —64	D1	50 50.64	+0.30	21.12	89145	14941	+0.5	112	867	— 755	
			6^p 7 —16	2	52 18.87	—0.18	20.68	90036	15811	+0.5	104	853	— 749	
152	Hanerau I	» » 15	1^p 50 —58	H1	46 38.12	—0.04	23.99	9.86473	9.11859	+1.7	0.17944	0.18862	— 918	0.17930
			2^p 1 — 8	2	45 31.12	+0.03	24.68	85708	11097	+0.8	944	861	— 917	
			2^p 12 —21	E1	44 24.35	—0.16	24.02	84640	09999	+0.8	932	861	— 929	
			2^p 29 —37	2	39 17.69	+0.10	24.11	80273	05665	+0.6	939	860	—	
			2^p 44 —51	D1	51 22.38	+0.02	24.76	89579	14941	+0.6	933	858	— 925	
			2^p 56 —63	2	52 44.45	0.00	24.22	90434	15810	+0.4	937	856	— 919	
153	Tating I	» » 16	11^a 41 —48	H1	47 13.58	—0.26	20.71	9.86770	9.11859	+1.7	0.17821	0.18842	—1021	0.17831
			11^a 51 —58	2	46 6.00	+0.02	21.11	85997	11098	+1.9	826	846	—1020	
			0^p 10 —17	E1	44 47.00	—0.19	21.87	84895	09999	+1.9	827	848	—1021	
			0^p 20 —28	2	39 37.82	+0.01	22.16	80555	05665	+2.0	830	851	—	
			0^p 33 —41	D1	51 53.38	—0.09	22.78	89826	14940	+2.0	832	853	—1021	
			0^p 44 —52	2	53 19.92	—0.09	22.21	90693	15809	+2.0	832	852	—1020	
154	Hohlacker	» » 17	11^a 13 —21	H1	47 7.88	—0.12	19.84	9.86674	9.11859	+1.4	0.17860	0.18839	— 979	0.17871
			11^a 25 —32	2	46 3.01	—0.01	19.76	85910	11098	+1.5	861	842	— 981	
			11^a 40 —47	E1	44 42.36	—0.22	19.80	84800	09999	+1.5	865	848	— 983	
			11^a 53 —60	2	39 32.77	+0.12	19.74	80450	05677	+1.6	876	856	—	
			0^p 9 —22	D1	51 53.38	+0.02	20.16	89746	14940	+1.6	864	854	— 990	
			0^p 26 —35	2	53 13.71	+0.02	20.33	90565	15808	+1.8	885	856	— 971	
155	Klensby	» » 18	1^p 15 —25	H1	47 14.60	—0.04	22.46	9.86848	9.11859	+1.3	0.17788	0.18857	—1069	0.17782
			1^p 33 —39	2	46 8.10	—0.01	22.75	86087	11098	+1.2	788	859	—1071	
			1^p 45 —52	E1	44 53.98	—0.11	21.82	84983	09998	+1.0	790	860	—1070	
			1^p 56 —61	2	39 44.91	—0.11	21.71	80656	05674	+0.9	791	860	—	
			2^p 14 —24	D1	52 4.84	+0.01	22.48	89930	14939	+0.6	787	860	—1073	
			2^p 28 —36	2	53 25.32	—0.02	23.03	90777	15805	+0.5	795	860	—1065	
156	Loitmark I	» » 19	1^p 31 —37	H1	47 18.05	—0.04	24.66	9.86967	9.11859	+1.1	0.17740	0.18867	—1127	0.17722
			1^p 39 —47	2	46 13.31	0.00	24.27	86209	11099	+1.0	739	869	—1130	
			1^p 53 —59	E1	45 1.28	—0.12	24.44	85119	09998	+0.8	734	869	—1135	
			2^p 2 — 9	2	39 51.60	—0.05	23.98	80788	05683	+0.7	741	870	—	
			2^p 14 —21	D1	52 6.88	0.00	25.36	90041	14939	+0.6	742	870	—1128	
			2^p 28 —36	2	53 30.50	0.00	25.00	90900	15806	+0.5	744	872	—1128	
157	Jürgensgaarde	» » 20	0^p 52 —60	H1	47 59.00	+0.10	19.87	9.87268	9.11859	+1.7	0.17618	0.18855	—1237	0.17615
			1^p 2 —10	2	46 51.25	0.00	20.14	86504	11099	+1.7	620	855	—1235	
			1^p 14 —42	E1	45 28.66	—0.02	20.50	85397	09998	+1.7	622	858	—1236	
			2^p 7 —15	2	40 11.92	—0.26	21.30	81056	05676	+0.7	629	866	—	
			2^p 27 —35	D1	52 47.28	+0.02	22.22	90336	14938	+0.4	621	863	—1242	
			2^p 37 —44	2	54 14.61	0.00	21.71	91172	15805	+0.4	633	869	—1236	
158	Miang I	» » 21	11^a 56 —67	H1	47 54.82	—0.16	21.40	9.87272	9.11859	+1.3	0.17615	0.18842	—1227	0.17625
			0^p 9 —15	2	46 46.70	+0.11	21.45	86502	11099	+1.0	620	844	—1224	
			0^p 21 —30	E1	45 28.34	—0.22	22.22	85419	09998	+1.1	612	845	—1233	
			0^p 33 —40	2	40 11.90	0.00	22.34	81073	05665	+1.2	618	846	—	
			1^p 9 —17	D1	52 42.78	—0.01	23.21	90322	14938	+1.3	627	854	—1227	
			1^p 19 —27	2	54 8.65	—0.08	23.18	91182	15804	+1.2	630	856	—1226	
159	Dybwatt	» » 22	11^a 56 —68	D1	52 46.44	—0.02	20.29	9.90267	9.14937	+1.5	0.17650	0.18848	—1198	0.17659
			0^p 12 —20	2	54 13.78	+0.04	20.33	91122	15803	+1.5	655	847	—1192	
			0^p 30 —39	E1	45 24.08	—0.18	20.22	85334	09997	+1.7	647	847	—1200	
			0^p 46 —55	2	40 9.25	—0.06	20.01	81003	05685	+1.7	655	847	—	
			2^p 5 —13	H1	47 49.52	—0.04	20.20	87170	11859	+1.0	657	845	—1188	
			2^p 17 —25	2	46 42.86	—0.08	20.06	86400	11100	+0.8	661	847	—1186	

C. Beobachtungen der Horizontalintensität.

Lfde. Nr.	Namen der Station	Datum	Pdm. O.-Zt.	Magnet	Abl.-W. φ	Δ—½Δ²	Temp. t	log sin φ₀	log C	Var. Korr.	Hor.-Int. a. d. Station	in Potsdam	Diff. St.-Pdm.	Hor.-Int. 1901.0
160	Seggelund	1901 Aug. 23	9h 51m —59m	H1	47 52.40	—0.17	19.15	9.87165	9.11859	+0.1	0.17658	0.18849	—1191	0.17657
			11a 6 —17	2	46 39.32	+0.21	21.08	86400	11100	+1.1	661	852	—1191	
			11a 23 —29	E1	45 21.95	—0.22	21.25	85323	09997	+1.3	651	852	—1201	
			11a 35 —41	2	40 8.38	+0.03	19.87	90990	05682	+1.4	658	853	—	
			11a 53 —60	D1	52 36.92	—0.10	23.05	90260	14937	+1.5	652	852	—1200	
			0p 18 —25	2	54 5.62	—0.02	21.76	91101	15802	+1.7	663	854	—1191	
161	Raahede II	» » 24	4p 22 —29	H1	48 5.69	+0.02	18.80	9.87305	9.11859	+0.2	0.17601	0.18862	—1261	0.17587
			4p 32 —39	2	46 59.72	—0.03	18.68	86548	11101	+0.2	601	862	—1261	
			4p 43 —50	E1	45 36.50	—0.13	18.59	85461	09997	+0.2	594	863	—1269	
			4p 54 —60	2	40 20.48	—0.02	18.38	81152	05696	+0.3	597	862	—	
			5p 7 —14	D1	53 4.00	0.00	19.21	90401	14936	+0.3	593	863	—1270	
			5p 15 —22	2	54 36.88	0.00	18.18	91250	15800	+0.5	599	863	—1264	
162	Sandberg	» » 26	11a 35 —44	H1	47 56.80	—0.23	21.19	9.87287	9.11859	+1.5	0.17609	0.18853	—1244	0.17608
			11a 52 —60	2	46 50.35	+0.01	21.28	86537	11101	+1.9	609	851	—1242	
			0p 8 —20	E1	45 30.07	—0.26	21.56	85430	09996	+2.0	608	854	—1246	
			0p 27 —35	2	40 15.61	+0.10	21.78	81124	05702	+2.2	613	857	—	
			0p 40 —51	D1	52 48.47	—0.04	22.48	90353	14935	+2.2	614	860	—1246	
			1p 2 —11	2	54 14.64	—0.03	22.22	91201	15799	+1.9	621	865	—1244	
163	Westerland I	» » 28	2p 30 —58	D1	52 48.84	+0.04	17.15	9.90195	9.14935	+0.4	0.17677	0.18874	—1197	0.17655
164	Amrum I	» » 29	0p 38 —56	H1	47 47.87	—0.04	14.68	9.86957	9.11859	+2.3	0.17745	0.18861	—1116	0.17737
			1a 0 —6	2	46 43.20	+0.02	14.34	86189	11101	+2.2	749	863	—1114	
			1a 15 —22	E1	45 10.00	—0.06	14.70	85068	09996	+1.8	755	866	—1111	
			1a 26 —38	2	39 59.44	—0.16	13.36	80778	05698	+1.8	752	867	—	
			1p 45 —54	D1	52 37.05	+0.15	15.21	90022	14934	+1.3	748	868	—1120	
			2p 4 —21	2	53 58.58	—0.09	17.36	90870	15798	+0.9	754	870	—1116	
165	Oerel I	» Sept. 1	11a 9 —15	H1	46 19.20	—0.09	15.99	9.85960	9.11859	+1.0	0.18156	0.18840	— 684	0.18164
			11a 18 —25	2	45 15.36	+0.12	16.49	85199	11102	+1.2	157	841	— 684	
			11a 31 —38	E1	43 54.75	—0.32	15.23	84108	09996	+1.4	152	844	— 692	
			11a 43 —55	2	38 53.68	—0.06	15.81	79796	05696	+1.5	156	845	—	
			0p 5 —13	D1	50 55.25	+0.04	15.78	89025	14934	+1.8	161	851	— 690	
			0p 17 —26	2	52 20.24	+0.02	15.89	89886	15797	+1.8	162	854	— 692	
166	Cuxhaven	» » 2	10a 42 —49	D1	51 8.60	—0.06	18.76	9.89252	9.14933	+0.8	0.18065	0.18832	— 767	0.18093
			10a 50 —55	2	52 32.52	+0.02	18.62	90107	15796	+1.0	068	833	— 765	
			4p 50 —57	H1	46 29.85	0.00	15.40	86068	11859	+0.3	110	863	— 753	
			4p 59 —64	2	45 27.95	—0.06	15.51	85317	11102	+0.3	107	862	— 755	
			5p 5 —11	E1	44 3.55	—0.11	15.29	84227	09996	+0.5	100	864	— 764	
			5p 13 —19	2	39 0.86	—0.05	15.28	79903	05683	+0.7	106	865	—	
			5p 23 —30	D1	51 10.25	—0.03	15.22	89161	14933	+0.7	103	864	— 761	
			5p 33 —41	2	52 38.55	—0.02	14.79	90022	15795	+0.7	113	862	— 749	
167ᵃ	Helgoland, Oberland	» » 3	9a 2 —13	H1	47 17.85	—0.26	13.81	9.86577	9.11859	—1.4	0.17898	0.18821	— 923	0.17917
			9a 17 —23	2	46 14.98	+0.05	13.81	85831	11103	—1.0	894	821	— 927	
			9a 30 —38	E1	44 45.90	—0.29	14.26	84754	09995	—0.6	881	821	— 940	
			9a 42 —50	2	39 36.90	+0.20	14.22	80451	05705	—0.2	887	822	—	
			10a 1 —12	D1	52 5.32	—0.09	14.82	89699	14932	+0.2	878	821	— 943	
			10a 17 —26	2	53 34.30	+0.10	14.88	90554	15794	+0.4	881	824	— 943	
167ᵇ	» Düne	» » 3	3p 41 —46	H1	47 4.30	—0.02	15.70	9.86487	9.11859	0.0	0.17936	0.18861	— 925	0.17925
			3p 50 —57	2	46 0.75	—0.13	15.60	85724	11103	0.0	939	862	— 923	
			4p 1 — 9	E1	44 33.70	—0.13	15.75	84624	09995	0.0	935	864	— 929	
			4p 13 —20	2	39 27.02	—0.13	15.87	80313	05700	0.0	938	865	—	
			4p 31 —40	D1	51 46.35	+0.02	16.01	89548	14932	+0.2	941	869	— 928	
			4p 45 —54	2	53 14.50	—0.02	16.01	90409	15793	+0.4	941	870	— 929	
168	Boitwarden	» » 5	1p 4 —21	H1	46 8.70	—0.36	17.21	9.85872	9.11859	+2.2	0.18194	0.18848	— 654	0.18196
			1p 24 —31	2	45 7.48	+0.10	17.05	85121	11103	+1.8	191	849	— 658	
			1p 28 —35	E1	43 42.02	—0.15	16.15	83956	09995	+1.8	215	866	— 651	
			1p 37 —44	2	38 44.14	—0.03	16.16	79651	05682	+1.4	211	867	—	
			1p 50 —69	D1	50 40.86	+0.03	16.76	88908	14931	+0.4	207	867	— 660	
			4p 12 —20	2	52 8.03	+0.02	15.86	89764	15792	+0.7	210	867	— 657	
169	Ahlhorn I	» » 6	2p 14 —20	H1	45 30.68	+0.01	15.94	9.85366	9.11859	+0.6	0.18406	0.18865	— 459	0.18387
			2p 23 —29	2	44 30.62	0.00	16.24	84621	11104	+0.4	401	865	— 464	
			2p 38 —44	E1	43 9.00	—0.13	16.31	83519	09995	+0.2	398	866	— 468	
			2p 48 —53	2	38 16.12	—0.01	16.21	79208	05694	0.0	402	867	—	
			2p 58 —65	D1	49 58.50	0.00	16.20	88446	14931	—0.2	401	868	— 467	
			3p 7 — 13	2	51 22.78	—0.02	15.69	89308	15791	—0.2	401	869	— 468	
170	Apen I	» » 7	8a 20 —27	H1	46 18.32	—0.12	12.67	9.85833	9.11859	—2.2	0.18206	0.18848	— 642	0.18208
			8a 30 —37	2	45 16.10	+0.05	12.88	85071	11104	—2.0	209	848	— 639	
			8a 38 —45	E1	43 46.86	—0.15	13.62	83980	09994	—2.0	201	849	— 648	
			8a 48 —54	2	38 46.49	—0.01	13.99	79665	05689	—1.8	205	849	—	
			9a 4 —12	D1	50 47.68	+0.03	14.58	88911	14930	—1.4	204	850	— 646	
			9a 18 —26	2	52 10.60	0.00	15.26	89766	15790	—0.8	206	851	— 645	
171	Wangeroog	» » 9	1p 49 —56	H1	46 39.70	+0.02	17.58	9.86263	9.11859	+1.2	0.18029	0.18870	— 841	0.18006
			1p 59 —66	2	45 37.42	—0.02	17.67	85517	11105	+1.0	026	869	— 843	
			2p 11 —19	E1	44 15.04	—0.15	17.35	84410	09994	+0.6	018	871	— 853	
			2p 23 —30	2	39 12.18	—0.03	17.71	80107	05695	+0.4	025	872	—	
			2p 37 —46	D1	51 19.75	+0.02	18.04	89344	14929	0.0	024	872	— 848	
			2p 49 —59	2	52 46.58	—0.05	17.55	90201	15788	—0.2	025	871	— 846	
172	Norderney	» 11	9a 46 —52	H1	47 2.19	—0.26	12.19	9.86338	9.11859	—0.2	0.17997	0.18831	— 834	0.18017
			9a 59 —65	2	45 57.78	+0.08	12.38	85569	11105	0.0	0.18004	834	— 830	

C. Beobachtungen der Horizontalintensität.

Lfde. Nr.	Namen der Station	Datum	Pdm. O.-Zt.	Magnet	Abl.-W. φ	$\Delta\delta - \Delta\Delta\gamma^2$	Temp. t	log sin φ₀	log C	Var. Korr.	Hor.-Int. a. d. Station	Hor.-Int. in Potsdam	Diff. St.-Pdm	Hor.-Int. 1901.0
172	Norderney	1901 Sept. 11	10^a 14^m −20^m	E I	44 27.30	−0.21	12.49	9.84489	9.09994	+0.5	0.17992	0.18832	−840	0.18017
			10^a 23 −30	2	39 20.52	+0.04	12.50	80179	05701	+0.7	999	834	—	
			10^a 39 −46	D I	51 40.55	−0.06	13.02	89401	14929	+1.2	0.18001	838	−838	
			10^a 49 −56	2	53 9.92	+0.04	12.92	90253	15787	+1.4	004	838	−834	
173	Borssum II	» » 12	10^a 2 − 9	H I	46 28.45	−0.09	16.36	9.86083	9.11859	0.0	0.18103	0.18829	−726	0.18119
			10^a 12 −19	2	45 26.20	−0.01	16.54	85334	11105	+0.5	102	826	−724	
			10^a 26 −34	E I	44 3.85	−0.25	17.09	84258	09993	+0.9	091	824	−733	
			18^a 38 −43	2	39 3.10	+0.13	17.04	79961	05699	+1.2	089	822	—	
			10^a 50 −60	D I	51 5.72	+0.01	17.89	89197	4928	+1.4	086	824	−738	
			11^a 5 −13	2	52 28.02	+0.08	18.69	90066	15786	+1.6	082	824	−742	
174	Borkum I	» » 13	10^a 23 −30	H I	46 57.90	−0.08	17.24	9.86465	9.11859	+0.8	0.17946	0.18833	−887	0.17964
			10^a 34 −40	2	45 54.72	+0.13	16.80	85698	11106	+1.0	952	835	−883	
			10^a 53 −62	E I	44 29.81	−0.50	17.79	84602	09993	+1.5	946	838	−892	
			11^a 5 −11	2	39 24.40	−0.02	17.78	80297	05701	+1.8	951	839	—	
			11^a 27 −35	D I	51 35.96	−0.05	18.35	89516	14928	+1.8	954	843	−889	
			11^a 38 −55	2	53 0.82	−0.10	18.37	90367	15785	+2.2	957	846	−889	
175	Fresenburg I	» » 15	3^p 22 −28	H I	45 53.90	+0.03	14.47	9.85601	9.11859	−0.7	0.18304	0.18864	−560	0.18293
			3^p 30 −36	I	45 55.30	−0.07	13.90	85597	11859	−0.7	306	864	−558	
			3^p 45 −52	2	44 54.34	+0.03	13.85	84834	11106	−0.4	311	865	−554	
			3^p 59 −66	E I	43 27.10	−0.14	14.49	83732	09993	−0.4	307	864	−557	
			4^p 10 −16	2	38 31.02	−0.02	15.38	79435	05690	−0.2	304	863	—	
			4^p 44 −52	D I	50 25.32	0.00	14.77	88685	14927	+0.4	299	863	−564	
			4^p 54 −62	2	51 51.72	0.00	14.21	89541	15784	+0.4	299	862	−563	
176	Biene I	» » 16	8^a 16 −22	H I	45 28.18	+0.12	13.82	9.85262	9.11859	−2.4	0.18447	0.18864	−417	0.18429
			8^a 24 −31	2	44 27.52	−0.04	14.15	84502	11106	−2.4	450	864	−414	
			8^a 35 −41	E I	43 3.74	−0.26	14.89	83423	09993	−2.2	435	861	−426	
			8^a 43 −48	2	38 12.39	−0.15	14.87	79131	05695	−2.2	433	856	—	
			9^a 4 −12	D I	49 51.71	−0.10	16.16	88371	14927	−1.5	429	855	−426	
			9^a 15 −24	2	51 13.60	−0.02	16.60	89249	15783	−1.3	421	854	−433	
177	Hardingen I	» » 17	8^a 2 − 8	H I	45 39.05	−0.08	11.74	9.85324	9.11859	−2.6	0.18432	0.18851	−419	0.18421
			8^a 11 −17	2	44 38.48	+0.05	12.06	84566	11107	−2.6	422	849	−427	
			8^a 22 −28	E I	43 10.95	−0.21	12.79	83488	09992	−2.6	406	848	−442	
			8^a 31 −37	2	38 16.06	+0.09	12.81	79170	05690	−2.4	414	845	—	
			8^a 42 −48	D I	50 5.25	−0.06	13.21	88426	14926	−2.4	406	840	−434	
			8^a 51 −58	2	51 27.58	+0.02	13.74	89283	15782	−1.9	405	840	−435	
178	Quakenbrück II	» » 17	5^p 52 −58	H I	45 21.58	+0.15	16.37	9.85269	9.11859	+0.8	0.18447	0.18857	−410	0.18433
			6^p 1 − 6	2	44 23.22	−0.01	16.22	84525	11107	+0.8	444	857	−413	
			6^p 9 −14	E I	43 2.85	−0.18	16.15	83432	09992	+0.6	434	859	−425	
			6^p 17 −24	2	38 12.12	−0.03	16.20	79143	05714	+0.6	439	858	—	
			6^p 27 −34	D I	49 51.92	0.00	15.81	88363	14926	+0.4	434	860	−426	
			6^p 36 −44	2	51 13.38	+0.05	15.47	89205	15781	+0.4	440	862	−422	
179	Westerberg	» » 18	3^p 22 −30	H I	44 40.80	−0.02	17.21	9.84781	9.11859	−0.6	0.18653	0.18858	−205	0.18647
			3^p 34 −42	2	43 42.08	0.00	17.06	84018	11107	−0.4	659	858	−199	
			3^p 59 −64	E I	42 27.80	−0.14	14.17	82923	09992	−0.4	650	858	−208	
			4^p 6 −12	2	37 40.42	−0.06	14.26	78607	05682	−0.2	653	858	—	
			4^p 17 −25	D I	49 5.15	+0.02	15.59	87853	14925	0.0	652	858	−206	
			4^p 27 −34	2	50 24.62	−0.02	15.70	88710	15780	0.0	651	858	−207	
180	Sankt Hülfe	» » 19	1^p 36 −44	H I	45 20.21	−0.03	16.24	9.85245	9.11859	+1.4	0.18457	0.18858	−401	0.18448
			1^p 48 −54	2	44 18.65	+0.04	16.59	84480	11108	+1.1	463	859	−396	
			1^p 57 −63	E I	43 0.55	−0.09	16.05	83401	09992	+0.9	447	860	−413	
			2^p 6 −11	2	38 9.44	−0.03	16.46	79103	05714	+0.7	456	860	—	
			2^p 15 −24	D I	49 44.75	+0.06	17.08	88327	14925	+0.4	449	860	−411	
			2^p 26 −35	2	51 2.26	−0.02	17.30	89159	15779	−0.0	459	860	−401	
181	Kirchweyhe	» » 20	10^a 48 −55	H I	45 29.72	−0.01	18.60	9.85447	9.11859	+0.8	0.18371	0.18854	−483	0.18366
			11^a 1 − 8	2	44 26.25	+0.05	19.42	84686	11108	+1.0	376	853	−477	
			11^a 18 −26	E I	43 11.12	−0.23	19.06	83591	09991	+1.1	366	853	−487	
			11^a 31 −38	2	38 18.40	+0.12	20.04	79291	05693	+1.4	366	854	—	
			11^a 46 −55	D I	49 55.54	0.00	20.32	88541	14924	+1.6	360	853	−493	
			0^p 5 −20	2	51 13.30	+0.03	20.48	89391	15778	+1.9	362	854	−492	
182	Mittelstendorf	» » 21	8^a 59 −66	H I	45 7.20	−0.05	19.66	9.85203	9.11859	−1.0	0.18473	0.18857	−384	0.18465
			9^a 12 −18	2	44 4.00	+0.19	20.55	84441	11108	−0.9	477	855	−378	
			9^a 23 −31	E I	42 50.55	−0.17	21.04	83346	09991	−0.6	468	854	−386	
			9^a 34 −40	2	38 2.25	+0.03	21.74	79051	05693	−0.4	468	854	—	
			9^a 47 −54	D I	49 27.22	−0.02	22.45	88302	14924	−0.3	460	853	−393	
			9^a 58 −67	2	50 40.90	+0.04	23.04	89157	15777	0.0	459	852	−393	
183	Frohse	1902 Aug. 12	2^p 48 −56	D I	48 11.20	−0.02	17.90	9.87322	9.14984	0.0	0.18911	0.18878	33	0.18885
			2^p 59 −66	2	49 28.90	0.00	17.71	88194	15872	0.0	914	878	36	
			3^p 10 −18	H I	43 59.48	+0.11	17.45	84258	11921	+0.1	907	876	31	
			3^p 21 −27	2	43 3.38	−0.10	17.17	83505	11179	+0.2	912	876	36	
			3^p 31 −37	E I	41 43.86	−0.06	16.63	82349	10014	+0.1	908	877	31	
			3^p 40 −46	2	37 4.12	−0.02	16.06	78027	05694	0.0	909	878	31	
184	Spiegelsberge	» » 13	1^p 7 −16	H I	43 49.64	−0.01	16.72	9.84101	9.11921	+1.1	0.18977	0.18883	94	0.18945
			1^p 29 −35	2	42 56.78	−0.15	15.41	83348	11179	+1.0	982	886	96	
			1^p 45 −52	E I	41 33.15	−0.09	16.84	82200	10013	+0.8	974	886	88	
			1^p 57 −63	2	36 55.85	−0.18	15.55	77879	05694	+0.6	975	885	90	
			2^p 15 −23	D I	48 8.90	−0.08	14.04	87180	14994	+0.3	973	882	91	
			2^p 34 −41	2	49 27.58	−0.02	14.25	88050	15872	0.0	977	880	97	

C. Beobachtungen der Horizontalintensität.

Lfde. Nr.	Namen der Station	Datum	Pdm. O.-Zt.	Magnet	Abl.-W. φ	½—ΔΔ²	Temp. t	log sin φ₀	log C	Var. Korr.	Hor.-Int. a. d. Station	Hor.-Int. in Potsdam	Diff. St.-Pdm.	Hor.-Int. 1901.0
185	Gielde	1902 Aug. 14	11ᵃ 3ᵐ —10ᵐ	H 1	44 19.95	—0.17	14.14	9.84404	9.11921	+0.9	0.18845	0.18866	— 21	0.18833
			11ᵃ 13 —20	2	43 24.80	+0.05	13.59	83661	11179	+1.0	845	867	— 22	
			11ᵃ 23 —29	E 1	41 56.50	—0.18	14.24	82487	10012	+1.2	848	866	— 18	
			11ᵃ 32 —38	2	37 13.22	—0.05	14.68	78163	05693	+1.2	851	867	— 16	
			11ᵃ 47 —54	D 1	48 31.56	—0.03	15.35	87474	14994	+1.4	846	865	— 19	
			0ᵖ 17 —25	2	49 49.12	+0.01	15.85	88341	15873	+1.4	851	868	— 17	
186	Lühnde I	» 15	11ᵃ 29 —37	H 1	44 35.08	—0.20	14.92	9.84627	9.11921	+1.4	0.18748	0.18857	—109	0.18740
			11ᵃ 42 —48	2	43 37.25	+0.01	14.97	83876	11179	+1.6	753	857	—104	
			0ᵖ 20 —27	E 1	42 8.30	—0.18	15.62	82675	10011	+1.7	767	874	—107	
			0ᵖ 41 —49	2	37 21.02	—0.13	17.19	78336	05692	+1.7	776	882	—106	
			3ᵖ 3 —12	D 1	48 34.90	+0.06	18.18	87653	14994	0.0	768	882	—114	
			3ᵖ 18 —25	2	49 58.12	—0.02	18.51	88536	15874	+0.1	766	884	—118	
			3ᵖ 40 —49	E 1	42 4.90	—0.08	17.95	82666	10011	0.0	769	883	—114	
			3ᵖ 55 —63	2	37 22.24	—0.09	17.79	78347	05692	—0.1	769	882	—113	
			4ᵖ 12 —18	H 1	44 24.18	—0.04	17.72	84587	11921	—0.4	765	880	—115	
			4ᵖ 23 —30	2	43 28.41	—0.07	17.21	83842	11179	—0.5	765	881	—116	
187	Westercelle I	» 16	9ᵃ 26 —34	H 1	44 51.22	—0.18	15.36	9.84847	9.11921	+0.9	0.18654	0.18865	—211	0.18638
			9ᵃ 39 —47	2	43 52.98	+0.05	15.82	84116	11179	+0.7	649	863	—214	
			10ᵃ 5 —12	E 1	42 27.22	—0.33	16.11	82943	10010	+0.2	650	864	—214	
			10ᵃ 17 —25	2	37 41.25	—0.09	16.70	78650	05691	+0.1	638	860	—222	
			10ᵃ 32 —39	D 1	49 9.70	0.00	17.04	87946	14994	+0.4	641	856	—215	
			10ᵃ 50 —63	1	49 3.80	+0.02	18.95	87941	14994	+0.9	645	857	—212	
			11ᵃ 14 —27	2	50 16.35	+0.02	20.04	88821	15874	+1.2	645	858	—213	
188	Isenbüttel	» 17	10ᵃ 15 —21	H 1	44 45.05	—0.14	16.85	9.84822	9.11921	0.0	0.18663	0.18836	—173	0.18683
			10ᵃ 24 —29	2	43 46.52	+0.06	17.18	84083	11179	+0.2	662	836	—174	
			10ᵃ 33 —38	E 1	42 23.81	—0.22	16.95	82912	10009	+0.4	663	834	—171	
			10ᵃ 44 —50	2	37 37.02	+0.10	16.74	78581	05690	+0.5	663	835	—166	
			11ᵃ 3 —10	D 1	49 1.60	—0.05	17.81	87880	14994	+0.8	671	838	—167	
			11ᵖ 19 —27	2	50 17.62	0.00	18.61	88746	15875	+1.1	677	842	—165	
189	Walbeck I	» 18	1ᵖ 50 —64	H 1	44 5.08	+0.01	22.00	9.84491	9.11921	+0.6	0.18807	0.18882	— 75	0.18776
			2ᵖ 9 —19	2	43 5.12	—0.01	22.84	83746	11179	+0.3	807	882	— 75	
			2ᵖ 31 —36	E 1	41 55.25	—0.08	21.36	82587	10008	0.0	802	880	— 78	
			2ᵖ 41 —47	2	37 14.74	—0.16	21.41	78266	05689	0.0	803	878	— 75	
			2ᵖ 54 —64	D 1	48 20.43	+0.11	22.66	87575	14994	+0.1	801	878	— 77	
			3ᵖ 7 —19	2	49 33.45	0.00	23.16	88449	15875	+0.8	805	878	— 73	
190	Zienau	» 19	1ᵖ 36 —42	H 1	44 8.35	+0.03	25.62	9.84666	9.11921	+0.7	0.18732	0.18883	—151	0.18703
			1ᵖ 46 —52	2	43 10.62	—0.04	25.44	83920	11179	+0.6	733	884	—151	
			1ᵖ 59 —65	E 1	42 1.62	—0.08	24.43	82729	10007	+0.5	740	886	—146	
			2ᵖ 9 —15	2	37 20.75	—0.17	24.65	78407	05688	+0.2	742	887	—145	
			2ᵖ 24 —31	D 1	48 27.00	+0.05	24.80	87715	14994	+0.1	741	888	—147	
			2ᵖ 36 —42	2	49 39.70	—0.05	25.49	88605	15876	0.0	737	890	—153	
191	Dambeck	» 20	10ᵃ 14 —20	H 1	44 44.68	—0.20	19.81	9.84920	9.11921	0.0	0.18621	0.18844	—223	0.18632
			10ᵃ 22 —28	2	43 45.85	+0.05	19.70	84170	11179	+0.1	625	844	—219	
			10ᵃ 33 —41	E 1	42 26.40	—0.32	20.14	82998	10006	+0.3	624	844	—220	
			10ᵃ 44 —50	2	37 40.59	+0.13	19.76	.78677	05687	+0.4	625	844	—219	
			10ᵃ 59 —67	D 1	48 59.26	+0.01	21.73	87976	14994	+0.6	630	846	—216	
			11ᵃ 13 —25	2	50 12.70	+0.02	22.95	88860	15877	+0.8	629	850	—221	
192	Oldenstadt	» 21	3ᵖ 18 —25	H 1	44 55.36	+0.14	19.03	9.85032	9.11921	+0.1	0.18573	0.18892	—319	0.18530
			3ᵖ 29 —36	2	44 0.66	—0.14	18.02	84298	11179	0.0	570	890	—320	
			3ᵖ 43 —51	E 1	42 39.56	—0.17	19.18	83165	10005	0.0	552	878	—326	
			3ᵖ 55 —60	2	37 50.94	—0.15	19.65	78839	05686	—0.1	555	878	—323	
			4ᵖ 7 —14	D 1	49 23.18	+0.04	18.75	88146	14994	—0.2	556	877	—321	
			4ᵖ 16 —22	2	50 45.65	—0.12	18.30	89024	15877	—0.4	558	878	—320	
193	Marwedel	» 22	11ᵃ 1 — 7	H 1	45 32.48	—0.07	13.38	9.85298	9.11921	+0.7	0.18461	0.18845	—384	0.18468
			11ᵃ 10 —14	2	44 32.86	+0.20	13.23	84540	11179	+0.8	468	849	—381	
			11ᵃ 18 —23	E 1	43 0.24	—0.35	14.14	83362	10004	+0.9	469	851	—382	
			11ᵃ 27 —32	2	38 7.16	+0.04	17.32	79076	05713	+1.0	467	851	—	
			11ᵃ 40 —48	D 1	49 47.00	—0.12	17.50	88362	14994	+1.0	465	849	—384	
			11ᵃ 54 —61	2	51 2.38	+0.09	19.49	89245	15878	+1.1	465	852	—387	
194	Ochtmissen	» 23	9ᵃ 56 —64	D 1	49 56.28	0.00	17.98	9.88476	9.14994	—0.3	0.18415	0.18851	—436	0.18414
			10ᵃ 35 —43	2	51 18.70	+0.06	18.76	89381	15878	—0.5	406	844	—438	
			11ᵃ 2 — 8	E 1	43 6.35	—0.24	18.50	83518	10003	+0.9	402	843	—441	
			11ᵃ 10 —17	2	38 15.10	+0.05	18.88	79223	05714	+1.0	405	842	—	
			11ᵃ 34 —41	H 1	45 14.20	—0.12	20.01	85302	11798	+1.2	407	844	—	
			0ᵖ 53 —59	2	44 2.78	0.00	21.68	84466	11004	—1.3	425	862	—	
195	Kl. Sottrum	» 24	1ᵖ 13 —26	H 1	45 26.19	—0.11	19.52	9.85434	9.11874	+1.7	0.18384	0.18873	—489	0.18362
			1ᵖ 30 —36	2	44 23.98	—0.07	20.00	84677	11123	+1.6	387	877	—490	
			1ᵖ 43 —51	E 1	43 9.48	0.00	19.04	83571	10002	+1.5	379	877	—498	
			1ᵖ 57 —66	2	38 18.75	—0.04	19.91	79292	05752	+1.2	392	882	—	
			2ᵖ 13 —22	D 1	49 52.58	+0.06	20.60	88518	14994	+0.6	399	884	—485	
			2ᵖ 26 —36	2	51 15.38	—0.05	20.51	89412	15878	+0.3	393	883	—490	
			4ᵖ 24 —35	H 1	45 20.48	+0.03	20.35	85395	11870	—0.4	397	882	—	
			4ᵖ 37 —42	1	45 19.10	0.00	20.68	85387	11870	—0.4	401	882	—	
196	Holtorf I	» 25	9ᵃ 5 —12	H 1	45 10.70	—0.10	16.25	9.85126	9.11878	—1.5	0.18513	0.18851	—338	0.18515
			9ᵃ 16 —23	2	44 10.58	+0.21	16.18	84362	11122	—1.4	517	852	—335	
			9ᵃ 29 —35	E 1	42 49.35	+0.24	16.19	83249	10001	—1.2	514	850	—336	
			9ᵃ 38 —45	2	38 3.12	+0.17	16.31	79003	05746	—0.9	510	850	—340	

C. Beobachtungen der Horizontalintensität.

Lfde. Nr.	Namen der Station	Zeit der Beobachtung — Datum	Pdm. O.-Zt.	Magnet	Abl.-W. φ	Δδ−ΛΔφ²	Temp. t	log sin φ₀	log C	Var. Korr.	Hor.-Intensität a. d. Station	in Potsdam	Diff. St.-Pdm.	Hor.-Int. 1901.0
196	Holtorf I	1902 Aug 25	9ʰ 54ᵐ −63ᵐ	D I	49 39.15	−0.05	16.29	9.88241	9.14994	−0.6	0.18514	0.18851	−337	0.18515
			10a 6 −14	2	51 1.75	+0.05	16.48	89124	15878	−0.3	516	852	−336	
197	Barkhausen	» » 26	9a 13 −22	H I	44 37.41	−0.13	17.09	9.84733	9.11579	−1.4	0.18683	0.18866	−183	0.18668
			9a 27 −32	2	43 39.74	+0.02	16.78	83978	11122	−1.3	682	864	−182	
			9a 36 −41	E I	42 19.86	−0.13	17.21	82862	10000	−1.0	679	865	−186	
			9a 43 −49	2	37 37.10	+0.06	18.22	78600	05741	−1.0	680	865	−185	
			9a 57 −67	D I	48 59.59	−0.02	17.86	78860	14994	−0.5	677	863	−186	
			10a 11 −17	2	50 19.72	+0.06	17.66	88733	15878	−0.2	683	864	−181	
198	Bielefeld	» » 27	11a 20 −26	H I	44 22.86	+0.03	18.09	9.84584	9.11880	+2.0	0.18750	0.18844	− 94	0.18759
			11a 30 −35	2	43 26.38	+0.05	17.71	83836	11122	+2.0	746	846	−100	
			11a 51 −57	E I	42 3.81	−0.08	20.12	82686	09999	+2.2	758	850	− 92	
			0p 9 −18	2	37 23.98	−0.01	19.98	78403	05737	+2.2	767	856	− 89	
			0p 36 −44	D I	48 39.20	−0.02	18.35	87651	14994	+2.2	771	864	− 93	
			0p 48 −55	2	49 59.35	0.00	17.75	88521	15878	+2.2	777	868	− 91	
199	Ems I	» » 28	10a 47 −55	H I	44 4.98	−0.08	19.82	9.84410	9.11880	+1.1	0.18824	0.18861	− 37	0.18813
			10a 57 −65	2	43 4.34	−0.08	19.88	83621	11122	+2.3	839	876	− 37	
			0p 19 −26	E I	41 49.59	−0.02	20.71	82497	09999	+2.3	839	880	− 41	
			0p 33 −40	2	37 12.28	+0.06	20.64	78218	05735	+2.3	846	881	− 35	
			1p 28 −35	D I	48 12.18	+0.06	22.70	87483	14994	+1.8	843	886	− 43	
			1p 42 −49	2	49 27.85	−0.01	22.58	88366	15878	+1.1	843	887	− 44	
200	Telgte	» » 29	8a 57 −64	H I	44 21.90	−0.24	18.25	9.84573	9.11880	−2.0	0.18751	0.18856	−105	0.18747
			9a 11 −16	2	43 21.45	+0.07	18.84	83813	11122	−1.8	752	856	−104	
			9a 25 −32	E I	42 4.70	−0.15	20.04	82697	09998	−1.6	748	855	−107	
			9a 39 −46	2	37 25.54	−0.01	20.22	78432	05733	−1.2	749	856	−107	
			9a 58 −65	D I	48 34.52	−0.01	21.08	87682	14994	−0.8	754	859	−105	
			10a 9 −16	2	49 50.75	+0.06	21.26	88563	15878	−0.4	756	860	−104	
201	Lavesum II	» » 30	11a 8 −16	H I	44 8.55	−0.06	22.83	9.84565	9.11880	+2.1	0.18758	0.18865	−107	0.18747
			11a 18 −25	2	43 7.29	+0.13	23.37	83797	11122	+2.3	763	868	−105	
			11a 32 −38	E I	41 58.72	−0.14	24.14	82682	09998	+2.8	760	871	−111	
			11a 41 −47	2	37 20.60	+0.14	24.18	78403	05731	+2.8	565	871	−106	
			11a 59 −69	D I	48 26.91	−0.02	22.86	87653	14994	+3.0	771	873	−102	
			0p 12 −19	2	49 40.55	+0.03	23.18	88526	15878	+3.0	775	874	− 99	
202	Nichtern I	» » 31	8a 42 −48	H I	44 42.56	−0.02	15.21	9.84734	9.11880	−2.6	0.18681	0.18874	−193	0.18662
			8a 53 −59	2	43 42.66	−0.10	15.76	83976	11121	−2.6	680	872	−192	
			9a 5 −13	E I	42 17.56	−0.44	17.96	82838	09997	−2.4	687	874	−187	
			9a 19 −27	2	37 36.54	+0.04	18.59	78594	05729	−2.2	677	868	−191	
			9a 48 −58	D I	48 57.22	−0.15	19.10	87871	14994	−1.2	673	864	−191	
			10a 7 −15	2	50 17.48	−0.06	19.14	88764	15878	−0.5	670	858	−188	
203	Hüthum I	» Sept. 1	1p 47 −52	H I	44 10.95	+0.02	25.02	9.84678	9.11880	+2.4	0.18710	0.18892	−182	0.18670
			1p 55 −62	2	43 13.80	−0.08	24.39	83922	11121	+2.2	708	891	−183	
			2p 12 −18	E I	42 5.82	−0.09	25.19	82801	09996	+1.6	707	890	−183	
			2p 22 −29	2	37 28.31	−0.07	24.74	78534	05727	+0.8	705	889	−184	
			2p 39 −46	D I	48 29.92	+0.02	26.22	87792	14994	+0.5	708	888	−180	
			2p 53 −60	2	49 42.12	−0.01	26.64	88677	15878	0.0	707	887	−180	
204	Geniel II	» » 2	10a 54 −60	H I	43 59.92	−0.36	23.00	9.84455	9.11880	+1.9	0.18806	0.18870	− 64	0.18790
			0p 10 −15	2	42 58.80	−0.01	23.32	83679	11121	+3.5	815	874	− 59	
			0p 23 −29	E I	41 49.30	−0.16	24.09	82549	09995	+3.5	817	877	− 60	
			0p 32 −38	2	37 13.02	+0.03	24.26	78276	05725	+3.5	817	879	− 62	
			1p 36 −44	D I	48 10.25	0.00	25.74	87555	14994	+2.4	812	876	− 64	
			1p 48 −57	2	49 21.38	+0.04	26.17	88435	15878	+2.2	814	880	− 66	
205	Stüttgen	» » 4	0p 19 −30	H I	43 34.72	−0.04	18.19	9.83956	9.11880	+3.2	0.19024	0.18888	136	0.18989
			0p 42 −50	2	42 38.54	−0.09	17.61	83182	11121	+3.0	031	892	139	
			1p 3 −15	E I	41 22.95	−0.07	17.26	82061	09994	+3.0	028	893	135	
			1p 25 −34	2	36 48.70	−0.14	17.34	77780	05723	+2.5	033	895	138	
			1p 46 −56	D I	47 47.05	+0.08	17.85	87047	14994	−2.0	033	895	138	
			2p 0 −14	2	49 4.14	0.00	17.92	87933	15877	+1.5	032	896	136	
206	Klinkum	» » 5	11a 44 −52	H I	43 57.22	−0.08	18.86	9.84275	9.11880	+3.2	0.18885	0.18861	24	0.18876
			11a 54 −61	2	42 55.90	−0.01	19.90	83508	11121	+3.5	889	863	26	
			0p 8 −15	E I	41 42.86	−0.25	19.22	82374	09993	+3.5	891	865	26	
			0p 22 −28	2	37 6.85	−0.02	18.06	78095	05722	+3.5	896	868	28	
			0p 38 −50	D I	48 14.34	−0.02	18.58	87379	14994	+3.5	890	871	19	
			0p 54 −62	2	49 28.82	+0.06	19.36	88256	15877	+3.2	892	874	18	•
207	Eupen III	» » 7	11a 47 −54	H I	43 18.36	−0.03	18.63	9.83752	9.11880	+3.4	0.19114	0.18875	239	0.19092
			11a 57 −64	2	42 22.00	+0.05	18.45	82989	11120	+3.6	116	878	238	
			0p 19 −25	E I	41 6.50	−0.12	18.59	81845	09992	+3.6	123	882	241	
			0p 30 −37	2	36 35.32	+0.01	18.69	77573	05720	+3.6	123	884	239	
			0p 50 −58	D I	47 25.59	0.00	19.09	86837	14993	+3.4	126	885	241	
			1p 3 −10	2	48 39.09	0.00	19.71	87723	15877	+3.1	125	884	241	
208	Euskirchen II	» » 8	4p 28 −36	D I	47 12.40	0.00	19.76	9.86704	9.14993	−0.8	0.19181	0.18880	301	0.19152
			4p 40 −47	2	48 25.90	0.00	19.98	87587	15877	−0.5	182	878	304	
			5p 3 −11	E I	40 56.48	−0.12	19.41	81713	09991	−0.2	177	879	298	
			5p 21 −27	2	36 27.38	+0.01	18.90	77439	05719	0.0	178	880	298	
			5p 35 −42	H I	43 7.71	+0.01	18.28	83597	11880	+0.2	179	880	299	
			5p 46 −52	2	42 12.25	−0.06	18.00	82835	11120	+0.2	180	879	301	
209	Nieder-Zündorf	» » 9	1p 19 −36	H I	43 2.14	0.00	21.56	9.83639	9.11880	+2.1	0.19163	0.18875	288	0.19148
			1p 39 −46	2	42 3.92	−0.04	22.25	82881	11120	+1.8	162	875	287	
			1p 56 −69	E I	40 55.58	−0.12	22.08	81745	09991	+1.2	164	878	286	

C. Beobachtungen der Horizontalintensität.

Lfde. Nr.	Namen der Station	Datum	Pdm. O.-Zt.	Magnet	Abl.-W. φ	$\sqrt{\delta}-A\Delta\varphi^2$	Temp. t	$\log \sin \varphi_0$	$\log C$	Var. Korr.	Hor.-Int. a. d. Station	Hor.-Int. in Potsdam	Diff. St.-Pdm.	Hor.-Int. 1901.0
209	Nieder-Zündorf	1902 Sept. 9	2p 17 —25	E2	36 26.05	+0.09	22.84	9.77465	9.05718	+0.7	0.19167	0.18878	289	0.19138
			2p 37 —46	D1	47 9.52	+0.02	22.24	86746	14993	+0.2	163	881	282	
			2p 49 —59	2	48 20.88	0.00	22.26	87617	15877	0.0	169	883	286	
210	Kripp	» » 10	1p 34 —42	H1	42 34.68	+0.13	24.20	9.83361	9.11879	+1.8	0.19285	0.18881	404	0.19256
			1p 49 —56	2	41 33.98	0.00	25.73	82594	11120	+1.6	289	882	407	
			2p 3 —10	E1	40 34.06	+0.06	24.65	81476	09990	+1.2	282	881	401	
			2p 13 —21	2	36 10.00	—0.11	24.31	77206	05718	+0.9	282	880	402	
			2p 33 —46	D1	46 43.08	+0.04	23.39	86471	14992	+0.2	285	878	407	
			2p 49 —58	2	47 52.00	—0.04	24.10	87360	15876	0.0	282	877	405	
211	Kaltenengers	» » 11	8a 50 —56	H1	42 37.38	—0.08	17.42	9.83154	9.11879	—2.2	0.19373	0.18862	511	0.19365
			9a 0 — 7	2	41 39.50	0.00	18.74	82404	11120	—2.2	369	859	510	
			9a 15 —22	E1	40 28.20	—0.20	17.96	81273	09989	—1.8	369	857	512	
			9a 32 —38	2	36 1.44	+0.03	19.44	76998	05717	—1.3	372	856	516	
			9a 48 —61	D1	46 36.82	—0.02	19.58	86277	14992	—0.9	370	860	510	
			10a 8 —30	2	47 44.44	+0.17	20.60	87141	15876	0.0	380	862	518	
212	Dörscheid	» » 12	11a 8 —16	H1	42 15.44	+0.26	16.23	9.82814	9.11878	+1.9	0.19529	0.18874	655	0.19508
			11a 18 —26	2	41 22.48	—0.06	15.90	82052	11120	+2.1	531	876	655	
			0p 9 —16	E1	40 5.58	—0.11	15.88	80903	09988	+2.5	539	881	658	
			0p 18 —24	2	36 42.38	+0.09	16.72	76634	05717	+2.5	539	883	656	
			0p 30 —38	D1	46 9.10	—0.04	17.92	85893	14992	+2.5	546	886	660	
			0p 40 —48	2	47 22.20	+0.02	17.79	86778	15876	+2.3	544	889	655	
213	Fluterschen	» » 13	10a 51 —59	H1	43 23.42	—0.11	9.22	9.83494	9.11877	+1.5	0.19225	0.18857	368	0.19223
			11a 14 —21	2	42 23.18	+0.12	10.84	82721	11119	0.0	230	860	370	
			11a 28 —34	E1	40 57.82	—0.14	11.06	81599	09987	+0.6	227	861	366	
			11a 39 —45	2	36 23.98	+0.09	10.76	77292	05717	+1.0	243	864	379	
			11a 52 —66	D1	47 23.70	—0.02	11.28	86578	14991	+1.7	239	866	373	
			0p 9 —16	2	48 47.02	0.00	10.40	87465	15876	+2.5	238	868	370	
214	Maumke	» » 15	1p 14 —25	D1	47 26.50	—0.04	17.72	9.86805	9.14991	+1.7	0.19138	0.18894	244	0.19099
			1p 29 —37	2	48 44.18	—0.12	17.44	87693	15876	+1.5	136	891	245	
			1p 45 —52	E1	41 6.05	—0.13	14.68	81775	09986	+1.1	148	894	254	
			1p 56 —62	2	36 36.18	—0.16	13.86	77529	05717	+1.0	138	895	243	
			2p 12 —18	H1	43 27.02	+0.11	12.60	83660	11876	+0.8	151	893	258	
			3p 20 —26	2	42 33.00	—0.06	13.19	82942	11119	—0.4	132	891	241	
215	Obernfeld	» » 16	0p 19 —25	H1	43 51.02	—0.02	12.91	9.83986	9.11875	+2.6	0.19009	0.18872	137	0.18988
			0p 28 —34	2	42 52.25	—0.01	13.71	83224	11119	+2.6	012	874	138	
			0p 40 —45	E1	41 28.08	—0.01	14.41	82089	09986	+2.4	011	875	136	
			0p 54 —60	2	36 53.38	—0.06	14.17	77825	05717	+2.4	009	876	133	
			1p 9 —17	D1	48 3.25	—0.01	13.19	87090	14991	+2.2	013	878	135	
			1p 21 —29	2	49 23.10	+0.01	13.28	87966	15876	+1.8	017	879	138	
216	Mittel-Stiepel	» » 17	1p 57 —62	H1	44 7.68	—0.10	12.13	9.84178	9.11874	+1.2	0.18923	0.18891	32	0.18885
			2p 4 —10	2	43 9.82	—0.33	12.68	83419	11119	+0.9	924	890	34	
			2p 15 —21	E1	41 44.02	—0.01	13.28	82299	09985	+0.9	918	888	30	
			2p 24 —29	2	37 6.48	—0.02	12.99	78032	05717	+0.5	917	887	30	
			2p 39 —47	D1	48 21.48	0.00	12.76	87283	14990	+0.2	926	890	36	
			2p 50 —59	2	49 41.56	—0.02	13.54	88175	15875	0.0	923	888	35	
217	Opmünden	» » 18	2p 45 —52	H1	44 1.48	+0.13	13.31	9.84139	9.11873	0.0	0.18938	0.18885	53	0.18904
			2p 54 —61	2	43 5.15	—0.04	13.24	83381	11119	0.0	940	887	53	
			3p 8 —15	E1	41 39.62	—0.04	13.66	82242	09984	—0.4	942	889	53	
			3p 18 —24	2	37 2.85	—0.06	13.21	77973	05716	—0.6	942	893	49	
			3p 33 —40	D1	48 16.32	+0.05	13.26	87240	14990	—0.6	944	892	52	
			3p 43 —62	2	49 44.45	0.00	11.54	88132	15875	—0.6	941	890	51	
218	Ober-Alme	» » 19	1p 57 —63	H1	43 51.78	—0.22	11.68	9.83951	9.11873	+0.7	0.19021	0.18877	144	0.18999
			2p 6 —13	2	42 55.60	—0.10	11.47	83185	11119	+0.7	027	878	149	
			2p 19 —25	E1	41 30.68	—0.18	10.62	82065	09983	+0.3	019	876	143	
			2p 28 —35	2	36 52.65	—0.06	10.74	77776	05715	+0.3	028	879	149	
			2p 44 —51	D1	48 4.52	—0.02	11.95	87066	14990	0.0	021	875	146	
			2p 55 —62	2	49 24.32	+0.03	12.51	87951	15875	0.0	021	872	149	
219	Kirchborchen I	» » 20	0p 40 —48	H1	44 3.00	—0.20	15.14	9.84218	9.11872	+1.9	0.18905	0.18858	47	0.18895
			0p 52 —63	2	43 8.20	+0.07	14.60	83475	11118	+1.7	901	858	43	
			1p 14 —20	E1	41 43.08	—0.19	15.57	82318	09983	+1.5	910	868	42	
			1p 26 —33	2	37 6.35	—0.07	13.98	78040	05714	+1.4	913	870	43	
			1p 42 —50	D1	48 14.55	+0.05	16.31	87312	14989	+1.2	914	870	44	
			1p 54 —60	2	49 35.42	—0.02	16.15	88205	15875	+0.8	911	873	38	
220	Hembsen	» » 21	11a 19 —25	H1	44 0.36	—0.08	15.27	9.84190	9.11872	+1.5	0.18917	0.18850	67	0.18920
			11a 27 —33	2	43 3.56	—0.01	15.29	83437	11118	+1.6	917	850	67	
			11a 52 —58	E1	41 39.98	—0.39	16.58	82289	09982	+1.8	922	853	69	
			0p 1 — 8	2	37 2.22	+0.06	16.71	78004	05712	+1.8	929	856	73	
			0p 16 —29	D1	48 9.05	—0.02	17.45	87283	14989	+2.0	928	859	69	
			0p 37 —46	2	49 29.44	0.00	16.84	88168	15874	+1.6	928	862	66	
221	Hullersen	» » 22	9a 59 —65	H1	44 14.54	—0.09	10.98	9.84227	9.11871	—1.3	0.18898	0.18852	46	0.18898
			10a 8 —13	2	43 17.35	+0.05	11.36	83477	11118	—1.1	897	850	47	
			10a 19 —26	E1	41 48.95	—0.25	12.25	82348	09981	—1.1	893	848	45	
			10a 30 —37	2	37 9.58	+0.16	12.39	78081	05710	—0.8	892	848	44	
			11a 11 —18	D1	48 21.92	0.08	14.61	87342	14988	+1.1	901	848	53	
			11a 21 —36	2	49 44.58	+0.05	14.65	88249	15875	+1.3	892	848	44	
222	Göttingen III	» » 23	10a 9 —15	H1	43 55.12	—0.10	11.50	9.83991	9.11871	—0.1	0.19002	0.18848	154	0.19003
			11a 42 —48	2	42 51.12	—0.05	14.17	83226	11118	+1.4	008	855	153	

C. Beobachtungen der Horizontalintensität.

Lfde. Nr.	Namen der Station	Zeit der Beobachtung		Magnet	Abl.-W.	$\Delta\delta - \Lambda\Delta\varphi^2$	Temp.	log sin φ₀	log C	Var.	Hor.-Intensität		Diff.	Hor.-Int.
		Datum	Pdm. O.-Zt.		φ		t			Korr.	a. d. Station	in Potsdam	St.-Pdm.	1901.0
222	Göttingen III	1902 Sept. 23	11a 58m —64m	E1	41 28.32	—0.17	14.61	9.82094	9.09980	+1.3	0.19006	0.18858	148	0.19003
			0p 7 —13	2	36 52.38	+0.13	14.51	77815	05708	+1.3	009	860	149	
			0p 25 —34	D1	47 56.15	—0.02	15.64	87082	14987	+1.3	014	863	151	
			0p 37 —44	2	49 13.38	+0.02	16.18	87968	15873	+1.2	014	863	151	
223	Enkeberg	» » 24	1p 21 —27	H1	43 26.90	—0.08	16.97	9.83808	9.11872	+1.3	0.19084	0.18868	216	0.19068
			1p 29 —35	2	42 29.80	—0.09	17.49	83058	11118	+1.1	082	869	213	
			1p 41 —48	E1	41 11.32	—0.13	17.63	81900	09980	+1.0	091	870	221	
			1p 52 —57	2	36 39.22	—0.06	18.47	77635	05706	+0.8	087	870	217	
			2p 4 —12	D1	47 31.18	+0.04	19.71	86921	14986	+0.7	084	872	212	
			2p 13 —19	2	48 45.88	—0.02	19.71	87798	15873	+0.4	087	873	215	
224	Frauenberg	» » 25	1p 59 —66	H1	42 56.90	+0.02	20.88	9.83544	9.11872	+0.6	0.19200	0.18873	327	0.19181
			2p 14 —20	2	42 6.68	+0.18	18.39	82775	11118	+0.4	206	874	332	
			2p 34 —40	E1	40 49.30	—0.12	20.70	81630	09979	+0.3	208	876	332	
			2p 44 —52	2	36 22.02	—0.01	20.76	77370	05704	+0.1	202	876	326	
			3p 3 —12	D1	47 9.98	+0.04	18.92	86650	14985	—0.1	202	876	326	
			3p 13 —19	2	48 23.40	—0.05	19.26	87530	15872	—0.1	205	876	329	
225	Reichensachsen I	» » 26	1p 14 —20	H1	43 6.75	0.00	18.01	9.83574	9.11872	+1.2	0.19187	0.18878	309	0.19160
			1p 39 —42	2	42 9.20	—0.02	18.58	82815	11117	+0.8	189	878	311	
			2p 1 — 7	E1	40 53.75	—0.08	19.32	81672	09978	+0.6	190	878	312	
			2p 9 —14	2	36 25.22	—0.01	19.21	77406	05703	+0.5	185	879	306	
			2p 21 —28	D1	47 13.58	+0.04	18.78	86687	14984	+0.4	185	878	307	
			2p 30 —37	2	48 29.95	—0.02	18.59	87580	15871	+0.2	183	878	305	
226	Gr. Werther I	» » 27	0p 6 —13	H1	43 25.39	—0.08	17.12	9.83793	9.11872	+1.0	0.19090	0.18877	213	0.19067
			0p 17 —23	2	42 28.60	+0.01	17.17	83032	11117	+1.0	093	877	216	
			0p 31 —39	E1	41 10.55	—0.15	17.66	81888	09977	+0.9	095	878	217	
			0p 43 —49	2	36 38.75	—0.03	16.77	77607	05702	+0.9	097	879	218	
			0p 58 —66	D1	47 37.15	+0.02	17.12	86911	14983	+0.9	087	878	209	
			1p 8 —19	2	48 56.30	+0.08	16.22	87784	15870	+0.9	093	878	215	
227	Seebach	» » 28	10a 12 —19	H1	43 19.72	—0.12	12.66	9.83561	9.11873	—0.2	0.19192	0.18872	320	0.19172
			10a 22 —29	2	42 24.82	+0.03	12.90	82818	11117	0.0	186	871	315	
			10a 40 —49	E1	40 59.38	—0.27	13.78	81663	09976	+0.3	192	872	320	
			10a 53 —60	2	36 29.32	+0.06	12.31	77399	05701	+0.5	189	871	318	
			11a 19 —27	D1	47 26.75	—0.08	13.09	86667	14982	+0.9	194	873	321	
			11a 34 —41	2	48 47.75	—0.02	12.49	87550	15869	+1.1	196	872	324	
228	Wandersleben I	» » 29	0p 1 — 6	H1	43 2.68	—0.13	8.59	9.83194	9.11873	+0.9	0.19356	0.18870	486	0.19338
			0p 10 —16	2	42 9.50	+0.01	8.29	82435	11117	+0.8	357	870	487	
			0p 19 —25	E1	40 40.00	—0.13	8.36	81297	09975	+0.8	355	870	485	
			0p 28 —33	2	36 10.15	+0.08	7.89	77026	05701	+0.8	354	871	483	
			0p 36 —44	D1	47 7.28	—0.02	8.18	86294	14981	+0.8	559	871	488	
			0p 45 —52	2	48 28.55	+0.02	8.18	87178	15868	+0.8	361	872	489	
229	Kölleda	» » 30	0p 18 —24	H1	42 56.68	+0.06	14.24	9.83308	9.11873	+0.7	0.19305	0.18869	436	0.19289
			0p 27 —34	2	42 1.02	+0.14	14.40	82544	11117	+0.7	309	871	438	
			0p 38 —44	E1	40 40.55	—0.16	14.30	81397	09974	+0.7	310	873	437	
			0p 46 —54	2	36 11.58	—0.22	14.64	77114	05700	+0.7	314	872	442	
			1p 2 —12	D1	47 0.00	+0.02	14.70	86404	14980	+0.7	310	874	436	
			1p 16 —28	2	48 15.04	—0.05	15.32	87289	15867	+0.6	311	875	436	
230	Auerstedt	» Okt. 1	9a 54 —61	H1	43 2.16	—0.15	9.86	9.83228	9.11873	—0.2	0.19340	0.18852	488	0.19337
			10a 3 — 9	2	42 7.64	+0.04	10.18	82479	11117	—0.2	337	852	485	
			10a 14 —20	E1	40 41.50	—0.16	9.89	81342	09973	—0.1	333	852	481	
			10a 27 —34	2	36 11.30	+0.18	9.89	77067	05699	0.0	334	853	481	
			10a 43 —52	D1	47 5.95	—0.09	9.98	86330	14979	+0.2	342	854	488	
			10a 57 —66	2	48 23.65	+0.05	10.74	87218	15866	+0.3	341	856	485	
231	Gr. Machnow I	1903 Juli 21	0p 10 —16	H1	43 50.25	—0.09	18.55	9.84173	9.11867	—0.3	0.18921	0.18872	49	0.18902
			0p 21 —28	2	42 48.46	0.00	20.12	83415	11119	—0.3	925	873	52	
			0p 36 —43	E1	41 28.60	—0.13	21.86	82218	09921	—0.2	925	875	50	
			0p 47 —54	2	36 50.08	0.00	22.12	77863	05584	—0.2	933	876	57	
			1p 4 —16	D1	47 55.48	0.00	22.64	87291	14982	—0.2	920	876	44	
			1p 19 —26	2	49 16.52	—0.04	20.95	88182	15880	—0.2	923	875	48	
232	Niendorf I	» » 22	1p 41 —49	H1	43 8.26	+0.11	22.66	9.83762	9.11866	—0.1	0.19100	0.18895	205	0.19060
			1p 52 —57	1	43 12.18	—0.04	21.19	83761	11866	—0.1	101	896	205	
			4p 7 —14	1	43 8.88	—0.03	21.88	83741	11866	0.0	110	895	215	
			4p 16 —22	2	42 14.82	—0.02	21.32	82998	11118	0.0	107	894	213	
			4p 31 —39	E1	41 1.68	—0.05	21.07	81817	09920	0.0	100	893	207	
			4p 43 —50	2	36 28.89	—0.01	21.02	77491	05583	0.0	095	891	204	
			5p 0 — 7	D1	47 23.61	+0.05	21.38	86885	14982	0.0	097	890	207	
			5p 9 —16	2	48 42.35	0.00	20.52	87790	15880	0.0	094	887	207	
233	Treuenbrietzen I	» » 23	9a 2 —10	H1	43 36.32	—0.09	21.12	9.84080	9.11866	0.0	0.18961	0.18869	92	0.18942
			9a 12 —18	2	42 39.51	+0.10	21.24	83338	11117	0.0	958	869	89	
			9a 22 —28	E1	41 23.65	—0.15	21.68	82144	09919	0.0	957	870	87	
			9a 30 —36	2	36 45.50	—0.01	22.74	77794	05582	0.0	962	870	92	
			9a 45 —52	D1	47 47.10	—0.02	22.52	87191	14981	0.0	963	872	91	
			9a 54 —61	2	49 0.22	+0.02	23.05	88085	15880	0.0	965	875	90	
234	Pannigkau I	» » 24	9a 40 —47	H1	43 14.40	—0.17	23.69	9.83879	9.11865	0.0	0.19048	0.18874	174	0.19029
			9a 54 —62	2	42 16.80	+0.04	23.88	83124	11116	0.0	051	872	179	
			10a 9 —16	E1	41 6.05	—0.23	24.29	81932	09918	0.0	048	872	176	
			10a 20 —30	2	36 31.55	+0.08	24.86	77587	05580	+0.1	052	873	179	

C. Beobachtungen der Horizontalintensität.

Lfde. Nr.	Namen der Station	Datum	Pdm. O.-Zt.	Magnet	Abl.-W. φ	δ−Aφ²	Temp. t	log sin φ0	log C	Var. Korr.	Hor.-Int. a. d. Station	Hor.-Int. in Potsdam	Diff. St.-Pdm.	Hor.-Int. 1901.0
234	Pannigkau I	1903 Juli 24	10^a 50^m —57^m	D 1	47 18.70	+0.02	26.49	9.86987	9.14981	+0.1	0.19052	0.18873	179	0.19029
			10^a 2 —15	2	48 32.02	—0.02	26.29	87896	15879	+0.1	047	871	176	
235	Elsterwerda	» » 25	11^a 13 —21	H 1	42 45.98	—0.23	22.44	9.83447	9.11864	—0.2	0.19238	0.18871	367	0.19220
			11^a 31 —37	2	41 49.80	+0.09	22.75	82702	11115	—0.3	237	868	369	
			11^a 45 —51	E 1	40 38.08	—0.10	23.12	81506	09916	—0.3	235	866	369	
			11^a 57 —64	2	36 8.96	0.00	22.97	77172	05579	—0.3	234	869	365	
			0^p 13 —25	D 1	46 52.30	+0.02	22.49	86552	14980	—0.3	243	872	371	
			0^p 30 —38	2	48 2.32	+0.03	23.50	87455	15879	—0.3	242	872	370	
236	Torgau	» » 26	9^a 48 —54	H 1	42 52.62	—0.21	22.48	9.83539	9.11864	0.0	0.19198	0.18866	332	0.19186
			9^a 57 —65	2	41 54.65	+0.34	23.11	82789	11114	0.0	198	865	332	
			10^a 10 —17	E 1	40 44.62	—0.40	23.34	81602	09914	0.0	192	860	332	
			10^a 27 —34	2	36 13.78	—0.10	23.70	77264	05578	0.0	193	860	333	
			10^a 56 —64	D 1	47 0.62	—0.02	24.29	86707	14980	0.0	175	841	334	
			10^a 19 —31	2	48 11.40	+0.22	25.19	87625	15878	0.0	166	826	340	
237	Aken III	» » 27	10^a 4 —13	H 1	43 34.89	—0.17	20.82	9.84050	9.11863	+0.2	0.18973	0.18847	126	0.18987
			10^a 47 —54	2	42 31.80	—0.08	22.50	83277	11114	+0.4	983	847	136	
			11^a 22 —30	E 1	41 18.95	+0.08	18.52	82026	09912	+0.5	0.19005	857	148	
			11^a 33 —40	2	36 43.08	—0.20	19.68	77713	05576	+0.5	0.18996	862	134	
			11^a 46 —53	D 1	47 46.00	—0.10	20.72	87121	14979	+0.6	993	861	132	
			11^a 59 —67	2	48 57.98	+0.08	21.90	88017	15878	+0.6	995	860	135	
238	Niemberg	» » 28	0^p 28 —35	H 1	42 59.90	+0.02	23.66	9.83684	9.11863	+0.4	0.19134	0.18856	278	0.19129
			0^p 41 —48	2	42 1.58	+0.08	23.88	82912	11113	+0.4	143	863	280	
			1^p 1 — 8	E 1	40 48.02	—0.18	24.74	81679	09911	+0.4	157	877	280	
			1^p 14 —20	2	36 19.20	—0.09	24.84	77372	05573	+0.3	143	871	272	
			1^p 27 —36	D 1	47 3.12	+0.01	25.69	86780	14978	+0.3	142	867	275	
			1^p 40 —57	2	48 19.05	—0.01	24.61	87685	15878	+0.3	139	865	274	
239	Aylsdorf	» » 30	0^p 28 —36	H 1	42 28.72	—0.04	20.25	9.83136	9.11862	+0.4	0.19376	0.18870	506	0.19355
			0^p 51 —58	2	41 32.65	—0.02	20.90	82388	11112	+0.4	375	872	503	
			1^p 3 —10	E 1	40 20.61	—0.12	19.51	81186	09909	+0.3	374	872	502	
			1^p 13 —20	2	35 53.62	—0.09	18.45	76849	05569	+0.3	373	874	499	
			1^p 27 —35	D 1	46 30.00	0.00	20.82	86235	14978	+0.3	383	877	506	
			1^p 39 —48	2	47 39.12	0.00	22.36	87145	15877	+0.3	378	877	501	
240	Gefell II	» » 31	1^p 28 —37	H 1	42 7.39	—0.03	13.60	9.82605	9.11862	+0.3	0.19614	0.18880	734	0.19586
			1^p 42 —47	2	41 16.22	+0.01	12.98	81853	11112	+0.3	615	885	730	
			1^p 58 —64	E 1	39 49.62	—0.07	14.14	80635	09907	+0.3	621	887	734	
			2^p 9 —15	2	35 25.10	—0.02	14.09	76298	05565	+0.3	619	886	733	
			0^p 28 —50	D 1	46 5.96	—0.02	14.29	85744	14977	+0.3	603	868	735	
			0^p 57 —64	1	46 3.35	—0.01	14.80	85728	14977	+0.4	611	875	736	
			1^p 11 —18	2	47 20.60	—0.01	14.19	86624	15877	+0.4	612	877	735	
241	Gräfendorf	1903 Aug. 1	0^p 46 —52	H 1	42 23.91	—0.03	14.61	9.82869	9.11861	+0.8	0.19496	0.18865	631	0.19485
			0^p 55 —60	2	41 29.78	+0.06	14.82	82117	11111	+0.7	497	866	631	
			1^p 6 —15	E 1	40 2.77	—0.13	17.43	80886	09905	+0.7	508	874	634	
			1^p 18 —23	2	35 37.10	+0.04	17.11	76546	05561	+0.6	506	873	633	
			1^p 31 —37	2	35 35.55	+0.04	19.41	76545	05561	+0.5	506	870	636	
			1^p 49 —56	D 1	46 11.68	+0.03	19.10	85961	14977	+0.5	506	872	634	
			1^p 59 — 6	2	47 23.84	+0.05	19.66	86867	15876	+0.5	502	872	630	
242	Bertelsdorf	» » 3	9^a 32 —38	H 1	42 0.10	—0.16	17.18	9.82626	9.11861	—0.2	0.19604	0.18854	750	0.19599
			9^a 47 —54	1	42 0.55	+0.03	16.90	82625	11861	+0.1	605	856	749	
			11^a 16 —25	2	41 7.88	—0.32	15.92	81839	11111	+1.0	622	872	750	
			11^a 40 —52	E 1	39 47.28	—0.36	15.90	80623	09904	+1.1	626	878	748	
		» » 4	8^a 54 —60	1	39 49.86	—0.04	14.67	9.80648	09904	—0.8	0.19613	869	744	
			8^a 44 —51	2	35 24.28	—0.17	15.22	76293	05557	—1.0	616	871	745	
			9^a 7 —15	D 1	45 59.98	—0.02	16.09	85726	14977	—0.6	610	868	742	
			9^a 18 —26	2	47 15.18	+0.05	15.49	86611	15876	—0.4	618	868	750	
243	Schleusingen	» » 4	2^p 54 —65	H 1	41 57.26	—0.05	18.00	9.82617	9.11861	+0.4	0.19608	0.18884	724	0.19576
			3^p 14 —22	2	41 0.88	—0.06	19.14	81863	11110	+0.4	610	887	723	
			3^p 33 —39	E 1	39 46.36	—0.06	18.29	80653	09902	+0.3	611	888	723	
			3^p 44 —52	2	35 21.55	—0.19	18.01	76276	05554	+0.2	624	889	735	
			4^p 2 — 9	D 1	45 52.12	+0.06	19.11	85723	14976	+0.2	612	893	719	
			4^p 14 —24	2	47 10.64	+0.04	17.43	86628	15875	+0.1	610	891	719	
244	Barchfeld	» » 5	11^a 24 —31	H 1	42 36.76	+0.12	22.24	9.83319	9.11860	+1.3	0.19294	0.18851	443	0.19296
			11^a 34 —42	2	41 41.52	—0.10	22.45	82572	11110	+1.3	293	853	440	
			0^p 8 —15	E 1	40 26.42	—0.05	22.90	81331	09900	+1.5	308	858	450	
			0^p 21 —28	2	35 59.24	—0.15	21.72	76985	05551	+1.5	306	858	448	
			0^p 41 —53	D 1	46 41.58	—0.02	22.22	86417	14976	+1.4	302	861	441	
			1^p 1 — 8	2	47 58.00	0.00	20.99	87310	15875	+1.2	305	863	442	
245	Treysa II	» » 6	1^p 51 —57	H 1	42 48.80	—0.01	19.24	9.83374	9.11860	+1.4	0.19270	0.18883	387	0.19238
			2^p 2 — 9	2	41 54.24	—0.19	19.20	82627	11110	+1.4	269	883	386	
			2^p 23 —30	E 1	40 34.07	—0.03	21.10	81415	09898	+0.9	269	881	388	
			2^p 35 —41	2	36 4.11	+0.01	20.86	77062	05548	+0.8	270	888	382	
			2^p 50 —56	D 1	46 50.45	+0.02	21.21	86490	14975	+0.8	270	885	385	
			3^p 6 —14	2	48 1.22	—0.06	22.26	87394	15874	+0.6	267	882	385	
246	Dorf Itter	» » 7	8^a 48 —54	H 1	43 31.20	—0.13	14.49	9.83779	9.11860	—2.0	0.19088	0.18857	231	0.19089
			9^a 2 — 8	2	42 34.64	+0.01	14.32	83007	11110	—1.6	098	854	244	
			9^a 20 —26	E 1	41 7.22	—0.24	16.28	81817	09896	—1.0	088	853	235	
			9^a 34 —40	2	36 31.75	+0.04	15.38	77473	05545	—0.5	085	851	234	

C. Beobachtungen der Horizontalintensität.

Lfde. Nr.	Namen der Station	Datum	Pdm. O.-Zt.	Magnet	Abl.-W. ω	$\Delta\delta - A\Delta\varphi^2$	Temp. t	$\log \sin \varphi_0$	$\log C$	Var. Korr.	Hor.-Int. a. d. Station	Hor.-Int. in Potsdam	Diff. St.-Pdm.	Hor.-Int. 1901.0
246	Dorf Itter	1903 Aug. 7	9a 58m —65m	D 1	47 36.74	—0.03	16.78	9.86895	9.14974	+0.3	0.19089	0.18852	237	0.19089
			10a 8 —14	2	48 55.50	+0.05	16.78	87795	15873	+0.6	090	852	238	
247	Kornberg	» » 10	0p 11 —16	H 1	43 14.35	+0.05	16.96	9.83641	9.11859	+3.2	0.19153	0.18868	285	0.19138
			0p 21 —27	2	42 15.85	+0.04	17.92	82883	11109	+3.2	157	870	287	
			0p 33 —38	E 1	40 54.38	—0.22	18.39	81664	09892	+3.2	158	871	287	
			0p 42 —47	2	36 19.92	+0.03	18.79	77311	05541	+3.2	159	876	283	
			0p 57 —66	D 1	47 17.31	+0.02	18.74	86730	14973	+2.5	164	876	288	
			1p 14 —20	2	48 32.32	+0.05	18.67	87609	15872	+2.3	172	885	287	
248	Offheim II	» » 11	10a 26 —33	H 1	42 29.16	—0.02	20.24	9.83142	9.11858	+1.3	0.19372	0.18857	515	0.19374
			10a 38 —44	2	41 34.68	0.00	20.32	82396	11109	+1.7	372	852	520	
			10a 52 —61	E 1	40 19.47	0.00	21.14	81199	09890	+2.1	362	837	525	
			11a 4 —12	2	35 50.25	+0.17	21.83	76836	05539	+2.3	368	846	522	
			11a 20 —27	D 1	46 27.01	—0.11	22.51	86249	14972	+2.5	376	856	520	
			11a 34 —43	2	47 34.72	—0.08	23.71	87145	15871	+2.7	379	850	529.	
249	Adenau I	» » 12	9a 11 —16	H 1	42 46.28	+0.02	18.66	9.83320	9.11858	—2.2	0.19290	0.18849	441	0.19293
			9a 18 —24	2	41 51.84	+0.13	18.60	82575	11109	—1.9	288	849	439	
			9a 32 —41	E 1	40 31.08	—0.16	19.72	81345	09888	—1.0	293	851	442	
			9a 46 —53	2	36 0.90	+0.28	19.65	76996	05538	—0.2	294	852	442	
			10a 2 — 9	D 1	46 47.90	—0.05	20.25	86430	14972	+0.5	294	852	442.	
			10a 13 —24	2	48 0.32	—0.03	20.80	87328	15871	+1.4	295	853	442	
250	Wallerode	» » 13	8a 44 —50	H 1	42 40.70	—0.01	13.79	9.83074	9.11858	—4.0	0.19398	0.18855	543	0.19394
			8a 57 —63	2	41 43.18	+0.06	15.41	82330	11109	—4.0	395	853	542	
			9a 23 —28	E 1	40 20.46	—0.20	15.32	81115	09886	—2.2	394	850	544	
			9a 38 —43	2	35 50.35	+0.04	16.91	76776	05536	—1.1	390	851	539	
			9a 57 —65	D 1	46 35.58	—0.04	17.68	86203	14971	0.0	395	852	543	
			10a 16 —24	2	47 47.58	+0.20	18.45	87097	15870	+1.6	399	855	544	
251	Bitburg	» » 14	10a 56 —64	H 1	41 58.26	+0.16	24.06	9.82851	9.11857	+3.1	0.19504	0.18847	657	0.19508
			11a 8 —14	2	41 3.82	+0.05	24.19	82101	11108	+3.4	505	849	656	
			11a 29 —36	E 1	39 53.10	+0.10	24.69	80865	09885	+3.4	510	854	656	
			11a 41 —47	2	35 29.75	—0.13	24.38	76503	05534	+3.6	516	858	658	
			11a 58 —64	D 1	45 55.28	+0.02	24.89	85941	14970	+4.2	515	860	655	
			0p 8 —14	2	47 2.28	+0.04	25.32	86831	15870	+4.2	520	864	656	
252	Löberg	» » 15	10a 22 —28	H 1	42 6.69	—0.14	16.64	9.82700	9.11857	+1 8	0.19571	0.18850	721	0.19575
			10a 34 —39	2	41 12.68	+0.05	16.90	81950	11108	+2.2	572	853	719	
			11a 4 —10	E 1	39 50.22	—0.19	18.62	80714	09883	+3.2	577	855	722	
			11a 14 —19	2	35 24.60	+0.01	19.33	76350	05533	+3.2	584	856	728	
			11a 27 —33	D 1	45 58.89	—0.04	18.76	85794	14969	+3.2	580	857	723	
			11a 44 —51	2	47 12.55	+0.08	18.39	86688	15869	+3.5	583	857	726	
253	Fraulautern I	» » 16	2p 17 —25	E 1	39 14.24	—0.02	19.62	9.80183	9.09881	+0.8	0.19815	0.18883	932	0.19789
			2p 30 —35	1	39 13.72	—0.16	19.69	80175	09881	+0.8	819	882	937	
			2p 38 —44	1	39 14.05	0.00	19.60	80181	09881	+0.5	816	880	936	
			1p 44 —50	2	34 56.50	—0.10	18.32	75832	05531	+1.5	816	880	936	
			1p 53 —58	2	34 55.95	—0.09	19.03	75830	05531	+1.2	817	878	939	
			1p 58 —65	D 1	45 15.84	+0.02	19.16	85275	14968	+0.5	812	880	932	
			3p 16 —23	1	45 20.82	+0.06	16.94	85270	14968	+0.5	814	882	932	
			3p 46 —53	2	46 27.60	—0.02	18.37	86153	15868	+0.5	823	883	940	
			3p 55 —70	2	46 27.68	—0.01	19.08	86181	15868	+0.5	810	874	936	
		» » 17	7a 39 —44	H 1	41 35.75	0.00	14.54	82192	11856	—4.0	795	855	940	
			9a 38 —48	1	41 35.24	—0.08	15.59	82221	11856	—1.0	785	846	939	
			1p 52 —59	1	41 33.38	+0.02	14.41	82154	11856	+1.2	817	884	933	
			2p 46 —54	1	41 27.95	—0.04	16.61	82153	11856	+0.5	817	881	936	
			9a 55 —60	2	40 42.05	+0.04	15.79	81462	11108	0.0	791	852	939	
			11a 41 —59	2	40 32.76	+0.06	18.16	81415	11108	+3.5	815	871	944	
			2p 58 —64	2	40 37.90	—0.02	16.05	81410	11108	+0.5	815	881	934	
			3p 50 —58	2	40 39.83	+0.02	14.98	81399	11108	+0.5	820	884	936	
254	Hofkopf	» » 18	7a 30 —35	H 1	42 1.19	—0.05	12.74	9.82489	9.11856	—3.5	0.19660	0.18872	788	0.19640
			7a 38 —43	2	41 8.15	+0.02	13.16	81744	11108	—3.5	660	872	788	
			7a 53 —58	E 1	39 42.18	+0.02	13.58	80515	09880	—3.5	660	870	790	
			8a 6 —13	2	35 18.32	—0.06	13.19	76167	05530	—3.7	658	869	789	
			8a 21 —32	D 1	45 57.56	—0.02	13.40	85615	14967	—3.7	653	868	785	
			8a 38 —45	2	47 14.52	+0.10	13.18	86516	15867	—3.5	654	865	789	
255	Nannhausen I	» » 20	8a 23 —29	H 1	42 17.95	+0.16	12.44	9.82716	9.11855	—3.5	0.19557	0.18865	692	0.19543
			8a 33 —39	2	41 25.55	+0.04	12.58	81972	11108	—3.5	557	863	694	
			8a 48 —55	E 1	39 59.98	—0.18	12.59	80766	09878	—3.1	546	860	686	
			9a 3 — 9	2	35 31.55	+0.08	13.02	76402	05529	—3.3	553	862	691	
			9a 22 —29	D 1	46 12.05	+0.04	14.67	85830	14966	—1.8	558	864	694	
			9a 35 —43	2	47 31.12	+0.06	13.82	86733	15866	—0.9	557	865	692	
256	Rauenthal I	» » 22	2p 6 —14	H 1	42 6.48	—0.12	19.57	9.82801	9.11855	+1.0	0.19524	0.18850	674	0.19530
			2p 43 —50	2	41 10.22	+0.24	19.69	82024	11107	+0.4	536	855	681	
			1p 30 —40	E 1	39 59.05	+0.84	18.20	80857	09876	+1.7	509	821	688	
			1p 50 —57	2	35 32.72	—0.41	18.91	76481	05528	+1.1	521	842	679	
			4p 50 —63	D 1	46 0.28	+0.05	20.83	85876	14965	+0.4	538	864	674	
			5p 5 —12	2	47 15.68	—0.50	20.00	86779	15865	+0.2	537	864	673	
257	Wehrheim	» » 24	11a 51 —57	H 1	42 22.90	+0.12	18.26	9.82986	9.11855	+2.6	0.19443	0.18854	589	0.19442
			0p 0 — 5	2	41 27.65	+0.19	18.49	82228	11107	+2.6	447	857	590	
			0p 20 —26	E 1	40 8.72	—0.21	18.74	80996	09875	+2.6	447	859	588	
			0p 31 —38	2	35 41.05	+0.01	18.82	76635	05528	+2.4	452	860	592	

5*

C. Beobachtungen der Horizontalintensität.

Lfde. Nr.	Namen der Station	Datum	Pdm. O.-Zt.	Magnet	Abl.-W. φ	$\Delta\delta - \Delta\Delta\varphi^2$	Temp. t	$\log \sin \varphi_0$	$\log C$	Var. Korr.	Hor.-Intensität a. d. Station	in Potsdam	Diff. St.–Pdm.	Hor.-Int. 1901.0
257	Wehrheim	1903 Aug. 24	0^p 49^m —57^m	D 1	46 20.62	—0.08	18.85	9.86060	9.14964	+2.4	0.19457	0.18863	594	0.19442
			1^p 1 — 8	2	47 34.08	—0.04	19.31	86970	15864	+2.2	453	863	590	
258	Hailer	» » 25	8^a 52 —58	H 1	42 10.42	—0.09	17.39	9.82780	9.11854	—1.8	0.19530	0.18846	684	0.19542
			9^a 2 —11	2	41 17.22	0.00	17.19	82026	11107	—1.6	533	845	688	
			9^a 19 —25	E 1	39 57.05	—0.12	16.86	80791	09873	—1.2	534	844	690	
			9^a 30 —36	2	35 30.25	—0.01	17.74	76430	05528	—0.8	541	845	696	
			9^a 46 —60	D 1	46 5.06	—0.04	18.96	85875	14963	0.0	538	846	692	
			10^a 8 —27	2	47 13.10	+0.04	20.43	86771	15863	+0.8	541	849	692	
259	Neuenberg	» » 26	11^a 30 —44	H 1	42 29.91	+0.03	17.10	9.83040	9.11854	+1.8	0.19417	0.18841	576	0.19424
			11^a 50 —57	2	41 37.04	+0.30	16.82	82300	11106	+2.0	414	841	573	
			0^p 6 —13	E 1	40 14.98	—0.95	17.58	81059	09872	+2.0	417	846	571	
			0^p 21 —35	2	35 47.60	+0.18	18.70	76751	05527	+1.8	400	820	580	
			0^p 45 —54	D 1	46 31.05	—0.15	17.72	86150	14962	+1.8	416	851	565	
			0^p 56 —66	2	47 48.50	—0.11	17.16	87055	15862	+1.7	414	844	570	
260	Würzburg	» » 27	2^p 34 —50	H 1	41 16.85	0.00	22.86	9.82216	9.11853	+0.1	0.19787	0.18875	912	0.19759
			2^p 55 —62	2	40 25.85	—0.19	22.72	81484	11106	+0.1	780	871	909	
			3^p 14 —22	E 1	39 14.90	—0.12	23.08	80251	09871	+0.1	779	875	904	
			3^p 28 —35	2	34 56.98	—0.05	22.91	75898	05527	+0.1	783	879	904	
			3^p 50 —60	D 1	45 10.38	+0.02	23.44	85339	14961	+0.1	780	873	907	
			4^p 13 —27	2	46 20.44	—0.10	22.85	86236	15861	+0.2	781	876	905	
261	Königsberg i. Fr.	» » 28	2^p 7 —14	H 1	41 41.45	—0.03	21.46	9.82517	9.11853	+0.4	0.19650	0.18875	775	0.19631
			2^p 18 —24	1	41 42.30	—0.05	20.61	82498	11853	+0.1	658	882	776	
		» » 29	1^p 19 —25	1	41 46.60	+0.05	18.72	82494	11852	+0.1	660	883	777	
		» » 28	3^p 28 —36	H 2	40 49.05	+0.10	20.61	81748	11106	+0.1	660	884	776	
			4^p 27 —44	2	40 48.63	—0.04	20.50	81736	11106	+0.1	665	885	780	
		» » 29	1^p 27 —32	2	40 54.65	—0.04	18.58	81751	11106	+0.9	659	883	776	
		» » 28	4^p 56 —62	E 1	39 35.85	—0.09	20.06	80522	09869	+0.2	655	882	773	
			5^p 3 — 9	1	39 35.72	—0.10	19.84	80516	09869	+0.1	658	882	776	
		» » 29	11^a 34 —41	1	39 34.35	—0.24	22.29	80534	09869	+1.3	650	861	789	
		» » 28	5^p 17 —23	E 2	35 15.28	+0.03	19.30	76184	05527	+0.2	653	882	771	
			5^p 25 —31	2	35 15.55	—0.01	19.05	76184	05527	+0.3	653	882	771	
		» » 29	11^a 54 —60	2	35 14.38	+0.03	21.14	76190	05527	+1.3	651	865	786	
		» » 28	6^p 24 —32	D 1	45 44.78	+0.01	18.35	85610	14960	+0.5	656	876	780	
			6^p 34 —42	1	45 44.82	+0.10	18.32	85611	14960	+0.6	657	875	782	
		» » 29	0^p 7 —14	1	45 41.80	—0.04	19.74	9.85615	9.14959	+1.3	655	869	786	
			10^a 52 —61	D 2	46 58.40	0.00	19.24	86553	15860	+1.0	638	857	781	
			11^a 3 —10	2	46 58.52	0.00	19.19	86552	15860	+1.1	638	857	781	
			0^p 18 —25	2	46 55.20	—0.02	19.48	86524	15860	+1.3	651	871	780	
262	Alter Berg	» » 31	9^a 41 —47	H 1	42 4.64	—0.12	15.10	9.82617	9.11852	—0.5	0.19603	0.18853	750	0.19600
			0^p 52 —59	2	40 49.60	+0.09	22.12	81815	11105	+2.1	631	883	748	
			1^p 6 —12	E 1	39 36.48	—0.13	22.42	80570	09867	+2.1	634	884	750	
			1^p 17 —24	2	35 16.20	—0.01	23.05	76245	05527	+1.9	627	883	744	
			1^p 33 —41	D 1	45 35.00	+0.04	24.36	85676	14959	+1.6	628	882	746	
			1^p 44 —52	2	46 42.20	—0.05	24.68	86568	15859	+1.4	631	882	749	
263	Möser I	» Sept. 7	10^a 55 —61	H 1	43 36.18	—0.08	28.25	9.84337	9.11850	+2.7	0.18845	0.18861	— 16	0.18833
			11^a 6 —12	2	42 36.93	0.00	28.75	83592	11103	+3.0	844	863	— 19	
			11^a 20 —26	E 1	41 29.40	—0.28	29.63	82361	09862	+3.6	841	864	— 23	
			11^a 38 —44	2	36 52.48	—0.03	29.65	78006	05527	+3.9	850	866	— 16	
			11^a 55 —65	D 1	47 45.56	+0.01	30.82	87436	14954	+4.2	848	868	— 20	
			0^p 10 —23	2	48 57.96	0.00	30.14	88334	15856	+3.9	850	870	— 20	
264	Kampehl	» » 8	10^a 23 —29	H 1	44 43.05	—0.19	14.69	9.84721	9.11850	+1.1	0.18677	0.18844	—167	0.18689
			10^a 36 —46	2	43 41.66	+0.08	15.61	83960	11103	+1.7	684	846	—162	
			10^a 53 —60	E 1	42 10.64	—0.09	15.88	82713	09859	+2.5	686	848	—162	
			11^a 4 —10	2	37 25.10	+0.25	16.24	78382	05527	+2.8	686	850	—164	
			11^a 28 —36	D 1	48 53.52	—0.15	17.28	87774	14952	+3.4	700	862	—162	
			11^a 43 —59	2	50 13.62	+0.22	18.32	88695	15855	+3.9	694	857	—163	
265	Schönfließ I	» » 9	11^a 48 —54	H 1	44 26.32	+0.05	15.71	9.84544	9.11850	—2.3	0.18751	0.18855	—104	0.18751
			11^a 59 —66	2	43 28.38	+0.16	15.44	83779	11103	—2.2	758	856	— 98	
			0^p 14 —20	E 1	41 56.61	+0.06	15.24	82508	09856	—2.0	769	866	— 97	
			0^p 26 —32	2	37 14.41	—0.04	14.74	78183	05527	—2.2	767	869	—102	
			0^p 44 —51	D 1	48 44.12	+0.08	14.32	87583	14950	—2.2	777	877	—100	
			0^p 55 —63	2	50 6.88	0.00	14.68	88486	15854	—2.5	776	879	—103	

D. Zusammenstellung der Ergebnisse.

Werte der Elemente des Gesamtfeldes und der Komponenten des Störungsfeldes zur Epoche 1901.0.

Lfde. Nr.	Namen der Station	φ	λ	h	D	I	H	F	X	Y	Z	Y cos φ	ΔX	ΔY	ΔZ	ΔY/cos φ
—	Potsdam	52 23.0	13 3.8	80	—9 54.2	66 24.5	18852	47105	18571	—3242	43168	—1979	—34	— 3	—103	— 2
1	Reichenbach	51 8.3	14 48.8	285	—9 13.4	65 24.4	19423	46670	19172	—3113	42437	—1953	—87	—75	—135	—47
2	Goy	50 55.4	17 14.5	169	—7 43.9	65 1.5	19682	46615	19503	—2648	42256	—1669	—49	—12	—126	— 8
3	Moschin	52 15.5	16 50.3	132	—7 53.4	65 56.7	19135	46944	18954	—2627	42867	—1608	—13	—16	—262	—10
4	Schwetz	53 24.9	18 28.0	86	—6 55.1	66 41.7	18848	47641	18711	—2270	43754	—1353	93	—29	— 17	—17
5	Hochredlau	54 29.6	18 33.4	94	—7 15.0	67 41.4	18125	47745	17980	—2287	44171	—1328	-209	-133	—220	—78
6	Köslin II	54 12.3	16 12.0	58	—7 44.4	67 8.9	18572	47823	18403	—2501	44070	—1463	268	90	—133	53
7	Bernikow I	52 58.8	14 27.6	85	—9 17.4	66 45.4	18644	47244	18399	—3010	43409	—1812	—86	—41	—143	—25
8	Promoisel	54 32.6	13 35.8	134	—9 31.4	68 0.9	18016	48124	17768	—2981	44625	—1729	—34	29	245	17
9	Burg III	52 16.0	11 50.2	56	-10 30.2	66 29.2	18828	47192	18513	—3432	43274	—2100	—30	10	26	6
10	Stendal I	52 36.8	11 49.9	61	-10 27.5	66 44.6	18704	47370	18393	—3395	43521	—2062	—13	24	101	14
11	Rosenhagen I	53 5.7	11 55.2	81	-10 11.9	66 58.7	18507	47323	18215	—3277	43554	—1968	—10	96	—105	58
12	Wittstock III	53 9.4	12 30.9	64	-10 22.4	67 13.5	18583	48004	18279	—3346	44261	—2006	26	—70	584	—42
13	Gottmannsförde	53 40.8	11 17.7	96	-10 50.9	67 31.9	18349	48012	18021	—3453	44368	—2045	77	—20	405	—12
14	Mittel Wendorf	53 54.4	11 24.8	25	-11 13.6	67 40.2	18148	47765	17801	—3533	44184	—2081	—67	-133	110	—78
15	Güstrow	53 48.8	12 11.1	28	-10 32.2	67 32.0	18221	47681	17914	—3332	44062	—1967	—55	—47	47	—28
16	Spornitz	53 24.5	11 44.5	87	-10 39.8	67 10.4	18416	47471	18098	—3408	43753	—2031	10	—26	— 67	—16
17	Sparow	53 31.1	12 23.6	93	-10 35.1	67 17.4	18334	47489	18022	—3368	43807	—2002	—79	—97	— 56	—58
18	Salem	53 47.8	12 48.7	25	-10 9.1	67 20.5	18361	47662	18073	—3236	43983	—1911	45	—50	— 16	—30
19	Hohenfelde	54 4.4	11 55.0	94	-10 34.6	67 44.0	18158	47921	17850	—3333	44347	—1956	4	—24	197	—14
20	Barth I	54 21.9	12 46.1	34	-10 5.6	67 49.9	18071	47892	17791	—3167	44352	—1845	—14	—11	62	— 6
21	Siemersdorf	54 5.3	12 50.2	15	-10 4.1	67 38.1	18148	47694	17868	—3173	44107	—1861	—49	—10	— 41	— 6
22	Vilmnitz	54 21.1	13 30.6	20	—9 4.8	67 37.7	18267	47994	18038	—2883	44381	—1680	168	153	101	89
23	Buhrkow	54 38.8	13 18.3	10	—9 31.1	68 2.4	17988	48102	17740	—2975	44612	—1721	1	77	179	44
24	Thurow	53 58.2	13 32.9	42	—9 23.2	67 34.6	18247	47836	18003	—2976	44219	—1751	—18	77	138	46
25	Garz I	53 53.2	14 10.5	35	—9 10.0	67 27.5	18385	47958	18150	—2929	44294	—1726	46	28	261	16
26	Belling I	53 33.6	13 57.8	36	—9 14.7	66 59.8	18513	47374	18272	—2974	43607	—1767	56	38	—256	22
27	Neu Rhäse	53 31.4	13 10.5	82	—9 52.6	67 8.4	18418	47410	18145	—3159	43687	—1878	—20	—15	—167	— 9
28	Himmelpforter W.F.I	53 11.2	13 10.6	54	—9 53.0	66 56.6	18557	47383	18282	—3185	43598	—1909	—15	—20	— 83	—12
29	Grüneberg II	52 52.2	13 13.6	60	—9 51.0	66 45.4	18656	47274	18381	—3191	43437	—1926	—45	—12	— 80	— 7
30	Sommerfelde	52 49.8	13 51.5	71	—9 27.1	66 43.7	18712	47361	18458	—3073	43508	—1857	—37	5	25	3
31	Greifenberg	53 7.4	13 56.6	75	—9 22.2	66 53.5	18614	47428	18366	—3031	43622	—1819	—20	14	— 13	8
32	Gollnow VI	53 34.0	14 52.0	34	—8 39.5	67 7.6	18569	47773	18357	—2795	44016	—1660	72	66	157	39
33	Revenow	53 56.0	14 49.2	14	—8 43.5	67 18.7	18421	47758	18208	—2794	44062	—1645	72	51	7	30
34	Marienau	53 48.8	15 16.3	43	—8 24.6	67 7.7	18472	47526	18273	—2702	43790	—1595	54	75	—199	44
35	Alt Borck I	54 8.4	15 30.0	20	—8 14.3	67 20.6	18404	47777	18214	—2637	44090	—1545	106	79	— 76	46
36	Schivelbein I	53 45.5	15 45.7	113	—8 6.7	67 12.2	18542	47855	18356	—2616	44117	—1547	77	80	158	47
37	Janikow I	53 30.6	15 48.0	132	—8 11.3	66 56.7	18639	47595	18449	—2655	43794	—1579	68	51	— 29	30
38	Lange Berg	53 16.8	15 0.5	41	—8 40.0	66 49.7	18684	47483	18471	—2815	43653	—1683	61	42	— 52	25
39	Zühlsdorf III	53 9.9	15 35.2	100	—8 19.4	66 43.5	18766	47492	18568	—2717	43627	—1629	66	48	— 11	29
40	Dragebruch	52 53.0	15 58.6	50	—8 14.5	66 35.5	18865	47485	18670	—2704	43577	—1632	24	13	96	8
41	Penckowo	52 39.8	16 28.6	74	—8 1.0	66 20.0	18978	47278	18793	—2647	43302	—1605	19	0	— 54	0
42	Minikowo	52 21.1	16 57.4	93	—7 50.3	66 9.3	19118	47291	18939	—2607	43254	—1593	0	—24	76	—15
43	Meseritz I	52 26.4	15 32.2	73	—8 34.8	66 15.4	18976	47129	18764	—2831	43140	—1726	—26	— 8	—107	— 5
44	Adamowo	52 6.4	16 8.6	79	—8 20.3	66 3.6	19129	47141	18927	—2774	43086	—1704	—47	—32	30	—20
45	Priebisch	51 47.7	16 29.8	84	—8 6.1	65 47.5	19298	47062	19105	—2720	42923	—1682	—25	—16	44	—10
46	Zölling II	51 43.7	15 37.9	166	—8 30.5	65 46.2	19337	47117	19124	—2861	42967	—1772	38	— 4	105	— 2
47	Eugenienhof	52 1.7	15 23.9	48	—8 43.3	65 59.6	19085	46910	18864	—2894	42852	—1781	—81	—19	—177	—12
48	Reppen I	52 20.3	14 49.4	67	—8 56.6	66 14.3	18951	47033	18721	—2946	43046	—1800	—51	5	—160	3
49	Grunow II	52 9.9	14 22.7	65	—9 10.0	66 12.5	19002	47103	18759	—3027	43100	—1857	—46	10	— 24	6
50	Gr. Cammin 1	52 39.0	14 47.2	69	—8 55.4	66 26.2	18836	47118	18608	—2922	43189	—1772	—36	15	—183	9
51	Gralow I	52 44.2	15 23.8	75	—8 34.8	66 31.4	18860	47342	18649	—2814	43423	—1704	—10	13	14	8
52	Rehfelde I	52 31.6	13 55.0	68	—9 24.6	66 28.7	18814	47142	18561	—3076	43224	—1871	—60	14	—100	9
53	Willenberg I	54 0.2	19 2.3	51	—5 39.2	67 26.9	18479	48183	18389	—1820	44499	—1070	—31	276	385	162
54	Kickelhof	54 18.2	19 31.1	60	—6 27.9	67 41.9	18081	47646	17966	—2036	44082	—1188	-365	—48	—214	—28
55	Liebstadt I	54 1.2	20 5.3	127	—7 6.9	67 27.9	18313	47784	18172	—2268	44135	—1333	-312	-368	— 4	-216
56	Zinten I	54 27.4	20 17.2	120	—6 5.0	67 35.0	18198	47721	18096	—1929	44115	—1121	-223	—95	—287	—55
57	Kalkstein	54 44.3	19 58.4	37	—6 12.4	67 26.8	18308	47734	18201	—1979	44083	—1143	16	-106	—478	—61
58	Friedland	54 26.4	20 59.5	38	—4 33.1	67 16.2	18374	47553	18316	—1458	43860	—0848	—55	242	—549	141
59	Fuchsberg II	54 46.9	20 32.9	48	—5 32.2	67 34.2	18206	47715	18121	—1757	44106	—1013	—83	6	—497	3
60	Rossitten	55 9.4	20 49.2	—	—5 37.0	67 40.9	18028	47473	17941	—1764	43917	—1008	-128	—79	—918	—45
61	Neu Schwarzort	55 30.9	21 7.1	49	—5 32.3	68 18.0	17711	47900	17628	—1709	44506	—0968	-313	-105	—555	—60
62	Taureggen-Bendig	55 47.6	21 9.4	43	—5 41.9	69 32.7	16952	48508	16868	—1683	45449	—0946	-966	-103	217	—58
63	Algeberg [I]	55 17.7	21 34.0	37	—3 17.5	68 30.6	17900	48862	17870	—1028	45465	—0585	-189	505	520	287
64	Schmalleningken II	55 5.2	22 35.9	39	—4 59.3	67 22.0	18326	47621	18257	—1594	43953	—0912	52	-250	—900	-143
65	Ober Eissuln	55 1.3	22 7.1	72	—5 25.5	67 29.2	18349	47921	18267	—1735	44269	—0994	64	-292	—527	-167

(38)

D. Zusammenstellung der Ergebnisse.

Lfde. Nr.	Namen der Station	φ	λ	h	D	I	H	F	X	Y	Z	Y cos φ	ΔX	ΔY	ΔZ	ΔY/cos φ
66	Alexen	54 50.2	21 30.4	33	−4 9.8	67 49.1	18331	48553	18283	−1331	44960	−0766	41	244	298	141
67	Berninglauken	54 36.8	22 33.6	68	−4 2.3	67 46.3	18463	48805	18417	−1300	45178	−0753	20	83	618	48
68	Gr. Schilleningken	54 34.4	22 0.5	76	−4 18.7	67 26.1	18486	48174	18434	−1390	44486	−0806	54	104	− 30	60
69	Steinau	54 7.2	22 25.8	229	−3 10.0	66 56.9	19312	49321	19282	−1067	45382	−0625	689	377	1132	221
70	Soltmahnen	53 42.0	22 24.1	137	−5 7.9	66 51.5	18873	48022	18797	−1688	44158	−0998	31	-207	167	-123
71	Johannisburg I	53 37.5	21 49.5	122	−5 20.3	66 28.2	19099	47840	19016	−1777	43862	−1054	256	-181	− 72	-108
72	Beutnersdorf I	53 34.3	21 0.3	168	−6 7.3	66 41.7	18979	47972	18871	−2024	44058	−1202	142	-267	171	-158
73	Grondischken	54 14.4	21 54.7	136	−4 54.2	67 10.4	18594	47930	18526	−1589	44176	−0929	15	−54	−134	- 32
74	Mniechen I	53 56.9	21 55.0	166	−3 48.3	67 27.7	18469	48184	18428	−1226	44504	−0721	-204	331	372	194
75	Rastenburgfelde	54 6.4	21 21.8	136	−4 33.3	67 29.0	18446	48168	18388	−1465	44496	−0859	-144	186	280	109
76	Petershof	53 46.9	20 31.9	152	−5 43.6	67 7.5	18426	47401	18334	−1839	43674	−1086	-277	− 5	−332	− 3
77	Neuhoff II	54 7.1	20 34.3	139	−5 58.1	67 17.1	18494	47894	18394	−1923	44179	−1127	−82	-120	− 27	−70
78	Neidenburg I	53 21.3	20 24.5	215	−5 39.2	66 57.1	18696	47754	18605	−1842	43942	−1099	-174	45	192	27
79	Michlau	53 14.5	19 25.6	119	−6 22.0	66 47.5	18769	47628	18653	−2081	43774	−1246	-104	− 5	99	− 3
80	Schönhof	53 36.5	19 34.1	120	−6 24.2	66 44.8	18775	47556	18658	−2094	43693	−1242	41	−68	−197	−40
81	Hela III	54 37.0	18 47.1	24	−7 11.0	67 33.1	18309	47948	18165	−2289	44315	−1326	10	-187	−150	-108
82	Bohnsack	54 20.8	18 51.2	30	−6 57.9	67 43.6	18079	47699	17946	−2192	44140	−1278	-322	−84	−171	−49
83	Neu Klinsch	54 7.3	18 1.9	209	−7 12.4	67 28.8	18592	48542	18445	−2332	44841	−1367	144	−60	670	−35
84	Kokoschken	53 59.5	18 31.7	112	−6 49.8	67 13.4	18493	47768	18362	−2199	44043	−1293	−27	− 8	− 59	− 5
85	Roggenhausen II	53 32.7	18 57.6	94	−6 26.2	66 54.9	18652	47570	18534	−2091	43761	−1242	−66	52	− 88	31
86	Farnstaedt	51 26.5	11 33.9	241	-10 37.4	65 59.7	19101	46952	18774	−3521	42892	−2195	−72	22	43	13
87	Clausthal	51 48.5	10 19.4	550	-11 3.2	66 20.0	18896	47074	18545	−3623	43114	−2240	−39	86	34	53
88	Wilhelmshaven	53 31.9	8 8.6	2	-12 26.6	67 38.7	18113	47623	17688	−3903	44044	−2320	−28	12	73	7
89	Twedt	54 57.0	8 50.7	11	-12 28.1	68 23.8	17612	47836	17197	−3802	44475	−2184	−53	−80	−142	−46
90	Kgl. Kattun	53 8.1	16 38.9	111	−7 46.9	66 35.0	18866	47472	18692	−2554	43562	−1532	96	31	− 52	18
91	Schulzendorf II	53 14.5	16 5.7	109	−8 4.2	66 38.9	18797	47423	18611	−2639	43538	−1579	100	35	−138	21
92	Lottin III	53 35.6	16 49.2	163	−7 28.6	66 51.2	18724	47633	18565	−2436	43799	−1446	140	87	− 68	52
93	Schwartow	53 50.1	16 20.2	85	−7 53.9	67 2.2	18529	47493	18353	−2546	43729	−1502	61	47	−271	28
94	Techlipp II	54 10.4	16 52.9	117	−7 31.3	67 14.6	18442	47676	18283	−2414	43965	−1413	85	60	−225	35
95	Adlig Bütow	54 10.2	17 30.5	165	−7 9.9	67 31.2	18265	47769	18122	−2278	44139	−1334	-123	84	− 54	49
96	Zizow	54 26.1	16 27.6	15	−7 53.3	67 33.4	18380	48144	18206	−2523	44498	−1467	143	9	166	5
97	Stolpmünde II	54 34.1	16 51.3	19	−8 30.8	67 43.4	18270	48196	18069	−2705	44599	−1568	30	-251	190	-146
98	Schurow	54 29.8	17 30.2	102	−7 42.3	67 37.3	18667	49031	18498	−2503	45338	−1453	384	-159	961	−92
99	Neuhoff II	54 44.8	17 34.7	11	−8 6.4	67 34.4	18348	48094	18165	−2587	44457	−1493	145	−273	− 62	-158
100	Bohlschau I	54 36.4	18 10.9	78	−7 10.1	67 41.3	18595	48980	18450	−2320	45313	−1344	332	−107	864	−62
101	Kl. Starzin	54 45.8	18 17.6	35	−7 30.5	67 45.2	18232	48157	18076	−2382	44572	−1375	14	-200	31	-115
102	Czersk II	53 47.8	17 57.5	134	−7 33.4	67 2.5	18679	47887	18517	−2456	44094	−1451	90	-149	108	−88
103	Tuchel II	53 35.4	17 52.9	142	−7 1.1	66 50.6	18828	47878	18687	−2300	44021	−1366	182	33	154	20
104	Schlochau	53 39.1	17 20.4	188	−7 3.3	66 50.4	18837	47895	18694	−2314	44035	−1371	254	114	135	68
105	Vandsburg I	53 20.8	17 28.9	146	−7 10.4	66 33.1	18903	47504	18755	−2360	43581	−1409	181	62	−149	37
106	Karlsdorf	53 7.9	18 4.8	57	−6 43.2	66 24.8	18983	47441	18853	−2221	43478	−1333	148	109	−131	65
107	Gremboczin II	53 3.8	18 42.2	101	−6 22.6	66 28.0	19034	47671	18916	−2114	43706	−1270	137	109	136	66
108	Emmowo	52 40.2	18 17.3	88	−6 50.9	66 1.5	19164	47163	19027	−2285	43094	−1386	117	39	−252	24
109	Podgorzyn	52 49.6	17 45.5	108	−7 10.2	66 14.1	19041	47250	18892	−2377	43243	−1436	86	33	−194	20
110	Runowo	52 47.5	17 3.4	83	−7 39.1	66 18.7	18988	47262	18819	−2528	43280	−1529	52	.8	−142	5
111	Winiary	52 33.4	17 36.4	131	−7 24.6	66 6.7	19097	47158	18938	−2463	43118	−1497	33	− 7	−168	− 4
112	Staw	52 19.9	17 45.1	96	−7 22.3	65 57.8	19176	47078	19018	−2460	42996	−1504	10	−16	−162	−10
113	Radlin I	52 1.1	17 30.8	97	−7 32.5	65 49.3	19272	47053	19105	−2529	42926	−1557	− 14	−21	− 59	−13
114	Wyganowo I	51 43.8	17 16.9	110	−7 40.8	65 39.6	19375	47010	19201	−2589	42831	−1604	−19	−19	2	−12
115	Neu Kamienice	51 38.1	17 53.5	183	−7 22.4	65 34.0	19436	46988	19275	−2494	42780	−1548	−32	−25	15	−16
116	Podsamtsche	51 18.7	18 7.8	174	−7 11.9	65 23.4	19520	46874	19366	−2446	42616	−1529	−94	4	38	2
117	Bogschütz	51 15.2	17 24.0	162	−7 39.4	65 19.3	19556	46838	19382	−2606	42560	−1631	−45	−22	− 1	−14
118	Goslawitz I	50 41.8	17 56.4	178	−7 18.5	64 53.1	19847	46761	19686	−2525	42340	−1599	−18	5	103	3
119	Giesdorf	51 5.2	17 46.2	178	−7 20.5	65 11.0	19610	46722	19449	−2506	42408	−1574	−77	25	− 52	16
120	Rosenberg I	50 53.3	18 24.7	246	−7 10.6	64 57.9	19797	46782	19642	−2473	42387	−1560	−19	−43	54	−27
121	Lublinitz I	50 40.5	18 42.8	264	−7 0.1	64 49.6	19892	46765	19744	−2425	42324	−1537	−31	−34	119	−22
122	Alt Gleiwitz I	50 17.9	18 37.0	255	−7 4.6	64 28.9	20070	46588	19917	−2473	42043	−1579	−10	−35	50	−22
123	Rudoltowitz II	49 57.3	18 59.2	265	−6 56.1	64 6.8	20325	46554	20176	−2454	41883	−1579	73	−58	96	−37
124	Dt. Krawarn I	49 56.8	18 0.1	284	−7 24.0	64 12.4	20214	46456	20046	−2603	41827	−1675	20	−29	12	−19
125	Alt Kuttendorf	50 20.2	17 54.6	218	−7 20.5	64 38.4	19977	46642	19813	−2553	42147	−1629	−40	8	111	5
126	Heinersdorf II	50 25.1	17 4.2	247	−7 47.7	64 39.4	19950	46608	19766	−2706	42122	−1724	17	− 2	14	− 2
127	Ebersdorf I	50 13.4	16 40.2	445	−7 58.9	64 35.3	19976	46551	19782	−2774	42047	−1775	−16	13	32	8
128	Annaberg	50 34.1	16 30.2	647	−7 30.3	64 47.7	19952	46851	19781	−2606	42391	−1655	142	186	182	118
129	Schildau I	50 53.6	15 50.1	439	−8 27.6	65 7.8	19629	46673	19415	−2888	42345	−1822	−32	− 6	− 62	− 4
130	Ebersdorf	50 58.2	16 35.9	193	−8 10.1	65 5.1	19646	46635	19447	−2791	42295	−1758	−32	−47	−130	−29
131	Exau	51 27.9	16 46.3	89	−7 55.0	65 36.7	19406	46997	19221	−2673	42804	−1665	−67	7	111	4
132	Mallmitz I	51 25.0	16 11.8	155	−8 18.2	65 30.0	19446	46892	19242	−2808	42670	−1751	−19	−25	− 10	−16
133	Wolfshain I	51 16.1	15 45.7	235	−8 23.4	65 24.9	19506	46885	19297	−2846	42634	−1781	11	21	23	13
134	Saganer Forst II	51 28.2	14 59.6	158	−8 51.7	65 36.7	19352	46866	19121	−2981	42684	−1857	−17	3	− 57	2
135	Guben II	51 58.3	14 43.8	107	−8 54.7	65 59.4	19132	47019	18901	−2964	42951	−1826	−11	29	− 63	18

D. Zusammenstellung der Ergebnisse.

Lfde. Nr.	Namen der Station	Geograph. Koordinaten			Gesamtfeld								Störungsfeld			
		φ	λ	h	D	I	H	F	X	Y	Z	Y cos φ	Δ X	Δ Y	Δ Z	$\frac{\Delta Y}{\cos \varphi}$
136	Slamen	51 34.4	14 23.6	140	−9 12.6	65 45.5	19263	46916	19015	−3083	42779	−1916	−30	− 6	− 35	− 4
137	Suschow	51 48.1	14 6.3	56	−9 22.2	65 57.0	19142	46970	18887	−3116	42893	−1927	−41	− 7	− 48	− 5
138	Wittenberge	53 0.5	11 43.2	31	−10 31.8	66 53.5	18573	47323	18260	−3394	43526	−2042	18	17	− 95	10
139	Eissendorf	53 27.3	9 55.8	77	−11 31.9	67 26.6	18265	47615	17896	−3651	43973	−2174	−14	6	89	3
140	Behrensen	52 7.5	9 28.8	153	−11 47.9	66 32.3	18781	47172	18384	−3840	43272	−2358	3	−27	7	−17
141	Sellen I	52 10.0	7 18.5	86	−12 47.7	66 46.8	18640	47278	18177	−4128	43448	−2532	24	− 1	64	− 1
142	Engelsdorf	50 55.2	6 16.9	103	−13 19.3	65 59.9	19105	46968	18591	−4402	42907	−2775	64	−42	15	−26
143	Wehrshausen	50 48.7	8 44.0	349	−12 3.0	65 43.0	19248	46804	18824	−4018	42663	−2539	2	0	− 27	0
144	Mölln I	53 37.0	10 41.3	50	−10 59.8	67 27.3	18276	47667	17940	−3486	44024	−2068	24	44	80	26
145	Kücknitz	53 54.8	10 47.6	31	−11 7.8	67 43.3	18054	47622	17714	−3485	44068	−2053	−97	10	− 19	6
146	Neustadt I	54 6.0	10 49.8	40	−10 56.2	67 47.7	18001	47632	17674	−3415	44099	−2003	−69	62	− 79	36
147	Wulfen	54 24.4	11 9.8	22	−11 4.9	67 57.6	17892	47680	17558	−3439	44195	−2002	−97	−33	−130	−19
148	Heidberg	54 18.0	10 11.8	75	−11 40.4	67 55.7	17986	47865	17614	−3639	44357	−2124	2	−78	71	−45
149	Wasbek I	54 5.3	9 54.2	29	−11 25.5	67 50.7	18003	47739	17646	−3566	44214	−2092	−20	53	25	31
150	Altona, Diebsteich	53 34.0	9 57.0	17	−11 23.7	67 24.5	18249	47504	17889	−3605	43858	−2141	20	41	− 79	24
151	Sommerland II	53 47.6	9 34.0	4	−11 23.4	67 37.3	18100	47542	17744	−3575	43961	−2111	− 4	115	− 93	68
152	Hanerau I	54 7.1	9 25.4	41	−11 40.3	67 52.5	17930	47607	17559	−3627	44101	−2126	−53	62	−112	36
153	Tating I	54 19.6	8 43.4	8	−12 25.6	68 1.3	17831	47644	17413	−3837	44181	−2238	−58	−58	−144	−34
154	Hohlacker	54 29.3	9 6.4	25	−11 40.4	68 3.2	17871	47816	17501	−3616	44351	−2100	56	98	− 44	57
155	Klensby	54 31.8	9 35.8	37	−11 51 0	68 7.6	17782	47730	17403	−3652	44294	−2119	−70	−14	−112	− 8
156	Loitmark I	54 39.9	9 57.9	27	−11 19.2	68 11.7	17722	47710	17377	−3479	44297	−2012	−78	96	−169	55
157	Jürgensgaarde	54 47.9	9 26.8	51	−11 46.3	68 22.1	17615	47784	17245	−3594	44419	−2072	−115	49	−118	28
158	Miang I	54 56.0	9 54.8	54	−11 27.8	68 26.0	17625	47948	17273	−3503	44591	−2012	−76	64	− 5	36
159	Dybwatt	55 4.8	9 20.4	53	−11 42.2	68 27.1	17659	48080	17292	−3582	44719	−2050	46	61	47	35
160	Seggelund	55 19.9	9 29.5	42	−12 10.9	68 31.2	17657	48220	17259	−3726	44871	−2119	94	−120	80	−68
161	Raabede II	55 16.6	8 43.3	13	−12 35.9	68 31.8	17587	48050	17164	−3836	44716	−2185	45	−115	− 56	−65
162	Sandberg	55 1.3	8 25.5	36	−12 40.3	68 33.0	17608	48150	17179	−3863	44815	−2214	− 7	−82	158	−47
163	Westerland I	54 54.3	8 18.8	30	−12 21.4	68 28.6	17655	48122	17246	−3778	44766	−2172	26	26	162	15
164	Amrum I	54 38.5	8 22.5	23	−12 33.0	68 11.3	17737	47737	17313	−3854	44320	−2230	− 9	−43	−160	−15
165	Oerel I	53 29.2	9 3.4	37	−11 48.9	67 28.7	18164	47421	17779	−3719	43805	−2213	−39	65	−118	39
166	Cuxhaven	53 52.0	8 41.6	6	−12 5.4	67 40.1	18093	47617	17692	−3790	44046	−2235	51	23	− 65	14
167	Helgoland	54 11.1	7 54.2	—	−12 41.4	67 59.0	17921	47805	17483	−3937	44319	−2304	34	−30	40	−18
168	Boitwarden	53 21.0	8 29.3	6	−12 24.7	67 28.0	18196	47482	17771	−3911	43857	−2334	−46	−33	− 19	−20
169	Ahlhorn I	52 53.8	8 12.2	45	−12 25.9	67 6.4	18387	47265	17956	−3958	43542	−2388	− 6	− 1	−135	− 6
170	Apen I	53 13.2	7 49.0	6	−12 36.7	67 25.1	18208	47417	17769	−3976	43781	−2380	−34	8	58	4
171	Wangeroog	53 47.2	7 54.0	7	−12 35.4	67 44.3	18006	47530	17573	−3925	43987	−2319	−25	8	−109	5
172	Norderney	53 42.4	7 9.5	13	−13 5.6	67 45.5	18017	47599	17549	−4082	44058	−2416	− 8	−38	− 25	−22
173	Borssum II	53 21.5	7 15.1	0	−13 9.9	67 37.5	18119	47598	17643	−4127	44014	−2463	−54	−74	92	−44
174	Borkum I	53 34.8	6 42.8	5	−13 9.2	67 47.1	17964	47513	17493	−4088	43987	−2427	−69	26	− 54	16
175	Fresenburg I	52 52.9	7 19.4	20	−12 54.5	67 15.5	18293	47320	17831	−4086	43642	−2466	−52	−11	− 63	− 7
176	Biene I	52 35.5	7 19.7	22	−12 55.5	67 6.7	18429	47383	17962	−4122	43652	−2504	−32	−28	79	−17
177	Hardingen I	52 29.2	6 55.6	38	−12 53.2	67 4.5	18421	47291	17957	−4108	43556	−2502	−36	50	10	30
178	Quakenbrück II	52 40.3	7 55.6	24	−12 34.4	67 2.6	18433	47260	17991	−4013	43517	−2434	−30	−10	− 68	− 6
179	Westerberg	52 17.0	8 1.0	102	−12 25.5	66 47.1	18647	47305	18210	−4012	43475	−2454	31	6	72	4
180	Sankt Hülfe	52 37.9	8 24.8	44	−12 17.9	67 1.8	18448	47272	18025	−3929	43524	−2385	−59	6	− 22	4
181	Kirchweyhe	52 58.8	8 51.7	8	−12 3.5	67 8.8	18366	47290	17961	−3837	43577	−2310	−32	10	−114	6
182	Mittelstendorf	52 57.4	9 47.6	80	−11 35.2	67 1.7	18465	47313	18089	−3709	43561	−2234	0	2	− 88	1
183	Frohse	52 2.3	11 40.0	116	−10 32.3	66 22.7	18885	47131	18566	−3454	43182	−2125	−52	31	42	19
184	Spiegelsberge	51 52.5	11 2.3	180	−10 54.9	66 11.7	18945	46937	18602	−3587	42944	−2215	−23	7	−139	4
185	Gielde	52 2.5	10 29.2	148	−11 6.7	66 25.6	18833	47092	18480	−3630	43162	−2232	−28	39	− 24	24
186	Lühnde I	52 16.7	9 56.5	110	−11 33.0	66 35.6	18740	47174	18361	−3752	43292	−2296	− 4	−19	28	−11
187	Westercelle I	52 36.1	10 5.1	38	−11 30.9	66 49.2	18638	47350	18263	−3721	43528	−2260	11	−31	58	−19
188	Isenbüttel	52 26.0	10 33.8	68	−11 7.0	66 42.7	18683	47256	18332	−3602	43406	−2196	−30	27	34	17
189	Walbeck I	52 17.5	11 4.2	147	−10 55.9	66 34.9	18776	47242	18436	−3561	43351	−2178	−28	0	66	0
190	Zienau	52 30.6	11 25.7	81	−10 49.8	66 41.3	18703	47262	18370	−3514	43404	−2139	−41	−24	23	−15
191	Dambeck	52 48.0	11 9.2	42	−10 55.8	66 51.1	18632	47396	18294	−3533	43580	−2136	22	−20	48	−12
192	Oldenstadt	52 59.1	10 35.1	52	−11 7.3	66 58.4	18530	47372	18182	−3574	43597	−2152	32	14	− 42	8
193	Marwedel	53 8.0	11 2.3	71	−11 1.9	67 1.5	18468	47314	18127	−3534	43561	−2120	− 6	−25	−138	−15
194	Ochtmissen	53 16.1	10 23.3	51	−11 9.6	67 9.7	18414	47443	18066	−3564	43723	−2132	43	35	− 59	21
195	Kl. Sottrum	53 5.8	9 11.2	23	−11 46.3	67 8.2	18362	47260	17976	−3746	43547	−2249	− 3	46	−188	28
196	Holtorf I	52 39.8	9 13.4	33	−11 30.0	66 57.9	18515	47318	18143	−3691	43545	−2239	− 5	123	16	75
197	Barkhausen	52 16.1	8 54.9	49	−12 5.0	66 44.9	18668	47288	18254	−3908	43447	−2391	−17	−18	90	−11
198	Bielefeld	52 2.3	8 33.9	103	−12 13.7	66 36.1	18759	47238	18333	−3973	43353	−2444	6	−18	87	−11
199	Ems I	51 52.2	8 19.1	73	−12 17.4	66 28.1	18813	47120	18382	−4005	43202	−2473	15	− 3	2	− 2
200	Telgte	51 57.4	7 49.9	75	−12 28.2	66 37.0	18747	47236	18305	−4048	43356	−2495	19	18	93	11
201	Lavesum II	51 46.8	7 10.4	98	−12 51.2	66 32.3	18747	47087	18277	−4170	43194	−2580	−11	2	− 23	2
202	Nichtern I	51 57.0	6 49.5	57	−13 3.2	66 42.3	18662	47190	18180	−4215	43343	−2598	− 8	− 5	31	− 3
203	Hüthum I	51 50.8	6 10.2	14	−13 20.2	66 42.9	18670	47229	18166	−4307	43382	−2661	6	0	80	0
204	Geniel II	51 30.6	6 16.6	28	−13 17.4	66 28.0	18790	47059	18287	−4319	43145	−2688	−13	− 1	− 4	− 1
205	Stüttgen	51 9.1	6 46.6	39	−13 5.5	66 9.7	18989	46984	18495	−4301	42976	−2698	6	−27	14	−17

D. Zusammenstellung der Ergebnisse.

Lfde. Nr.	Namen der Station	Geograph. Koordinaten			Gesamtfeld								Störungsfeld			
		φ	λ	h	D	I	H	F	X	Y	Z	Y cos φ	Δ X	Δ Y	Δ Z	Δ Y / cos φ
206	Klinkum	51 8.1	6 14.9	84	-13 32.1	66 19.9	18876	47020	18352	-4418	43065	-2772	-88	-69	77	-43
207	Eupen III	50 38.3	6 1.2	295	-13 28.2	65 59.7	19092	46930	18567	-4447	42871	-2820	-41	-30	82	-19
208	Euskirchen II	50 38.7	6 47.5	184	-12 58.9	65 51.0	19152	46812	18663	-4302	42715	-2728	-25	7	22	4
209	Nieder Zündorf	50 51.2	7 3.7	54	-12 49.3	65 55.0	19138	46899	18661	-4247	42817	-2681	26	9	5	6
210	Kripp	50 34.0	7 15.7	.64	-12 53.0	65 44.6	19256	46872	18771	-4293	42733	-2727	4	-45	62	-28
211	Kaltenengers	50 24.1	7 32.3	70	-12 36.8	65 32.8	19365	46781	18898	-4229	42585	-2695	37	-7	5	-4
212	Dörscheid	50 6.6	7 44.7	349	-12 27.8	65 17.3	19508	46664	19048	-4210	42391	-2700	51	3	-42	2
213	Fluterschen	50 40.0	7 38.2	313	-12 36.3	65 45.2	19223	46809	18760	-4195	42680	-2659	-7	-8	12	-5
214	Maumke	51 7.1	8 3.5	400	-12 27.5	65 59.0	19099	46926	18649	-4120	42864	-2586	16	-26	6	-16
215	Obernfeld	51 11.8	7 18.9	320	-12 46.2	66 12.2	18988	47059	18518	-4197	43058	-2630	-9	-3	109	-2
216	Mittel Stiepel	51 25.6	7 13.5	190	-12 48.6	66 17.6	18885	46971	18415	-4187	43008	-2611	-14	3	-48	2
217	Opmünden	51 33.8	8 9.2	125	-12 20.5	66 21.5	18904	47140	18467	-4041	43184	-2512	-3	7	116	4
218	Ober Alme	51 26.4	8 36.0	481	-12 6.8	66 11.2	18999	47055	18576	-3987	43049	-2485	14	5	61	3
219	Kirchborchen I	51 41.0	8 46.0	248	-12 6.1	66 21.8	18895	47127	18475	-3961	43174	-2456	-9	-11	83	-7
220	Hembsen	51 42.5	9 13.1	217	-11 52.6	66 18.0	18920	47071	18515	-3894	43101	-2413	-3	-12	19	-8
221	Hullersen	51 48.9	9 50.3	136	-11 33.1	66 21.0	18898	47110	18515	-3784	43153	-2340	-21	-3	50	-2
222	Göttingen III	51 33.4	9 54.8	174	-11 26.4	66 9.8	19003	47022	18625	-3769	43011	-2343	-19	20	34	12
223	Enkeberg	51 20.6	9 33.0	257	-11 41.7	66 1.8	19068	46936	18672	-3865	42888	-2414	-21	-6	5	-4
224	Frauenberg	51 4.7	9 36.7	357	-11 34.5	65 51.8	19181	46907	18791	-3849	42806	-2418	-13	19	41	12
225	Reichensachsen I	51 10.2	10 0.2	228	-11 13.9	65 57.2	19160	47021	18793	-3732	42940	-2340	-12	71	151	44
226	Gr. Werther I	51 28.2	10 46.0	241	-10 57.6	66 4.0	19067	47001	18719	-3625	42960	-2258	-40	40	63	25
227	Seebach	51 9.9	10 32.6	182	-10 59.8	65 50.5	19172	46846	18820	-3657	42743	-2293	-40	64	16	40
228	Wandersleben 1	50 55.0	10 51.5	301	-11 0.8	65 38.0	19338	46872	18982	-3694	42696	-2329	-6	-4	72	-3
229	Kölleda	51 11.7	11 13.3	144	-10 52.7	65 46.8	19289	47019	18942	-3640	42880	-2281	30	-26	138	-16
230	Auerstedt	51 5.4	11 35.9	216	-10 37.3	65 40.9	19337	46957	19006	-3564	42790	-2239	17	-2	116	-1
231	Gr. Machnow I	52 16.1	13 30.2	76	-9 37.6	66 19.6	18902	47076	18636	-3161	43114	-1934	-52	15	-86	9
232	Niendorf I	51 52.2	13 22.7	97	-9 42.8	66 5.7	19060	47036	18787	-3216	43001	-1986	-50	7	3	4
233	Treuenbrietzen I	52 5.9	12 50.7	79	-9 59.0	66 17.0	18942	47094	18655	-3284	43117	-2017	-44	10	-14	6
234	Pannigkau 1	51 48.9	12 36.6	66	-10 14.4	66 8.3	19029	47040	18726	-3383	43019	-2091	-66	-31	24	-19
235	Elsterwerda	51 28.2	13 32.2	113	-9 38.8	65 49.3	19220	46926	18948	-3221	42810	-2006	-64	5	22	3
236	Torgau	51 33.8	12 58.5	96	-9 54.5	65 52.4	19186	46938	18900	-3301	42837	-2052	-25	9	-18	6
237	Aken III	51 51.7	12 0.7	54	-10 28.7	66 8.4	18987	46939	18670	-3453	42927	-2132	-49	-9	-112	-6
238	Niemberg	51 33.3	12 4.6	140	-10 20.4	66 5.6	19129	47203	18818	-3433	43154	-2135	-29	21	270	13
239	Aylsdorf	51 4.7	12 7.9	195	-10 18.2	65 36.5	19355	46868	19043	-3462	42684	-2175	0	18	40	11
240	Gefell II	50 27.0	11 51.3	609	-10 20.8	65 7.5	19586	46562	19268	-3518	42243	-2240	-3	51	-102	32
241	Gräfendorf	50 40.1	11 31.8	298	-10 39.3	65 18.1	19485	46633	19149	-3603	42367	-2283	-3	2	-102	1
242	Bertelsdorf	50 17.4	10 58.0	319	-10 57.7	65 5.7	19599	46541	19241	-3727	42213	-2381	-10	-7	-102	-5
243	Schleusingen	50 30.5	10 43.9	462	-11 12.4	65 12.9	19576	46697	19203	-3805	42396	-2420	63	-66	-38	-42
244	Barchfeld	50 48.7	10 19.4	317	-11 9.5	65 37.8	19296	46764	18931	-3734	42597	-2360	-48	45	-4	28
245	Treysa II	50 55.5	9 11.6	257	-11 48.5	65 44.6	19238	46828	18831	-3937	42694	-2482	8	4	-21	2
246	Dorf Itter	51 14.6	8 53.1	398	-11 57.9	66 3.5	19089	47040	18674	-3957	42992	-2477	7	7	111	4
247	Kornberg	50 43.7	8 14.3	454	-12 23.0	65 54.4	19138	46881	18693	-4104	42797	-2598	-112	-8	116	-5
248	Offheim II	50 24.5	8 4.2	219	-12 22.3	65 31.6	19374	46767	18924	-4151	42565	-2645	11	-6	17	-4
249	Adenau 1	50 23.5	6 56.5	492	-12 51.4	65 37.8	19293	46756	18809	-4293	42590	-2737	7	13	-26	8
250	Wallerode	50 18.5	6 10.0	570	-13 33.0	65 35.4	19394	46929	18854	-4544	42734	-2902	102	-122	98	-78
251	Bitburg	49 57.9	6 30.7	335	-13 5.7	65 18.0	19508	46685	19001	-4420	42414	-2843	77	-20	-45	-13
252	Löberg	49 45.0	6 34.2	393	-13 0.1	65 8.9	19575	46577	19073	-4404	42264	-2846	59	3	-98	2
253	Fraulautern I	49 19.4	6 48.0	249	-12 51.7	64 50.0	19789	46535	19293	-4405	42117	-2871	85	4	-41	2
254	Hofkopf	49 41.5	7 18.6	430	-12 33.8	64 59.8	19640	46466	19170	-4272	42112	-2764	53	34	-166	22
255	Nannhausen I	49 58.1	7 28.6	388	-12 34.6	65 13.8	19543	46645	19074	-4255	42353	-2737	48	8	-36	5
256	Rauenthal I	50 3.2	8 6.5	268	-12 18.4	65 16.3	19530	46687	19081	-4163	42406	-2673	24	2	22	1
257	Wehrheim	50 19.0	8 33.9	356	-12 4.6	65 22.3	19442	46654	19012	-4068	42410	-2597	11	12	-63	8
258	Hailer	50 10.9	9 10.6	155	-11 48.6	65 13.8	19542	46642	19128	-4000	42351	-2561	12	-1	-20	0
259	Neuenberg	50 32.5	9 38.4	308	-11 30.2	65 25.4	19424	46702	19034	-3874	42471	-2462	15	29	-41	18
260	Würzburg	49 46.5	9 57.0	—	-11 21.1	64 48.2	19759	46412	19372	-3889	41996	-2512	14	24	-135	15
261	Königsberg i. Fr.	50 4.4	10 34.3	356	-11 2.3	65 2.1	19631	46512	19268	-3759	42166	-2412	-31	38	-68	24
262	Alter Berg	50 20.9	10 14.5	345	-11 16.6	65 15.3	19600	46825	19222	-3833	42525	-2446	66	-7	140	-5
263	Möser I	52 22.4	12 25.3	58	-10 14.9	66 27.2	18833	47142	18533	-3351	43217	-2046	-20	-9	-66	-5
264	Kampehl	52 52.3	12 28.0	38	-10 26.6	66 44.8	18689	47338	18379	-3388	43493	-2045	19	-86	-41	-52
265	Schönfließ I	52 39.4	13 21.7	57	-9 44.8	66 31.5	18751	47072	18480	-3174	43176	-1926	-42	3	-228	-2

Additional material from *Springer Die magnetische Vermessung I. Ordnung des Königreichs Preußen 1898 bis 1903,* SBN 978-3-662-24052-6, is available at http://extras.springer.com